云启智策

金磐石　主编

清華大学出版社
北　京

图书在版编目（CIP）数据

云启智策 / 金磐石主编．—北京 ：清华大学出版社，2023.4（2023.10 重印）
（云鉴）
ISBN 978-7-302-63384-6

Ⅰ．①云… Ⅱ．①金… Ⅲ．①云计算 Ⅳ．①TP393.027

中国国家版本馆 CIP 数据核字（2023）第 064650 号

责任编辑：张立红
封面设计：钟　达
版式设计：梁　洁
责任校对：赵伟玉　卢　嫣　葛珍彤
责任印制：丛怀宇

出版发行：清华大学出版社
网　　址：http://www.tup.com.cn，http://www.wqbook.com
地　　址：北京清华大学学研大厦 A 座　　邮　　编：100084
社 总 机：010-83470000　　邮　　购：010-62786544
投稿与读者服务：010-62776969，c-service@tup.tsinghua.edu.cn
质 量 反 馈：010-62772015，zhiliang@tup.tsinghua.edu.cn
印 装 者：北京嘉实印刷有限公司
经　　销：全国新华书店
开　　本：185mm×260mm　　印　张：21.5　　字　数：362 千字
版　　次：2023 年 5 月第 1 版　　印　次：2023 年10月第 3 次印刷
定　　价：118.00 元

产品编号：098043-01

推荐序

壬寅岁末，我应邀参加了中国建设银行的“建行云”发布会，第一次对建行云的缘起、发展和应用有了近距离的了解，对其取得的成果印象深刻。我自己也是中国建设银行的长期客户，从过去必须去建行网点柜台办理业务，到现在通过手机几乎可以完成所有银行事务，切切实实地经历了建行信息化的不断进步，其背后无疑离不开“建行云”的支撑。这次，中国建设银行基于其在云计算领域所做出的积极探索和累累硕果，结集完成“云鉴”丛书，并邀我为丛书作序，自然欣然允之。

2006 年，亚马逊发布 EC2 和 S3，开启了软件栈作为服务的新篇章，其愿景是计算资源可以像水和电一样按需提供给公众使用。公众普遍感知到的云计算时代亦由此开始。2016 年，我在第八届中国云计算大会上发表了题为“云计算：这十年”的演讲，回顾了云计算十年在技术和产业领域所取得的巨大进展，认为云计算已经成为推动互联网创新的主要信息基础设施。随着互联网计算越来越呈现出网络化、泛在化和智能化趋势，人类社会、信息系统和物理世界正逐渐走向“人机物”三元融合，这需要新型计算模式和计算平台的支撑，而云计算无疑将成为其中代表性的新型计算平台。演讲中我将云计算的发展为三个阶段，即 2006—2010 年的概念探索期，2011—2015 年的技术落地期，以及 2016 年开启的应用繁荣期，进而，我用“三化一提升”描述了云计算的未来趋势，“三化”指的是应用领域化、资源泛在化和系统平台化，而“一提升”则指服务质量的提升，并特别指出，随着万物数字化、万物互联、“人机物”融合泛在计算时代的开启，如何有效高效管理各种网络资源，实现资源之间的互联互通互操作，如何应对各种各样的应用需求，为各类应用的开发运行提供共性支撑，是云计算技术发展需要着重解决的问题。

现在来回看当时的判断，我以为基本上还是靠谱的。从时代大势看，当今世界正在经历一场源于信息技术的快速发展和广泛应用而引发的大范围、深层次的社会经济革命，数字化转型成为时代趋势，数字经济成为继农业经济、工业经济之后的新型经济形态，正处于成形展开期。人类社会经济发展对信息基础设施的依赖日益加重，传统的物理基础设施也正在加快其数字化进程。从云计算的发展看，技术和应用均取得重大进展，“云、边、端”融合成为新型计算模式，云计算已被视为企业发展战略的核心考量，云数据中心的建设与运营、云计算技术的应用、云计算与其他数字技术的结合日趋成熟，领域化的解决方案不断涌现，确是一派“应用繁荣”景象。按我前面 5 年一个阶段的划分，云计算现在是否又进入了一个新阶段？我个人观点：是的！我以为，可以将云计算现在所处的阶段命名为“原生应用繁荣期”，这是上一阶段的延续，但也是在云计算基础设施化进程上的一次提升，其形态特征是应用软件开始直接在云端容器内开发和运维，以更好适应泛在计算环境下的大规模、可伸缩、易扩展的应用需求。简言之，这将是一次从“上云”到“云上”的变迁。

很高兴看到“云鉴”丛书的出版，该丛书以打造云计算领域的百科全书为目标，力图专业而全面地展现云计算几近 20 年的发展。丛书分成四卷，第一卷《云启智策》针对泛在计算时代的新模式、新场景，描绘其对现代企业战略制定的影响，将云计算视为促进组织变革、优化组织体系的必由途径；第二卷《云途力行》关注数据中心建设的绿色发展，涉及清洁能源、节能减排、低碳技术、循环经济等一系列绿色产业结构的优化调整，我们既需要利用云计算技术支撑产业升级、节能减排、低碳转型，还需要加大对基础理论和关键技术的研究开发，降低云计算自身在应用过程中的能耗；第三卷《云术专攻》为云计算技术的从业者介绍了云计算技术在不同领域的大量应用和丰富实践；第四卷《云涌星聚》，上篇介绍了云计算和包括大数据在内的其他数字技术的关系，将云计算定位为数字技术体系中的基础支撑，下篇遵循国家“十四五”规划的十大关键领域，按行业和应用场景编排，介绍了云赋能企业、赋能产业的若干案例，描绘了云计算未来智能化、生态化的发展蓝图。

中国建设银行在云计算技术和应用方面的研发和实践，可圈可点！为同行乃至其他行业的数字化转型提供了重要示范。未来，随着云原生应用的繁荣发展，云计算将迎来新的黄金发展期。希望中国建设银行能够不忘初心，勇立潮头，持续关注云计算技术的研发和应用，以突破创新的精神不断拓宽云服务的边界，用金融级的可信云服务，推动更多的企业用云、“上云”，“云上”发展！希望中国建设银行能够作为数字技术先进生产力的代表，始终走在高质量发展的道路上。

也希望“云鉴”丛书成为科技类图书中一套广受欢迎的著作，为读者带来知识，带来启迪。

谨以此为序。

中国科学院院士

发展中国家科学院院士

欧洲科学院外籍院士

梅　宏

癸卯年孟夏于北京

推荐序

随着新一轮科技革命和产业变革的兴起，云计算、5G、人工智能等数字化技术产业迅速崛起，各行业数字化转型升级速度加快，金融业作为国民经济的支柱产业，更须积极布局数字化转型。此次应中国建设银行之邀，为其云计算发展集大成之作的“云鉴”丛书作序，看到其以云计算为基础的数字化转型正在稳步前行，非常欣慰。当今社会，信息基础设施的主要作用已不是解决连通问题，而是为人类的生产与生活提供充分的分析、判断和控制能力。因此，代表先进计算能力的云计算势必成为基础设施的关键，算力更会成为数字经济时代的新生产力。

数字经济时代，算力如同农业时代的水利、工业时代的电力，既是国民经济发展的重要基础，也是科技竞争的新焦点。加快算力建设，将有效激发数据要素创新活力，加快数字产业化和产业数字化进程，催生新技术、新产业、新业态、新模式，支撑经济高质量发展。中国建设银行历经十余载打造了多功能、强安全、高质量的“建行云”，是国内首个使用云计算技术建设并自主运营云品牌的金融机构。“云鉴”丛书凝聚了中国建设银行多年来在云计算和业务领域方面的知识积累，同时汲取了互联网和其他行业的云应用实践经验，内容包括云计算战略的规划与执行、数据中心建设与运营、云计算和相关技术应用与实践，以及“十四五”规划中十大智慧场景的案例解析等。丛书力求全面、务实，广大的上云企业、数字化转型组织在领略云计算的技术精髓和价值魅力的同时，也能借鉴和参考。

我一贯认为数字化技术的本质是“认知”技术和“决策”技术。它的威力在于加深对客观世界的理解，产生新知识，发现新规律。这与《云启智策》卷指引构建云认知、制定云战略、实施云建设、指挥云运营、做好云治理不谋而合。当然，计算无处不在，算力已成为经济高质量发展的重要引擎。而发展先进计算，涉及技术变革、系统创新、自主可控、绿色低碳、高效智能、低熵有序、开源共享等诸多方面。这在《云途力行》卷对数据中心的规划、设计、建设、运营等方面的描述和《云术专攻》卷从技术角度阐述基于云计算的通用网络技术、私有云、行业云、云安全、云运维等内容中都有所体现。另外，《云涌星聚》卷中的百尺竿头篇全面介绍了云原生平台，特别是大数据、人工智能等与云计算技术结合的内容，更将技术变革和系统创新体现得淋漓尽致。我们要满腔热情地拥抱驱动数字经济的新技术，不做表面文章，为经济发展注入新动能。扎扎实实地将数字化技术融入实体经济中，大家亦可以在《云涌星聚》卷中的百花齐放篇书写的 13 个数字化技术服务实体经济的行业案例中受到启迪。

期待中国建设银行在数字经济的浪潮中继续践行大行担当，支持国家战略，助力国家治理，服务美好生活，构筑高效、智能、健康、绿色、可持续的金融科技发展之路。

中国工程院院士

中科院计算所首席科学家

李国杰

癸卯年春于北京

序

癸卯兔年，冬末即春，在“建行云”品牌发布之际，“云鉴”系列丛书即将付梓。近三年的著书过程，也记录了中国建设银行坚守金融为民初心、服务国家建设和百姓生活的美好时光。感慨系之，作序以述。

科学技术是第一生产力。历史实践证明，从工业 1.0 时代到工业 4.0 时代，科技领域的创新变革将深刻改变生产关系、世界格局、经济态势和社会结构，影响千业百态和千家万户。如今，以云计算、大数据、人工智能和区块链等科技为标志的“第四次工业革命浪潮”澎湃到来，科技创新正在和金融发展形成历史性交汇，由科技和金融合流汇成的强大动能改变了金融行业的经营理念、业务模式、客户关系和运行机制，成为左右竞争格局的关键因素。

数字经济时代，无科技不金融。在科技自立自强的号召下，中国建设银行开启了金融科技战略，探索推进金融科技领域的市场化、商业化和生态化实践。在此过程中，中国建设银行聚焦数字经济时代的关键生产力——算力，开展了云计算技术研究，并基于金融实践推进云计算应用落地，“建行云”作为新型算力基础设施应运而生。2013 年以来，“建行云”走过商业软件、互联网开源、信创、全面融合等技术阶段，如今已进入自主可控、全域可用、共创共享的新发展阶段，也描绘着未来“金融云”的可能模样。

金融事业赓续，初心始终为民。在新发展理念的指引下，中国建设银行厚植金融人本思维，纵深推进新金融行动，以新金融的“温柔手术刀”纾解社会痛点，让更有温度的新金融服务无远弗届。在“建行云”构建的丰富场景里，租住人群通过“建融家园”实现居有所安，小微业主凭借“云端普惠”得以业有所乐，莘莘学子轻点“建融慧学”圆梦学有所成，众多用户携手“建行生活”绘就着向往中的美好家园景象。我们也更深切地察觉，在烟火市井，而非楼宇里，几万元的小微贷款便可照亮奋进梦想，更实惠的金融服务也能点燃美好希望，金融初心常在百姓茶饭之间。

做好金融事业，归根结底是为了百姓安居乐业。这些年来，中国建设银行积极开展了许多创新探索，为的是让我们的金融事变成百姓的体己事，让金融工作更能给人踏实感；我们勇于以首创精神打破金融边界的底气和保证，也来自无数为实现美好生活而拼搏努力的人们。在以“云上金融”服务百姓的美好过程中，中国建设银行牵头编写了“云鉴”系列丛书，目的是分享云计算的发展历程，探究云计算的未来方向，为“云上企业”提供参考，为“数字中国”绵捐薄力。奋进伟大新时代，中国建设银行愿与各界一道，以新金融实干践行党的二十大精神，走好中国特色金融发展之路，在服务高质量发展、融入新发展格局中展现更大作为，为实现第二个百年奋斗目标和中华民族伟大复兴贡献力量！

田国立

中国建设银行党委书记、董事长

田国立

前　言

尽管数百年来金融本质没有变，金融业态却在不断演变。在数字经济蓬勃发展的今天，传统银行主要依赖线下物理场所获客活客的方式已不可取，深度融入用户生产生活场景、按个体所需提供金融服务成为常态。越来越多的金融活动从物理世界映射到数字空间，金融行为、金融监管、风险防控大量转化为各种算法模型的运算，这必然要求金融机构提供更加强大的科技服务与算力支撑。

事非经过不知难。中国建设银行也曾经历过算力不足、扩容、很快又不足的循环之中，也曾对“网民的节日、科技人的难日”深有体会，更多次为保业务连续不中断，疲于调度计算、存储及网络资源。为变被动应对为主动适应，中国建设银行早在2010年新一代系统建设初期，就引入了云计算技术，着眼于运维的自动化和资源的弹性供给，加快算力建设战略布局。2013年，中国建设银行建成当时金融行业规模最大的私有云。2018年，为更好赋能同业，助力社会治理体系和治理能力现代化，在完成云计算自主可控及云安全能力建设的基础上，中国建设银行开始对外提供互联网服务及行业生态应用，并遵循行业信创要求进行适配改造，目前已实现全栈自主化。2023年1月31日，中国建设银行正式发布“建行云”品牌，首批推出10个云服务套餐，助推行业数字化转型提质增效。

有“源头活水”，方得“如许清渠”。金融创新与科技发展紧密相连，商业模式进化与金融创新紧密相连。回顾“建行云”的建设历程，有助于明晰云计算在金融领域的发展脉络，揭示发展规律；

沉淀建设者的知识成果，有助于固化成熟技术，夯实基础，行稳致远；总结经验，分享心路历程，有助于后来者少走弯路，更好地实现跨越式发展。

为此，着眼于历史性、知识性、生动性，中国建设银行联合业界专家编纂“云鉴”丛书，分为《云启智策》《云途力行》《云术专攻》和《云涌星聚》四卷，涵盖云计算战略的规划与执行、数据中心建设与运营、云计算和相关技术的应用与实践，以及“十四五”规划中十大智慧场景的案例解析等诸多内容。

“建行云”的建设虽耗时10余年，终为金融数字化浪潮中一朵浪花。“云鉴”丛书虽沉淀众多建设者的智慧，也仅是对云计算蓝图的管中窥豹。我们将根据业界反馈及时修订，与各界携手共建共享，以此推动金融科技高质量发展。

特别感谢腾讯云计算（北京）有限责任公司、中数智慧（北京）信息技术研究院有限公司、北京趋势引领信息咨询有限公司、阿里云计算有限公司、北京金山云网络技术有限公司、华为技术有限公司、北京神州绿盟科技有限公司、北京奇虎科技有限公司等众多专家对本书的大力支持和无私贡献。

金磐石

中国建设银行首席信息官

金磐石

治理篇／219

目 录

历程与趋势篇

第一章 云计算发展概述

导　读

2002 年，亚马逊创始人杰夫·贝索斯率先提出亚马逊云服务（Amazon Web Services，AWS）。从那时起，云计算产业大致经历了形成阶段、发展阶段和应用阶段。随着云计算产业的兴起，世界范围内的云计算产业开始蓬勃发展，国内的云计算产业也逐渐崛起。过去十年是云计算突飞猛进的十年，全球云计算市场规模迅速扩张，我国云计算市场规模也从最初的十几亿迅速增长到现在的千亿级别。世界各国政府纷纷提出“云优先”策略，我国的云计算政策环境日趋完善，云计算技术不断发展成熟，云计算应用在互联网行业的基础上向其他传统行业加速渗透。

“十四五”规划中明确提出，要加强关键数字技术创新应用，加强通用处理器、云计算系统和软件核心技术一体化研发。云计算作为一项关键的数字创新技术，受到了社会各界的广泛关注。未来，云计算将迎来下一个黄金十年，进入普惠发展期。总而言之，云计算被业内人士视为助力企业数字化转型的核心基础设施，以云计算为代表的新兴技术融合已成为推动产业发展的重要引擎。

回顾云计算的发展脉络，分析云计算的发展趋势，有助于我们更好地理解其理念和技术内涵。

本章主要回答以下问题：

（1）云计算的发展历程是怎样的？

（2）云计算的技术特征有哪些？

（3）云计算产业的发展现状与趋势是什么？

第一节　云计算的发展脉络

云计算作为划时代的创新科技，是个新名词，但云计算技术绝不是横空出世的，它是在新时代社会发展的需求选择下，不断“变异”、不断革新的产物，历史的车轮不断前进，科学技术的发展也要迈向新时代。

从20世纪中期第一台IBM大型机到分时调度、虚拟机，再到云计算技术，“云计算”在社会需求不断变化的拉动下诞生、发展，一次又一次“变异”，逐渐走向成熟。随着5G技术的应用，云计算搭建起一个实时互联的线上虚拟世界，同时融合边缘计算等创新技术，被广泛地应用到企业的不同业务场景中。

事实上，在人们产生需求后，各种新想法、新技术的涌现表明了现代科学持续革新，发展永无止境。纵然百家争鸣，但“物竞天择，适者生存”，最后被选择的才是最适配科学、社会发展的。

一、技术的演进

一项全新技术如同一个全新的生命，有着从诞生到发展再到成熟的发展轨迹。数亿年前，地球上的无生命物质逐渐演变成原始生命，无机小分子转化为有机小分子，继而形成了生物大分子，最终形成细胞。人类作为其中最独特的一种生命体，以群落的方式生活，形成社群或社会。人类掌握了自然的规律后，为了更好地生活，开始使用工具，不断地利用现有事物创造新事物，以解决问题，这些方法及方法原理就称为技术。技术的演进和创新，创造了我们今天纷繁的科技世界。

17 世纪著名数学家戈特弗里德•威廉•莱布尼茨（Gottfried Wilhelm Leibniz）希望可以将人类的思维像代数运算那样符号化、规则化，制造出可以进行思维运算的机器，将人类从思考中解放出来，这被称为“莱布尼茨之梦”。19 世纪伟大的数学家乔治•布尔（George Boole）也意识到了符号的力量，提出了能够以简单的逻辑符号清晰表达人的思维的逻辑代数，并将它引入电路的控制中，开启了解放人脑的进程。第二次世界大战期间，为破解纳粹密码，英国军方在后来被称为“计算机之父”的数学家图灵的指导下，制造出了第一台可以编写程序、执行不同任务的计算机 Colossus，计算机由此诞生。渐渐地，人们设想将计算机与计算机之间互联。1964 年，被认为是有史以来最伟大的计算机设计师之一的阿姆达尔制造出第一台 IBM 大型机 System/360，如图 1-1 所示，首次让计算机终端通过连接大型主机传递、下载程序或资料，将电子数据处理的“松散终端”连接起来。“连接”是云计算产生的驱动力。

图 1-1 第一台 IBM 大型机 System/360 诞生

二、需求拉动变异

大型计算机的出现使机器的计算能力提升了十几倍、几百倍，并且在几秒内就能完成极其复杂的计算，使人们从烦琐的计算中解放出来。这种新兴技术彻底改变了企业和政府的工作方式，提高了生产力。最早应用大型计算机的是军事研究所，大型计算机能够模拟计算导弹的运行轨道、大炮的射程等，但早期的大型计算机体积庞大、价格高昂，许多企业无力购买大型机，但希望能以低廉的价格购买计算资源。

最初的计算机都是串行运行的，一次只能录入并执行一个程序，当程序进行缓慢的 IO 操作时，CPU 只好空转等待。这不仅造成了 CPU 的浪费，也造成了其他计算机硬件资源的浪费。那时的计算机科学家们都在思考着如何提高 CPU 的利用率，直到有人提出了多道程序设计（Multiprogramming，多任务处理的前身）。

技术不能满足利益相关者和用户的算力需求时就会推动着人们探索新的技术，我们不妨将这种技术的自主革新称为“变异”。1955 年，约翰 • 麦卡锡（John McCarthy）创造了一种在用户群中共享计算时间的理论，被称为“分时调度”（Time Sharing），三个最早的分时系统为兼容的分时系统、BBN 分时系统和达特茅斯分时系统。这便是当时被选择的“变异”。但是变异并不是瞬间就能被察觉的，也不能形成突破性的新技术，它依旧在发展，不断去适配环境，经历需求的检验。约翰的同事莱斯特 • 厄恩斯特（Lester Earnest）告诉《洛杉矶时报》：“若不是约翰开始了分时系统的研发，互联网将不会出现。”我们一直在为分时系统发明新的名字，例如服务器，而现在我们称之为“云计算”。

作为第一次的变异，分时调度理论的伟大之处，在于它提供了共享计算资源的最初构想。通过这种方式，没有处理能力的终端可以接收大型计算机的处理结果。所谓“分时”，即将 CPU 占用切分为多个极短（1/100sec）的时间片，每个时间片都执行着不同的任务。分时系统允许几个、几十个甚至几百个用户通过终端机连接到同一台主机。

处理机时间与内存空间按一定的时间间隔轮流切换给各终端用户的程序使用。由于时间间隔很短，每个用户都感觉像是自己独占了计算机一样。分时系统可实现多个程序分时共享计算机硬件和软件资源，这种分时调度不但可以让购买大型计算机的公司高效使用这种昂贵的设备，也可以让无力购买大型机的中小型公司及时收到计算结果，并将结果用于进一步分析。分时调度成为共享计算资源的原始方式和构想，与云计算具有相同的共享特征。

值得注意的是，分时系统与多道程序设计虽然类似，但底层实现细节不同。前者是为了给不同用户提供程序，而后者是为了不同程序间的穿插运行。简言之，分时系统是面向多用户的，而多道程序设计是面向多程序的。这是一个非常容易混淆的概念，无论是在当年还是现在。

三、走向虚拟

继分时调度理论让计算资源共享成为可能之后，虚拟化技术作为第二次变异紧随其后。那么，什么是虚拟世界？虚拟化技术又是什么呢？

首先，虚拟和现实是相对的概念。现实世界是人类客观生活在其中的真实世界，而虚拟世界是由计算机算力和计算机之间的互联构造出来的。虚拟世界在一定程度上超越了现实世界。通过虚拟化技术，现实中的硬件设备能够抽象成虚拟的硬件设备，利用网络、存储等组件创建出软件的表现形式。大型机的诸多不足都可以在虚拟世界里得到解决。

1959 年 6 月，在国际信息处理大会上，克里斯托弗•斯特里奇（Christopher Strachey）发表了《大型高速计算机中的时间共享》（*Time Sharing in Large Fast Computer*）论文，该文被公认为是虚拟化技术的最早论述。在文中，斯特里奇扩展了分时的概念，提出了虚拟化的定义。他探讨了将分时的概念应用到大型高速计算机中的可能性，也就是将分时的概念融入多道程序设计，从而创造出一个可多用户操作（CPU 执行时间切片），又具有多程序设计效益（CPU 主动让出）的虚拟化系统。

可见，虚拟化概念最初的提出就是为了满足多用户同时操作大型计算机，并充分利用大型计算机各部件资源的现实需求，从大型机到小型机，虚拟化技术都在致力实现虚拟世界中的算力共享。

1. 虚拟机的诞生

1965年8月，IBM推出System/360 Model 67和分时共享系统（Time Sharing System，TSS），通过虚拟机监视器（Virtual Machine Monitor）虚拟所有的硬件接口，允许多个用户共享同一高性能计算设备的使用时间，也就是最原始的虚拟机技术。1974年，杰拉尔德•J. 波佩克（Gerald J. Popek）和罗伯特•P. 戈德堡（Robert P. Goldberg）发表了*Formal Requirements for Virtualizable Third Generation Architectures*（《可虚拟第三代架构的规范化条件》），提出了虚拟化准备的充分条件，指出满足一致性、可控性和高效性的条件的控制程序可以被称为虚拟机监视器（Virtual Machine Monitor，VMM）。

一致性：一个运行于虚拟机上的程序，其行为应当与直接运行于物理机上的行为基本一致，只允许有细微的差异，如系统时间方面。

可控性：VMM对系统资源有完全的控制能力和管理权限。

高效性：绝大部分的虚拟机指令应当由硬件直接执行而无须VMM参与。

现今，IBM System/360已经被证实是一项启动创新商业运作的历史性变革，也使IBM取得了巨大的商业成功。System/360不仅提供了新型的操作系统，还可以提供14个虚拟机，解决了当时IBM低端系统与高端系统无法兼容的问题，而让单一操作系统适用于整个系列的产品是System/360系列大型机获得成功的关键之一。此外，System/360还实现了基于全硬件的虚拟化解决方案（Full Hardware Virtualization）以及TSS。TSS被认为是最原始的CPU虚拟化技术，它可以让低端计算机连接大型主机，上传和下载程序或资料，将电子数据处理的“松散终端”连接起来。

IBM在托马斯•J. 沃森研究中心（Thomas J. Watson Research Center）进行M44/44X计算机项目的研究。M44/44X项目基于IBM 7044（M44）大型机并通过软件和硬件结合的方式来模拟出多个7044虚拟机（44X）。

M44/44X 实现了多个具有突破性的虚拟化概念，包括部分硬件共享（Partial Hardware Sharing）、分时、内存分页（Memory Paging）以及虚拟内存（Virtual Memory）。M44/44X 项目首次使用了“Virtual Machine”这一术语，所以被认为是世界上第一个支持虚拟机的计算机系统。虽然 M44/44X 只实现了部分的虚拟化功能，但其最大的成功在于证明了虚拟机的运行效率并不一定比传统的方式更低。

2. 虚拟网络

20 世纪 60 年代中期，美国政府致力发展虚拟机技术，美国国防部与麻省理工学院合作进行研究，建立了美国国防部高级研究计划署。在这股风潮的带动下，美国计算机科学家约瑟夫•利克莱德（J.C.R.Licklider）提出计算机互联系统（an interconnected system of computers）的构想。1969 年，在利克莱德的帮助下，鲍勃•泰勒（Bob Taylor）和拉里•罗伯茨（Larry Roberts）开发了互联网的前身——阿帕网（Advanced Research Projects Agency Network，ARPANET）。

ARPANET 允许不同物理位置的计算机进行网络连接和资源共享，是一种分组交换网络。作为世界上第一个运营的分组交换网络，至今仍在互联网和全球计算机网络的发展中起着不可或缺的作用，可以说 ARPANET 的出现开启了虚拟网络时代。

3. 存储基础设施

1978 年，IBM 获得了独立磁盘冗余阵列（Redundant Arrays of Independent Disks，RAID）概念的专利。该专利将物理设备组合为池，然后从池中切出一组逻辑单元号（Logical Unit Number，LUN）并将其提供给主机使用。虽然直到 1988 年 IBM 才与加利福尼亚州立大学伯克利分校联合开发了该技术的第一个实用版本，但该专利第一次将虚拟化技术引入存储之中，对虚拟化技术的实践应用有着巨大的意义。

科学与技术在发展中存在一致性问题。科学是关于获取自然现象的知识以及这种现象的原因，即人们在思维层面构想出可实现的事物或体系；而当将这些知识付诸实践，解决人类需求或问题时，它就被称为技术。“科学技术是第一生产力”这句话是有前提条件的，只有当二者的发展曲线趋于一致时，才能推动社会发展。例如，中国古代的四大发明都是技术，却没有形成科学形态，技术未能支持社会进步。换句话说，科学是技术之母，是基础研究，是对这个世界的规律的理解。理解了世界的规律以后，才有可能实现科学理论驱动技术的诞生。

从传统的大型机到分时调度、虚拟机，再到云计算技术，在科技发展的浪潮中，技术在用户的自然选择下不断“变异”，新技术层出不穷，使得计算机网络这一科学成为现实，最终迎来了云计算时代。

四、5G 的机遇

虚拟化技术不仅实现了降本增效，还解决了多用户轻量化连接的问题，是有益的“变异”，也是自然选择的结果。但是，想要借助虚拟化技术实现万物实时互联并不可行。虚拟化技术更适用于本地部署或局域网，如果有过量用户连接访问，很容易拖慢上传和下载速率，造成延迟，难以实现实时的互联互通。

此时，5G（第五代移动通信技术）作为引领时代的新一代宽带移动通信技术，具有高速率、低时延和大容量的特点。5G 的应用为云计算解决了网络传输的速度问题，能够让全球计算机实现实时互联，实现数据的光速传播。同时 5G 时延极低，能够给用户带来实时互联的流畅体验。这意味着用户只要成功连接，就可以随时将资料上传到云上，在使用时及时下载到本地，随需而取，为云计算的应用提供了速率支持。除此之外，5G 容量极大，能够支持用户随时访问，而不用担心延时和速率降低的问题。

达尔文的《物种起源》中提道：“如果对任何生物有利的变异确实发生过，那么，具有这种性状的一些个体，在生存斗争中定会有最好的机会保存自己；根据强劲的遗传原理，它们趋于产生具有同样性状的后代，这种保存有利的变异以及消灭有害的变异的现象被称为自然选择。”

由此，云计算技术得到了蓬勃发展。同时，云计算能够提供的超强算力与计量计费的功能让计算机网络科学更加具象化。遗传原理在云计算技术的产生与进化过程中体现得淋漓尽致，最能够支持知识实现、科学发展和社会进步的技术将被保留下来，在动态发展的环境中不断优化，促使人类科学文明向前推进。

五、技术融合大趋势

尽管如此，云计算并非无所不能。单一的云计算技术一旦遇到处理数据量过大的情况便容易产生效率降低且时延变长的问题，从而影响企业的业务场景实现效果。在许多领域，云计算与边缘计算协同作用，云计算用来进行集中的大规模计算，边缘计算则用来进行分散的小规模计算，最终目的仍是解决处理效率的核心问题。

> 边缘计算可以理解为边缘式大数据处理，所谓“边缘”，指的是临近计算或接近计算，也就是在靠近物或数据源头的一侧，运用集网络、计算、存储、应用核心能力为一体的开放平台，就近提供最近端服务。它具有分布式、低延时、效率高等特点。其应用程序在边缘侧发起，产生更快的网络服务响应，满足行业在实时业务、应用智能、安全与隐私保护等方面的基本需求。边缘计算处于物理实体和工业连接之间，或处于物理实体的顶端；而云端计算仍然可以访问边缘计算的历史数据。

边缘计算与云计算融合，能够在接近现场的应用端计算，通过本地设备实现而无须交由云端，在本地的边缘计算层就完成一部分数据的处理和计算，从而使云端处理的数据大幅减少，在极大提升处理效率的同时，减轻云端的负荷。由于边缘计算更加靠近现场，还能够为应用端的用户提供更快的响应，让用户需求在边缘端得到解决。举个例子，汽车自动驾驶功能必须借助云计算和云存储来实现，因为汽车本身有成百上千个传感器，每驾驶 8 个小时会产生 40TB 的数据，但汽车终端无法处理和储存数量如此庞大的数据；同时，自动驾驶汽车对于数据传输时延极为敏感，如果数据传输延迟 1ms，就可能导致惨剧发生。如果只使用云和汽车终端来传输数据，就算是用光速传播也一定会有时延，根本保证不了自动驾驶的安全性。但是如果把边缘计算与云计算技术进行融合，让边缘计算在设备端处理数据，筛选掉没用的数据，等数据少了之后再传给云，便能够极大地减轻云端的压力。

同时，在政策助推和数字经济的大背景下，云计算与区块链、大数据等技术深度融合，构建新的数字生产力，发挥协同作用，被广泛地应用到企业的不同业务场景中，为企业和社会的发展提供新的动力。云计算与区块链技术融合，能够基于区块链的去中心化特性，形成全新的分布式云计算，进一步降低用户访问成本；云计算与大数据技术融合，能够形成大数据云。此外，云计算还可以应用于天气预测、自然灾害预测以及航天航空领域，让云系统内的海量数据得到快速、高效的处理。

云计算时代的到来，改变了人类使用计算机服务的方式，也改变了人们的生活和工作方式。这种改变是颠覆性的，但云计算技术仍然只是技术演进过程中的一种形态，一方面它不能靠一己之力实现科学突破，另一方面它不可能是计算机网络科学的终极形态。不可否认，云计算的确在现阶段科学发展中占据极其重要的地位，但是云计算并非万能。结合其他技术来正确、合理地使用云计算，充分发挥其潜力，并遵循技术演进规律不断创新，是今天数字化商业环境对其提出的基本要求。

第二节　云计算的特征与分类

一、什么是云计算

作为当下广受关注的技术之一，“云计算”究竟是什么呢?

云消费者说：云计算是想要的IT资源在计算机前操作几下就能够获得，具有敏捷、弹性、自助等特点。

云建设者说：云计算是多种新技术融合后的网络服务，其技术涵盖整个IT领域，包括虚拟化、分布式等。

云管理者说：云计算就像共享充电宝，资源广为分布，用户可以随需取用，不同的是云计算为用户提供弹性可计量的 IT 资源，用户像买水或买电一样购买各类 IT 服务。

2011 年下半年，美国国家标准与技术研究院公布了云计算定义的最终稿。云计算是一种通过网络方式、按量付费获取计算资源（包括网络、服务器、存储、应用和服务等）并提高其可用性的模式，这些资源来自一个共享的、可配置的资源池，并能够以最省力和无人干预的方式获取和释放。此外，美国国家标准与技术研究院还给出了云计算模式所具备的五个基本特征（按需自助服务、广泛的网络访问、资源共享、快速弹性扩展和可度量的服务）、三种主要的服务模式［IaaS（基础设施即服务）、PaaS（平台即服务）和 SaaS（软件即服务）］和四种部署方式（私有云、社区云、公有云和混合云）。

在云网络中，计算能力是不计时间与空间的可流通商品。根据云服务的类型可知，如图 1-2 所示，云服务提供的可以是应用程序、操作系统等服务，也可以是其他服务，云服务提供商承担了资源共享池的创建与维护的所有费用。尤其是随着计算机软硬件的复杂程度日益提高，使用计算机网络的用户需求日益增多，为了满足这些需求，就需要更高的算力支持、更安全的网络防护等。“欲戴王冠，必承其重”，企业要使用

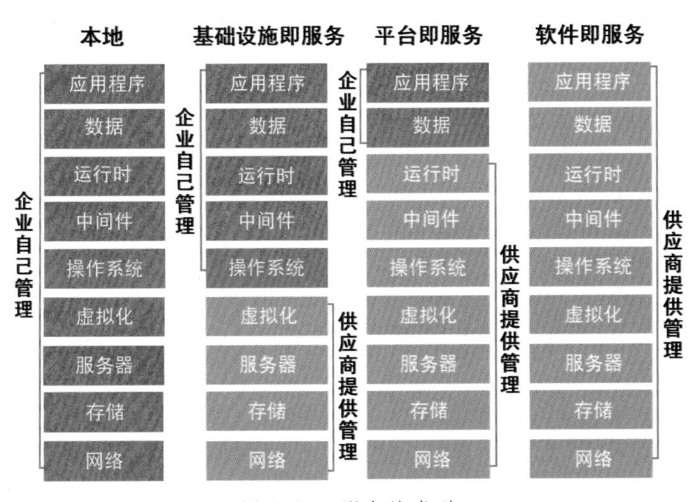

图 1-2 云服务的类型

复杂的系统，就必须付出高昂的采购、部署、维护成本。对于那些中小规模的企业，甚至个人创业者来说，这些成本根本难以承受，而云服务提供商以低价格弹性地向他们提供所需的云服务，在一定程度上解决了这个问题。

二、云计算的六个基本特征

云计算具备五个基本特征，包括按需自助服务、广泛的网络访问、资源共享、快速弹性扩展和可度量的服务。此外，信息安全是任何新兴技术都必须重视的问题，如果无法保证数据、信息、隐私的安全，那么，广泛应用就是无稽之谈。因此，我们总结云计算有六个基本特征。

1. 按需自助服务

用户可以按需自动获取计算能力，如计算、存储和网络等资源，减少与服务提供者进行交互的过程。

2. 广泛的网络访问（虚拟化）

任何资源或服务都可以通过网络访问，计算都会采用虚拟化技术，用户并不需要关注具体的硬件实体，只需要选择一家云服务提供商，注册一个账号，登录到云控制台，去购买和配置用户所需要的服务，如云服务器、云存储、CDN 等。在为用户的应用做一些简单的配置之后，该应用便可以对外服务了，这比传统的在企业的数据中心去部署一套应用要简单方便得多。用户可以随时随地通过 PC 或移动设备来控制自己的资源，这就好像是云服务商为每一个用户都提供了一个网络数据中心（Internet Data Center，IDC）一样。

3. 资源共享

服务提供者将计算资源汇集到资源池中，通过多租户模式共享给多个消费者，然后根据消费者的需求，对不同的物理资源和虚拟资源进行动态分配或重新分配。

4. 快速弹性扩展

云计算能够快速而灵活地提供各种功能，以实现扩展，并且可以快速释放资源来实现收缩。基于云服务的应用，可以持续对外提供服务（7×24 小时），另外“云”的规模可以动态伸缩，以满足应用和用户规模增长的需要。

IDC 凭借丰富的 IT 基础资源和高度集中化、标准化的运营管理系统向客户提供数据存储、数据备份、数据交换等服务，客户可以通过租用 IDC 的服务来建设自己的信息系统。能够提供这类服务的企业统称为 IDC 服务商。

5. 可度量的服务

云计算利用一种计量功能来自动调控和优化资源利用，根据不同的服务类型按照合适的度量指标进行计量（如核数、存储量、带宽、活跃用户数等）。

6. 高安全性

网络安全已经成为所有企业或个人创业者必须面对的问题，企业的 IT 团队或个人很难应对那些来自网络的恶意攻击，而使用云服务可以借助更专业的安全团队来有效降低安全风险。

三、云计算的服务模式

当前市场上云计算的服务模式多种多样，包含 IaaS、PaaS、SaaS、DaaS、BaaS 等，这些模式主要依据满足客户需求的差异以及提供产品和服务的差异进行区分。下面我们主要介绍 3 种基础的服务模式，分别是 IaaS、PaaS 和 SaaS。

1. IaaS

IaaS 的全称为 Infrastructure-as-a-Service，IaaS 将硬件设备等基础资源封装成服务，供用户使用，包括处理内存、网络、CPU、存储以及其他基本的计算资源，企业可以部署和运行任意软件，以及应用程序和操作系统。在 IaaS 环境中，用户相当于在使用裸机和磁盘。IaaS 最大的优势在于它是共享的，允许用户动态申请，按使用量计费，资源使用效率更高。例如，中国人民银行阿勒泰支行通过购买 VMware 服务，推进了虚拟化技术的应用，有效解决了原本服务器运转效率低、资源未得到充分有效利用的情况，在 VMware 服务支持下，中国人民银行阿勒泰支行提升了内部运维效率，降低了服务器运转成本。此外，腾讯云分布式数据库 TDSQL 已服务近半数的国内 TOP 20 银行，其中 TOP 10 银行中服务比例高达 60%；2020 年，TDSQL 帮助平安银行投产并实现了业界首个银行大型机下移到分布式平台的巨大突破。

2. PaaS

PaaS 全称为 Platform-as-a-Service，PaaS 提供各种开发和分发应用的解决方案，比如虚拟服务器和操作系统。企业所有的开发都借助 PaaS 进行，节省了企业的时间和资源，但与此同时，用户的自主权降低，必须使用特定的编程环境并遵照特定的编程模型。Paas 只适用于解决某些特定的计算问题。比如在 PPTV 想进军全球市场的时候，依托 Windows Azure 平台在北美、亚洲和欧洲地区的 8 个数据中心和 24 个 CDN 节点，PPTV 没有在海外投资 IT 基础设施便成功地在全球各地区提供了一站式的亚洲电视网平台，帮助客户构建 1080P 高清网络电视点播、直播服务。

3. SaaS

SaaS 的全称为 Software-as-a-Service，这种模式针对性更强，它将某些特定应用软件功能封装成服务。SaaS 既不像 PaaS 那样提供计算或存储资源类型的服务，也不像 IaaS 那样提供运行用户自定义应用程序的环境，它只提供某些专门用途的服务供应调用。举个例子，企业可以通过将开发的 App 列入 Google Apps 市场来获得接触数百万名 Google Apps 用户的机会，获取数百万的线上潜在用户。京东云从强大的电商物流、资金流的优势出发，推出数字化营销 SaaS 服务，帮助品牌搭建客户管理工具，在实现交易数据可视化的同时，还能协助整合品牌伙伴资源，搭建 B 端物流体系。

四、云计算的四种部署方式

1. 公有云（Public Cloud）

公有云是指多个客户可共享一个服务提供商的系统资源，无须架设任何设备及配备管理人员，便可享有专业的 IT 服务。公有云的成本较低，这对于一般创业者、中小企业来说，是一个降低成本的好方法。微软的 Windows Azure 平台、亚马逊的 AWS、国内的阿里云等都是典型的公有云。例如，阿里云为多家全国性股份制银行提供公有云数据存储、云计算基础架构、金融级分布式架构、移动开发平台、金融智能、金融安全等服务。

2. 私有云（Private Cloud）

大企业（如金融、保险行业）为了兼顾行业、客户隐私，不可能将重要数据存放到公共网络上，故倾向于架设私有云端网络。总体来看，私有云的运作形式与公有云类似。架设私有云是一项重大投资，企业需要自行设计数据中心、网络、存储设备，并且需要拥有专业的顾问团队。企业管理层必须充分考虑使用私有云的必要性，以及是否拥有充足的资源来确保私有云正常运作。举个例子，浪潮云海 OS 作为国内最大的私有云服务商，截至 2020 年，在政府、能源、电信、环保、教育等多个行业累计拥有 8 500+ 用户，设计实施了中国最大的广电云平台，单一集群规模超过 1 000 个节点，总规模近 1 500 个节点，为广电行业提供了全 IP 化制播控云服务及融媒体中心建设、“5G+4K+AI”等整套解决方案。

3. 混合云（Hybrid Cloud）

混合云结合了公有云和私有云的优势，可以在私有云上运行关键业务，在公有云上进行开发与测试，操作灵活性较高，安全性介于公有云和私有云之间。混合云，也是未来云服务的发展趋势之一，既可以尽可能发挥云服务的规模经济效益，又可以保证数据安全性。例如，腾讯为了满足世界各地员工协同办公的需求，搭建 TCE 私有云与腾讯公有云的混合云，辅助腾讯进行全球资源优化管理，最终节省服务器成本 30%，降低运维管理成本 55%，每年为公司节省成本上亿元。不过就目前而言，混合云依然处于初级阶段，相关的落地场景较为受限。

4. 社区云（Community Cloud）

社区云也称专有云，是由多个特定单位组织共享的云端基础设施，参与社区云的组织具有共同的要求，如云服务模式、安全级别等。管理者可能是组织本身，也可能是第三方；管理位置可能在组织内部，也可能在组织外部。例如，上海市构建覆盖全市 16 个区、215 个街镇、6 077 个居村委会的社区云，促进不同部门数据库共享，打破信息孤岛，帮助上海市逐步推动民生保障政策的落实，提升了上海的智慧政府治理能力。

第三节　云计算产业的兴起

随着云计算时代的到来，云计算技术颠覆了社会经济的发展形态，基于 IaaS、PaaS、SaaS、DaaS、BaaS 等不同服务模式，以及公有云、私有云、混合云、社区云等不同部署模式，形成了各具特色的云平台。在云平台上，云服务商、管理机构、用户、产业园区等迅速集中，资源汇聚，形成合作，最终降本提效，这就是云计算产业。

2002 年，亚马逊创始人杰夫•贝索斯率先提出亚马逊云服务，云计算产业兴起，随后世界范围内的云计算产业开始蓬勃发展，国内的云计算产业也逐渐崛起。在低价的商业哲学驱动下，云计算产业走过了形成、发展、应用的不同阶段，即将进入普惠发展的黄金十年。当前全球云计算产业增速稳定，企业上云数量逐步提升，我国公有云市场突破发展，云原生技术应用前景广阔，云安全越来越受到重视。同时我国的云计算产业已经形成了阿里云、腾讯云、华为云、百度云等巨头垄断的市场格局，创业者只能持续下沉，整体马太效应显著。

面对云计算的迅猛发展态势，“十四五”规划明确提出要加强关键数字技术创新应用，加强通用处理器、云计算系统和软件核心技术一体化研发；加快布局前沿技术，推动数字经济发展。云计算作为一项关键的数字创新技术，受到了社会各界的广泛关注，云计算技术在中国将顺政策之势得到大力发展。

一、超低价的商业哲学

云计算产业的兴起是在商业利益驱动下，满足用户灵活部署、按需采购等需求的一个过程。早在 2002 年，当时规模最大的电子商城亚马逊，困于电子商务旺季带来的 IT 资源不足、无法支持购物旺季正常运作的压力，亚马逊的创始人杰夫•贝索斯偶然获得灵感，把 IT 基础设施分化到最小的原子单元，供程序员自由调配使用，顺利解决了 IT 资源合理配置的问题。同时，贝索斯考虑后认为如果可以把亚马逊的资源开放并分享出去，供第三方企业使用，对第三方企业而言，它们能够将亚马逊许多独特的功能整合到自己的网站中，对亚马逊而言，这可能是一片光明的战略蓝海。于是他立即带头组织了第一届亚马逊开发者大会，开始研发自己的API（应用程序接口），AWS由此诞生。

在AWS的经营中，贝索斯奉行低价的商业哲学。在史蒂夫·乔布斯（Steve Jobs）将苹果手机的价格猛翻数倍时，贝索斯不以为然，他始终执着于让亚马逊为更多的用户提供类似水、电一样的基础设施服务，以超低价和巨量作为最根本的经营哲学，这也是当前云服务提供者的初衷和最终目标。事实上，他做到了，AWS最开始提供几近免费的云服务，迅速扩张客户规模，而当时忙于利润扩张的Google等竞争对手却忽略了贝索斯下的这盘暗棋。直到2006年，AWS正式推出了第一个云产品，让第三方使用者能够使用其已有的基础设施开发新的应用程序。亚马逊的竞争者们惊讶地发现，很多初创企业都在使用同一个云服务器——AWS，他们才恍然大悟。在贝索斯极富远见的低价商业哲学下兴起的AWS，提供了成熟完善的云计算商业模式，推动了云计算产业的兴起与发展。

二、云计算产业的发展历程

云计算在新时代的崛起已成为国内外一道亮丽的风景线。云计算的崛起，离不开天然的发展环境。国际上，全球数字经济蓬勃发展，云计算作为基础设施担负着产业升级的重大使命。云计算技术已经成了国家间科技竞争的重要领域。在国内，云计算政策环境日趋完善，云计算被视为助力企业数字化转型的核心基础设施，以云计算为代表的新兴技术融合，已成为推动产业发展的重要引擎。

云计算自2006年提出至今，大致经历了形成阶段、发展阶段和应用阶段。从云计算行业的发展历程（如图1-3所示）中可以看到，过去十年是云计算技术突飞猛进的十年，全球云计算市场规模迅速增长，我国云计算市场也从最初的十几亿发展到现在的千亿。世界各国政府纷纷推出“云优先”策略，我国的云计算政策环境日趋完善，云计算技术不断发展成熟，云计算应用在互联网行业的基础上向政务、金融、工业、医疗等传统行业加速渗透。

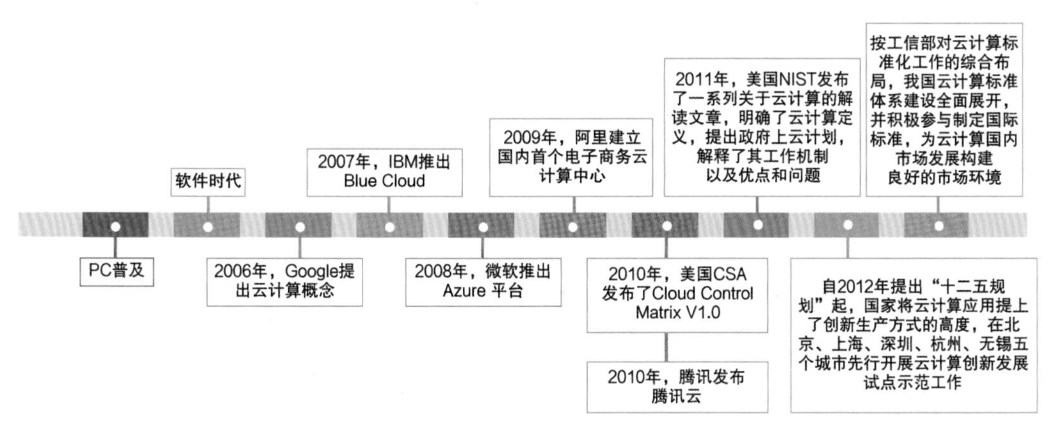

图 1-3 云计算行业发展历程

未来，云计算将迎来下一个黄金十年，进入普惠发展期。一是随着新基建的推进，云计算将加快应用落地进程，在互联网、政务、金融、交通、物流、教育等不同领域实现快速发展。二是在全球数字经济背景下，云计算成为企业数字化转型的必然选择，企业上云进程将进一步加速。三是突发公共安全事件的出现，加速了远程办公、在线教育等 SaaS 服务落地，推动云计算产业快速发展。总而言之，云计算产业的迅猛发展已是大势所趋。

三、云计算产业的趋势

1. 全球云计算市场稳定增长

如图 1-4 所示，根据 Gartner 提供的数据，我们可以看出，全球云计算市场保持稳定增长态势，2020 年，以 IaaS、PaaS 和 SaaS 为主要服务模式的全球云计算市场规模达到 2083 亿美元，增长 13.1%。预计未来几年市场平均增长率将达到 18%。

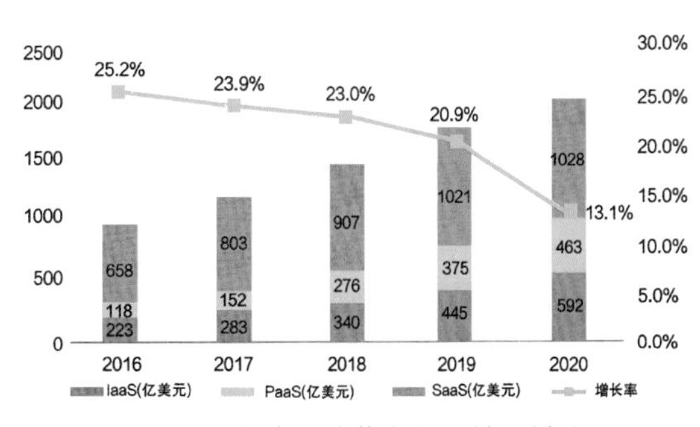

图 1-4 全球云计算市场规模及增速

2020 年我国云计算整体市场迎来爆发式增长，规模达 2 091 亿元，增速 56.6%。其中，如图 1-5 所示，公有云市场规模达到 1 277 亿元，相比 2019 年增长 85.2%。如图 1-6 所示，私有云市场规模达 814 亿元，较 2019 年增长 26.1%，预计未来几年将保持稳定增长。预计“十四五”末，我国的云计算市场规模将突破 10 000 亿元。

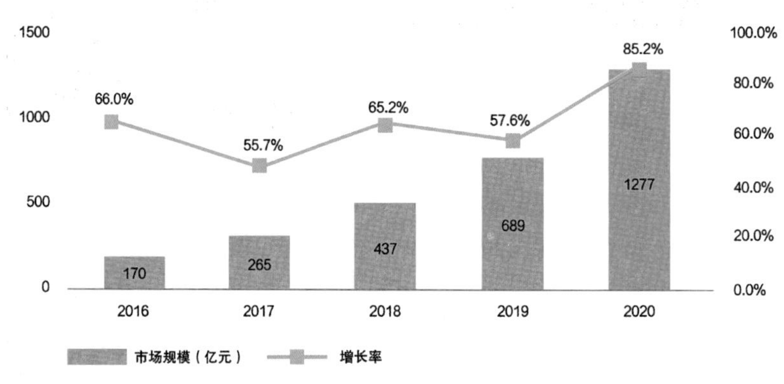

图 1-5 中国公有云市场规模及增速

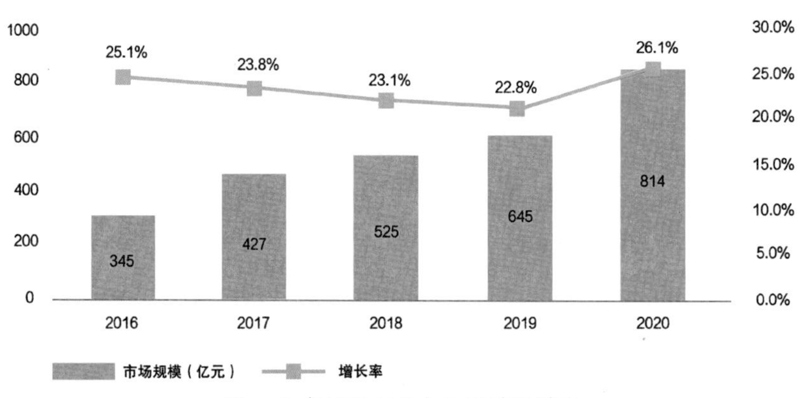

图 1-6 中国私有云市场规模及增速

2. 企业上云数量逐步提升

随着国内云计算市场的逐步扩展，企业上云数量逐渐提升。2020 年，我国已经应用云计算的企业占比达到 72.1%，较 2019 年上升了 6%。此外，根据前瞻经济学人 App 公布的数据，2020 年中国云计算市场中，公有云占比较大，达 61.07%，同比增幅 85.2%；私有云占比 38.93%，同比增幅 26.1%，如图 1-7 所示。近年来，我国互联网企业需求保持高速增长，传统企业上云进程加快，拉动了公有云市场规模快速增长，根据IDC的统计，2021年中国90%以上的企业会采用多云的方式，即通过公有云、私有云组合管理自己的信息系统。未来多云管理将成为企业上云的新趋势。

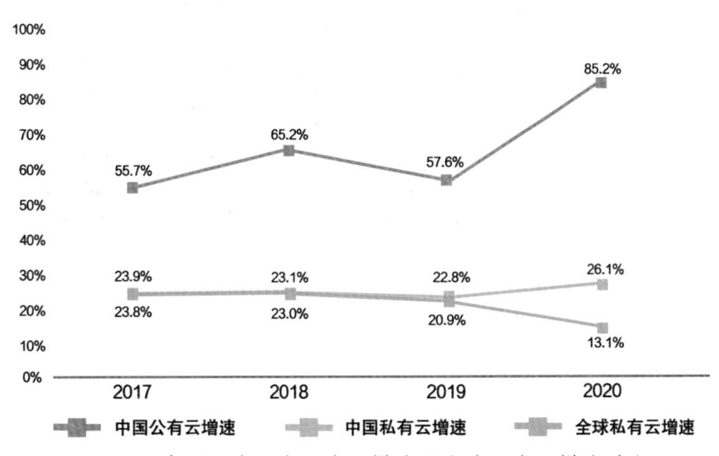

图1-7 中国公有云和私有云增速及全球私有云增速对比

此外，随着分布式云崭露头角，2020年我国有4.9%的企业已经应用了边缘计算；计划使用边缘计算的企业占比达到53.8%。随着国家在5G、工业互联网等领域的支持力度不断加大，预计未来基于云边协同的分布式云使用率将快速增长。

企业纷纷上云，云计算助力企业降本增效效果显著，成为企业数字化转型的关键要素。根据云计算发展白皮书（2021年）的数据，某集团信息机部通过数字化技术进行了架构改造，有效减少了运营过程中的计算机软硬件投入，节省硬件成本15%，故障前置发现率达到95.8%，实现了降本增效；此外，通过强化数据能力，实现了对外的数字化赋能，创新了商业模式，集团年收入超亿元。

在前期企业上云工作基础上，为进一步推进企业运用新一代信息技术完成数字化、智能化升级改造，中央网信办、国家发展改革委、工业和信息化部（以下简称工信部）等部委先后发文，鼓励云计算与大数据、人工智能、5G等新兴技术融合，实现企业信息系统架构和运营管理模式的数字化转型。在国家一系列政策出台的利好形式的影响下，未来的云计算势必迎来进一步的发展。

3. 我国公有云服务发展迅速

如图 1-8 所示，2020 年我国公有云 IaaS 市场规模达到 895 亿元，较 2019 年增长了 97.8%，预计受新基建等政策影响，IaaS 市场会持续攀高；公有云 PaaS 市场规模突破 100 亿元，与 2019 年相比提升了 145.3%，在企业数字化转型需求的拉动下，未来几年企业对数据库、中间件、微服务等 PaaS 服务的需求将持续增长，预计仍将保持较高的增速；公有云 SaaS 市场规模达到 279 亿元，比 2019 年增长了 43.1%，在突发公共安全事件影响下，许多中小企业对 SaaS 服务的接受度有所提升，SaaS 市场有望迎来突破。可以预计，未来公有云服务的市场接受度将进一步提高。

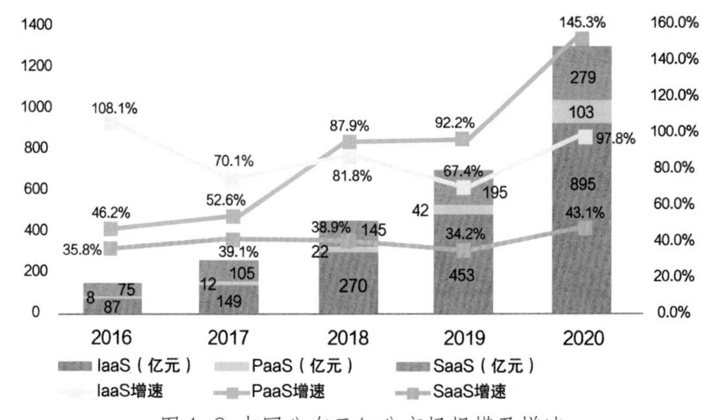

图 1-8 中国公有云细分市场规模及增速

4. 云原生技术应用前景广阔

近年来，以容器、微服务、DevOps 为代表的云原生技术，受到了人们的广泛关注。虽然虚拟化技术具备可用性、灵活性、可扩展性高的优势，但基于传统技术栈构建的应用包含太多的开发需求，云端强大的服务能力红利还没有完全得到释放。而云原生技术的应用可以为企业提供更高的敏捷性、弹性和云间的可移植性，在 2020 年对上云企业的采访中，14.59% 的被访企业表示使用云原生技术能有效提升资源利用率。此外，分别有 13.98% 和 28.83% 的被访企业认同云原生技术能够提升企业的弹性效率和交付效率，37.57% 的被访企业认为云原生技术能够简化运维系统，23.02% 的被访企业表示云原生技术能对现有系统进行功能拓展。

5. 云安全重视度日益提高

随着云安全威胁逐渐增加，企业越来越注重提升云计算安全能力。国际上，Gartner、Forrester、Rackspace、VMware 等研究机构和厂商纷纷提出原生安全理念；在国内，阿里云、360 等厂商将原生安全定义为企业下一代云安全架构。根据 IDC《2020

年云环境下的互联网防御》(*Internet Defense for Cloud Environments in 2020*)的数据显示，超过 65% 的企业正着力布局针对云计算环境新威胁的抗 DDoS 攻击的解决方案和应用防火墙，同时，超过 28% 的企业计划升级原有的安全方案，以提升网络安全防护能力。

四、云计算产业的布局

1. 中国云计算产业链布局

中国云计算产业链布局如图 1-9 所示。

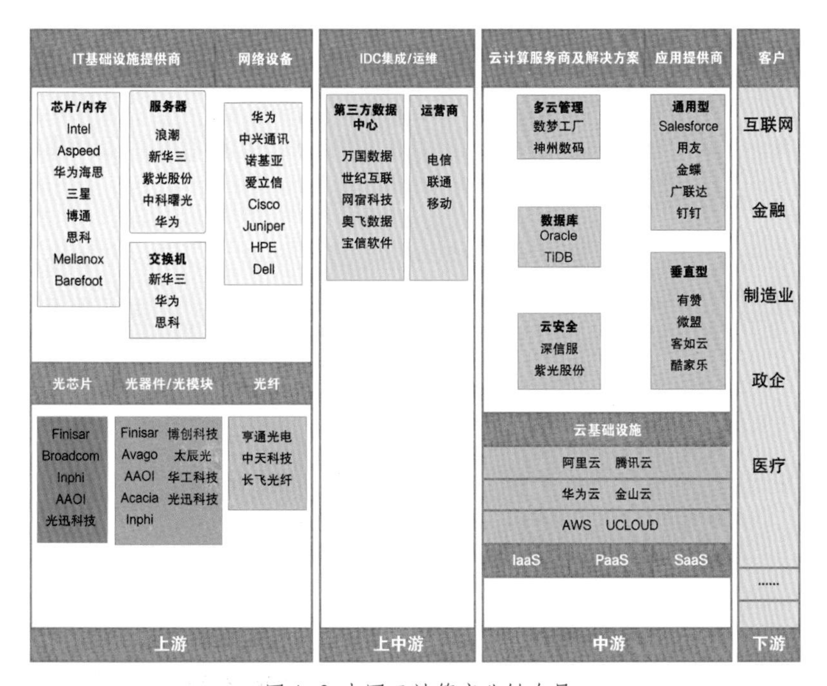

图 1-9 中国云计算产业链布局

(1)上游：标准化程度高，高端芯片依赖进口

云计算产业链的上游供应商主要提供基础设备，包括 IDC 企业、服务器厂商、网络运营商和网络设备厂商。这些企业较为集中，产品呈现标准化、规模化的特点，硬件成本透明。当前国内大部分高端芯片都来自美国和日韩企业。

（2）上中游：国内数据中心规模已成，市场格局确定

上中游是集成化的数据中心，包括服务器、交换机、路由器光模块等，咨询机构 ICT Research 研究显示，当前中国数据中心每年新增投资规模在 1 800 亿～2 000 亿元人民币。2019 年，中国数据中心保有量约为 7 万个，总面积约为 2 650 万平方米；2020 年年底，中国数据中心保有量超过 7.5 万个，总面积超过 3 000 万平方米。根据智研咨询发布的《2021—2027 年中国数据中心行业市场竞争力分析及发展策略分析报告》数据显示：截至 2020 年年底，我国数据中心市场规模为 1 958 亿元，同比增幅 25.27%，预计 2025 年将突破 5 900 亿元。目前，国内数据中心业务运营主要由三大基础电信运营商、第三方数据中心运营商（万国数据、数据港、世纪互联等）及专业云服务商（阿里、腾讯、百度等）构成。

（3）中游：云生态基础设施层格局已定

云计算产业链中游为云生态，包括基础平台和云原生应用等，云计算厂商的服务模式包括 IaaS、PaaS 和 SaaS。

底层公有云设施已形成高度垄断和集中的全球市场格局及国内市场格局，公有云行业资源几乎全部被行业巨头掌控。如图 1-10 所示，2020 年，中国公有云市场份额排名前五位的企业分别是阿里云（市场占比 35.6%）、天翼云（市场占比 13.3%）、腾讯云（市场占比 10.5%）、华为云（市场占比 9.7%）、移动云（市场占比 7.2%）。公有云方面，阿里云、腾讯云、百度云、华为云仍位于市场前列。

2020 年，全球 IaaS 市场规模达到 643 亿美元，增幅为 40.7%，美国仍占据主导位置。根据 Gartner 的统计数据显示，亚马逊 AWS 全球云计算市场占有率为 41%；排名第二位的微软 Azure 市场占有率为 19.7%；美国企业占比超过一半，中国的阿里云以 9.5% 的市占率排名第三位。谷歌和华为紧随其后。其中华为云表现亮眼，拿出第二

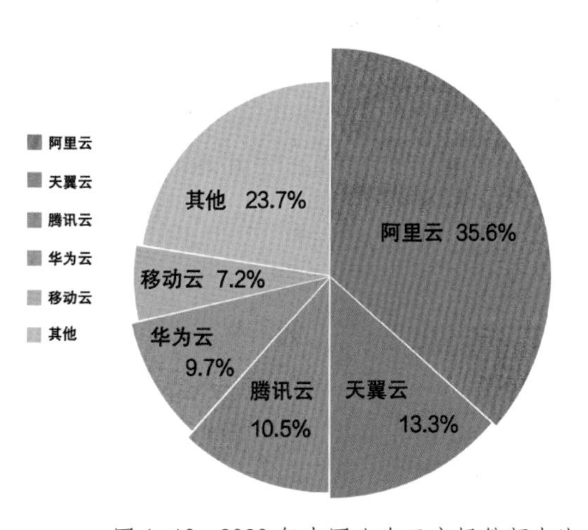

图 1-10　2020 年中国公有云市场份额占比

次超 200% 逆天增长速率的成绩单，跻身 Top 5 的行列。

私有云主要对政府和金融、电信等数据敏感性较高的企业提供服务。许多实力雄厚的大型企业集中于交通、制造、能源行业，为了保障自身数据和业务的安全性和灵活性，也倾向于搭建私有云。计世资讯（CCW Research）发布的《2020 —2021 年中国私有云市场发展状况研究报告》指出，2020 年，中国私有云市场规模达到 951.8 亿元，同比增长 42.1%。其中硬件、软件和服务市场分别占 63.0%、21.9% 和 15.1%。如图 1-11 所示，从行业应用结构来看，政府、金融和制造为前三大应用行业，占比分别为 29.1%、17.7%、15.9%。

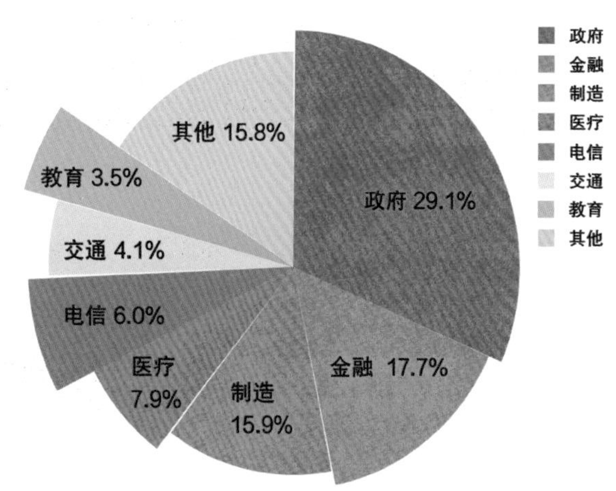

图 1-11　2020 年私有云市场行业结构

（4）以中、外政务云为例，剖析云计算产业链

政务云（Government Cloud），是运用云计算技术，统筹利用已有的机房、计算、存储、网络、安全、应用支撑、信息资源等，发挥云计算虚拟化、高可靠性、高通用性、高可扩展性及快速、按需、弹性服务等特征，为政府行业提供基础设施、支撑软件、应用系统、信息资源、运行保障和信息安全等的综合服务平台。如图 1-12 所示，根据牵头单位的不同，政务云可划分为综合型政务云和行业型政务云两类。

国内政务云：2011 年 12 月，《国家电子政务“十二五”规划》首次提出建设完善电子政务公共平台，并推行“云计算服务优先”模式，推动政务部门业务应用系统向云计算服务模式的电子政务公共平台迁移，正式开启中国政务云发展的大门。国内政府云计算行业代表厂商包括浪潮云、华为云、中国

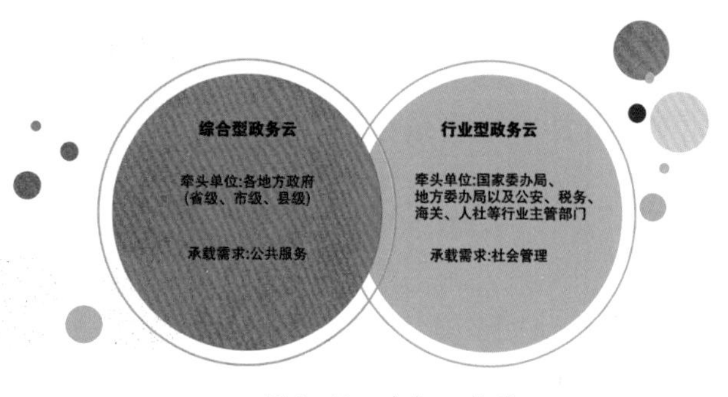

图 1-12　政务云类型

电信、腾讯云、阿里云、金山云等。

如图 1-13 所示，我国政务云的发展经历了多年的培育和探索阶段，已经进入全面应用的普及阶段。在 2020 年突发公共安全事件的影响下，中国加快推进政务云建设。据 IDC 发布的中国政务云基础设施市场研究报告显示，2020 年政务云基础设施市场总规模达到 270 亿元，持续稳定增长，其中政务云公有云的市场规模达到 81.4 亿元，同比增长 61.59%；政务云专属云的市场规模达到 189.2 亿元，同比增长 12.75%。

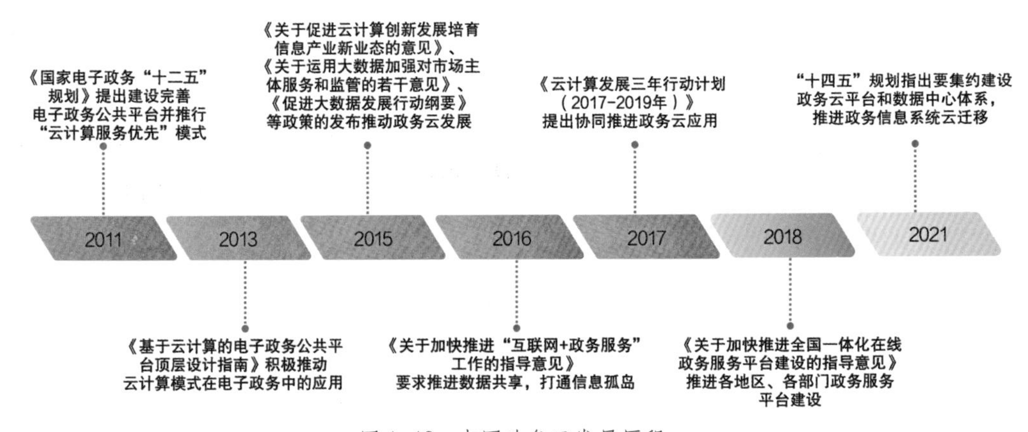

图 1-13　中国政务云发展历程

全球政务云：根据工信部提供的数据显示，全球政务云市场规模稳步增长，2020 年全球政务云市场规模为 523.0 亿美元，同比增长 9.2%，近四年全球政务云市场规模复合增长率达到 14.3%，如图 1-14 所示。

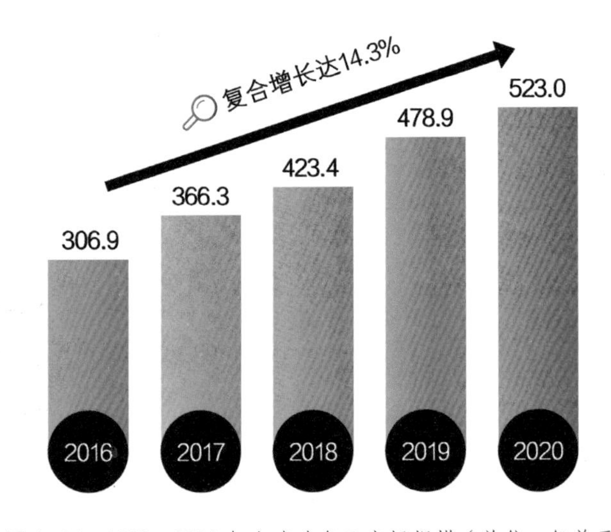

图 1-14　2016—2020 年全球政务云市场规模（单位：亿美元）

如图 1-15 所示，从政务云市场增速来看，2018—2020

年全球政务云市场规模增速均在 20% 以下，其中 2020 年规模增速下降至 9.2%，而中国政务云市场规模增速均保持在 20% 以上，2020 年更是达到惊人的 42.3%，中国政务云的发展速度远超全球水平。

以上数据参考前瞻产业研究院《中国政府云计算发展前景预测与投资战略规划分析报告》。

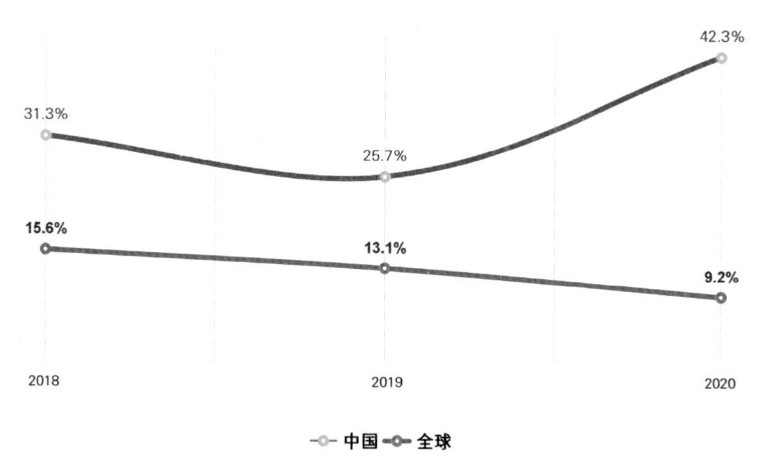

图 1-15　2018—2020 年中国与全球政务云市场规模增速对比（单位：%）

2. 云计算产业市场分布

数字经济和突发公共安全事件推动云计算市场规模迅速增长。2020 年，突发公共安全事件推动了企业的线上化进程。国家相关政策的出台进一步推进了 5G 网络、数据中心、工业互联网等新型基础设施建设，与云计算产业密切相关的“数字基建”则成为企业“新基建”的关键环节。根据 IDC 最新发布的统计数据，中国的数据产生量占全球数据产生量的 23%，超过了美国的数据产生量（21%），中国已经成为名副其实的大数据产业大国。

为了进一步推动“数字基建”进程，云计算将深入 IT 系统的建设之中，带动服务器、交换机、路由器等 IT 设备市场的发展。2019 年至今，国内整体 IT 支出持续增长，2021 年整年 IT 支出超过 3 万亿美元（表 1-1），其中 IT 服务支出涵盖了传统软硬件和技术服务支出，云计算应用与平台服务支出和企业级软件支出增速最快，整体达到全球 IT 支出（表 1-2）增速的两倍。

表 1-1 中国 IT 支出

（单位：百万美元）

项目	2019 年支出	2019 年增长率	2020 年支出	2020 年增长率	2021 年支出	2021 年增长率
通信服务	1 172 303.0	-1.20%	1 201 769.0	2.50%	1 271 841.0	5.80%
数据中心系统	244 799.0	5.50%	250 831.0	2.50%	263 607.0	5.10%
设备	968 125.0	3.10%	936 099.0	3.30%	1 006 177.0	7.50%
IT 服务	310 635.0	20.50%	337 012.0	8.50%	377 203.0	11.90%
企业级软件	104 003.0	20.60%	109 361.0	5.20%	120 967.0	10.40%
整体 IT	2 799 864.0	3.70%	2 835 071.0	1.30%	3 039 524.0	7.20%

表 1-2 全球 IT 支出

（单位：百万美元）

项目	2019 年支出	2019 年增长率	2020 年支出	2020 年增长率	2021 年支出	2021 年增长率
数据中心系统	214 911.0	1%	208 292.0	-3.10%	219 086.0	5.20%
企业级软件	476 686.0	11.70%	459 297.0	-3.60%	492 440.0	7.20%
设备	711 525.0	-0.30%	616 284.0	-13.40%	640 726.0	4%
IT 服务	1 040 263.0	4.80%	992 093.0	-4.60%	1 032 912.0	4.10%
通信服务	1 372 938.0	-0.60%	1 332 795.0	-2.90%	1 369 652.0	2.80%
整体 IT	3 816 322.0	2.40%	3 608 761.0	-5.40%	3 754 816.0	4%

在国内数据产量赶超美国、IT 支出持续增长的推动下，国内企业纷纷上云，云计算市场迎来发展新机遇。根据国务院发展研究中心的数据统计，至 2023 年，政府和大型企业上云率将超过 60%，上云深度将有较大提升，中国云计算市场规模将达到 4 000 亿元人民币。

（1）行业巨头高度垄断

国内云计算市场已经形成了垄断态势，其中阿里云、腾讯云、华为云、中国电信天翼云作为市场巨头，拥有丰富的资金实力，凭借市场领先优势，云计算底层基础设施较为完善，通过低价策略不断扩展市场，使得强者愈强，弱者愈弱，马太效应明显。

其中中国电信天翼云表现亮眼，根据 IDC 发布的《中国公有云服务市场（2021 上半年）跟踪》报告显示，如图 1-16 所示，在 2021 年上半年的 IaaS 和 IaaS+PaaS 市场，中国电信天翼云市场份额持续增长，稳居中国公有云市场第四位。作为央企，中国电信天翼云在激烈的云计算巨头竞争中实现了加速增长，从用户规模来看，中国电信天翼云在2020年年底用户数量排名居全国第二位，超过了第三名到第十名的总和，处于绝对领先地位。

（2）市场新进入者下沉或与巨头合作

随着云计算产业迅速发展，产业链下游逐渐细化，出现了云原生、开源项目、AI应用等新的技术场景，新的应用场景孕育出新的用户需求，使得云计算市场的新进入者有机会切入赛道。

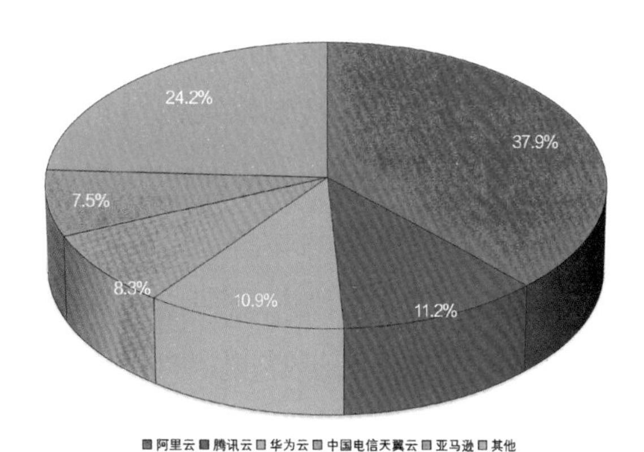

图1-16 2021年上半年中国公有云 IaaS+PaaS 市场前五大厂商市场份额

由于巨头企业已经基本垄断了云计算市场的底层设施，市场新进入者偏向凭借专精的某一项技术深入挖掘用户需求，持续下沉，在精研产品的同时探索全新的商业化道路，形成行业垂直型的新型企业，以避免与行业巨头的正面竞争。

以云原生领域为例，专注于云原生数据仓库的偶数科技，2021年8月获得了红杉资本、红点中国的近2亿元的投资；致力于云原生数据中台的奇点云，也在2021年1月得到了字节跳动和IDG的8 000万元投资。估值最高的是云原生数据库厂商PingCAP，在拿到了红杉资本等数亿美元的融资后，其估值已达30亿美元。

此外，部分市场新进入者选择与行业巨头合作，使产品能在多个行业内获得认可，通过产业链向上或向下平移来扩大市场规模以及进入海外市场。

还是以云原生领域为例，2021年6月，Kyligence、StreamNative、偶数科技等云原生领域新创企业与腾讯云建立深度合作关系，将共同参与云原生生态的建设。其中作为PaaS供应商，Kyligence希望借助腾讯云的底层技术能力加快发展，同时为了未来赢得云原生市场，提前布局IaaS市场。

3. 云计算产业投融资布局

作为推动数字化国家、数字化企业建设的关键技术，云计算已经形成了完善的产业链条，市场格局较为稳定。特别是随着2020年年初突发公共安全事件的爆发，众多企业将业务转移到线上，上云成为企业顺利开展业务的重要前提之一。在云计算产业规模不断扩大的情况下，相关企业也受到资本市场追捧。

根据 36 氪研究院《2016—2021 年上半年中国云计算领域股权投资情况》提供的数据显示，如图 1-17 所示，从 2016 年到 2021 年上半年，国内云计算行业投资规模整体呈现上升趋势，投资金额从 2016 年的 428.13 亿元到 2018 年的 1 222.34 亿元达到峰值，随后进入稳定发展阶段。虽然投资金额和投资案例整体回落，2020 年投融资额下降为 634.5 亿元，但该领域的大额融资频现。例如，2021 年 5 月，海马云获得 2.8 亿元战略投资；同年 6 月，青藤云安全获得 6 亿元 C 轮融资。部分云计算企业获得高额融资，说明当前资本市场仍然看好云计算领域的发展，愿意通过资金和资源的方式来支持优质企业做大、做强、做优。

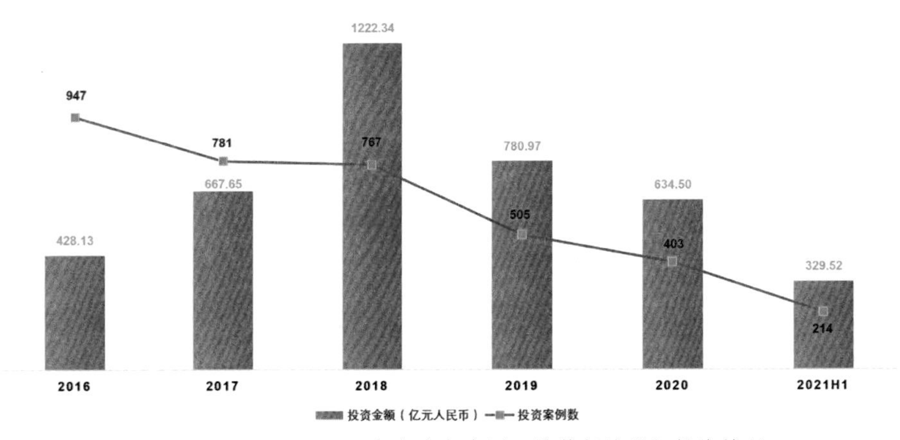

图 1-17　2016—2021 年上半年中国云计算领域股权投资情况

当前，国内的云计算产业投融资趋势主要集中在四大方向。在 SaaS 投资方向上，细分为通用型 SaaS 和垂直型 SaaS。此外，随着黑客攻击的日益严重和网络安全相关法规的不断完善，云安全也成为新的关键融资方向。同时，关键技术领域包括边缘计算等技术在内的技术赛道，虽然当前商业价值仍缺少验证，但随着技术概念的不断普及，也成为云计算市场融资的重点关注方向。

（1）市场格局已趋于稳定，通用 SaaS 也具备行业属性

国内早期的 SaaS 服务主要模仿美国，多以智能营销（科技与企业营销融合）、

CRM（客户关系管理）为主，已经形成了稳定的市场格局。其中除了办公协同类 SaaS 之外，其他通用型 SaaS 均容易受到用户习惯、行业属性、法规政策等因素的影响，发展较为迟缓。

通用型 SaaS 产品目前整体融资轮次后移，融资事件次数减少、单笔融资金额提高。头部厂商积累资源及行业 know-how，更易于实现深入服务客户以提高客单价，拓展产品线以扩大客户群，市场逐渐向头部靠拢，集中度提高。市场整体上云程度不断加深，企业对 SaaS 的认知度及接受度有所提高，付费意识有所增强，通用型 SaaS 已经经过市场检验，成为企业认可的降本增效的工具。在选择厂商时，品牌影响力高、产品性能稳定且集成能力强、产品工作流能与业务紧密结合的 SaaS 产品更易于获得青睐。

①企业资源计划（Enterprise Resource Planning，ERP）。

当前通用型 ERP SaaS 纷纷转向垂直型 ERP SaaS 。由于 ERP 本身涉及的部门、环节众多，本身重交付、重实施，与 SaaS 轻量化、标准化的要求相背离；同时大企业出于数据和信息安全的考虑，倾向于采用私有云或混合云的部署方式，这些都对厂商的云运营、持续交付提出了新的要求，也是初创公司较有可能切入的方向。

ERP 由美国 Gartner Group 公司于 1990 年提出。在数字经济时代，ERP 是指从供应链范围去优化企业的资源，用于改善企业业务流程，以提高企业核心竞争力。ERP 涉及生产资源计划、制造、财务、销售、采购，还有质量管理，业务流程管理，产品数据管理，存货、分销与运输管理，人力资源管理和定期报告系统。

②客户关系管理（Customer Relationship Management，CRM）。

CRM SaaS 包括销售自动化、在线客服、消费大数据管理、渠道伙伴管理等多个细分项目，厂商可以提供业务工具型、垂直行业型和通用平台型等不同服务模式。当前头部通用型 CRM SaaS 企业已经出现，但由于国内整体市场意识仍有待提升，成功难以复制，同时平台型的 SaaS 容易出现产品同质化、价格战、难以真正触达终端渠道等问题，客户流失较严重，续费率不高。

CRM 是指企业为了拓展客户，利用各类科技协调企业与顾客间在销售、营销和服务上的互动过程，为客户提供个性化的服务，优化企业的管理模式，扩大市场规模。

③办公自动化（Office Automation，OA）。

2020 年年初，OA SaaS 市场呈爆发式增长。当前整体 OA 赛道内市场格局已定，头部厂商已经形成规模效应，初创公司很难直接切入。头部厂商如阿里推出的钉钉，截至 2022 年年底，企业客户已超过 2 300 万，个人用户超过 6 亿；微信企业版也由于腾讯天然的 toC 基因占得先机，字节跳动旗下的飞书、华为旗下的 WeLink 也都背靠巨头，获得一定的资源倾斜。此外，WPS、石墨文档等由于入局较早，产品的稳定性较高，获得不少个人用户的青睐。

OA 能够通过网络使企业内部人员方便快捷地共享信息，高效协同工作。目前，国内的主要产品形式包括办公软件、云视频服务软件、文档协作及任务管理服务等软件产品。

④人力资源 SaaS（HR SaaS）。

目前标准化程度相对较高的基础人事管理、薪酬管理市场格局初定，而招聘管理（如蓝领市场招聘）、企业培训平台等行业属性较强的市场机会仍有待挖掘。受突发公共安全事件影响，远程招聘成为目前招聘流程中不可或缺的环节，而招聘领域由于信息无法对等，市场分层严重，目前仍有较大的蓝海市场待挖掘。

HR SaaS 是一套人事管理信息系统，主要包括人力资源、人才管理以及人才技术三部分，其中人力资源是核心。针对不同规模和不同的行业需求，HR SaaS 的具体产品部署方式及侧重点有一定差异，能协助人事部门处理日常的人力行政工作，提高工作效率和员工的工作积极性，为公司管理决策提供依据。

⑤财税 SaaS。

当前财税 SaaS 正经历传统代账软件向由业务驱动的智能化财税一体 SaaS 产品的转化和升级，在业务层面，如何基于财税数据打通信息数据流并给出切实的运营分析、风控指南，是财税 SaaS 产品亟须突破的重要关卡。目前财税 SaaS 对大型企业的渗透率较高，而中小微企业由于自身预算不足以及对工具的认知程度较浅，渗透率仍然较低，这对针对中小企业的 SaaS 厂商的销售能力及售后服务能力提出了更高要求。

财税 SaaS 为代账公司提供个性化互联网智能财税 SaaS 平台，助力企业财税制度转型升级，从前端业务接入，到内部服务资料交接、全流程数据衔接、智能系统支持，除了简单的票据报销、基础核算工作，在 RPA、AI、OCR 等技术赋能下，智能财税 SaaS 还可以实现票据和凭证的自动录入与生成、基于财务系统的数据分析及风控核定。

通用型平台 SaaS 当前面临规模化产品与个性化定制之间的平衡，美国 SaaS 市场的环境相对较好，SaaS 厂商可以同时提供面向中小企业的通用产品和面向大型重要客户的定制化产品，但这种模式在国内很难行得通。因此，国内的 SaaS 厂商往往依据主要服务的行业开发产品。例如，如果选择进入由国企主导的行业，如交通、能源、电信、金融，就需要提供高定制化产品，面向中小企业的 SaaS 厂商则需要通过对客户业务展开深入了解来提高自己产品标准化的水平。

相较于办公 OA、ERP、CRM 具有较强的行业属性，通用型 SaaS 转向垂直是初创公司最有可能的切入点，而在垂直 SaaS 领域，越靠近核心交易环节的 SaaS，价值越大。在对专业度有一定要求的领域，如建筑、汽车、医药行业，SaaS 的整体架构及设计理念、工作流均需要根据实际应用场景搭建。在数据管理方面，针对用户整体转化周期较长的行业，需要长时间、系统性、多维度地对客户进行维护，并对销售线索、销售渠道进行多线索的追踪。这些不仅对 SaaS 厂商的技术水平提出一定的要求，厂商本身的商业模式和产品模式也决定了客户的接受度和留存率。

（2）垂直 SaaS：垂直 SaaS 市场分散，旨在打造完整生态

得益于电商平台的繁荣，对于垂直 SaaS，电商与物流最受关注，其中电商成了国内最大的垂直 SaaS 赛道。虽然电商和物流赛道比较热门，但是垂直 SaaS 的市场较为分散，其他垂直 SaaS 赛道内投融资事件频率及金额均较低，企业大多“小而美”。由于垂直 SaaS 要求厂商对行业有较深的理解，质大于量，发展周期较长，产品及模式均需要时间的打磨。受多项利好因素推动，政企、金融、医疗大健康、建筑、交通能源等 GDP 占比较高的支柱性垂直行业内，SaaS 的渗透率正逐步提高，这也是国内 SaaS 厂商非常重要的一个增量市场。

有赞作为垂类 SaaS 的代表，截至 2020 年 12 月 31 日，有赞年度商品交易总额为 1 037 亿元，总市值为 528 亿港元，成为为数不多的领域内的“千亿级”企业。有赞与良品铺子合作，提供现金客户管理服务，帮助良品铺子精准勾勒千万门店粉丝的用户画像，使门店顾客电子数据化，用户身份识别率达到 100%，为良品铺子精准营销提供助力，也为良品铺子 O2O 战略落地提供了坚实基础。

（3）云安全：“魔高一尺，道高一丈”，安全问题将长期受到关注

根据甲子光年《2021 中国云计算行业研究报告》显示，如图 1-18 所示，云端安全投融资热度逐渐提升，其中网络安全、数据安全和身份认证云安全为主要的投融资方向。近年来，云安全领域的投融资增长的主要原因是国家信息安全法律法规及技术演进的助推，这使得安全问题将长期受到关注。由于攻击端技术及规模的持续演进，网络安全及云计算安全将会是长期受到关注的话题，随着《中华人民共和国个人信息保护法》《中华人民共和国数据安全法》等法律法规的不断完善，对企业的数据安全提出了更高的要求。网络病毒、漏洞入侵、内部泄漏等传统网络安全威胁依然存在；云环境网络规模化、数据信息海量化、存储服务集约化等特点也给云平台架构和云业务发展带来新的安全挑战。目前国内云服务提供商的安全服务有很大比例由第三方提供，云安全厂商有相对较广的发展空间。虽然目前已有优势玩家出现，但相比国外的高市场认知，

国内厂商的商业模式并未完全明朗。由于技术的不断演变，初创企业仍有很大机会切入赛道。

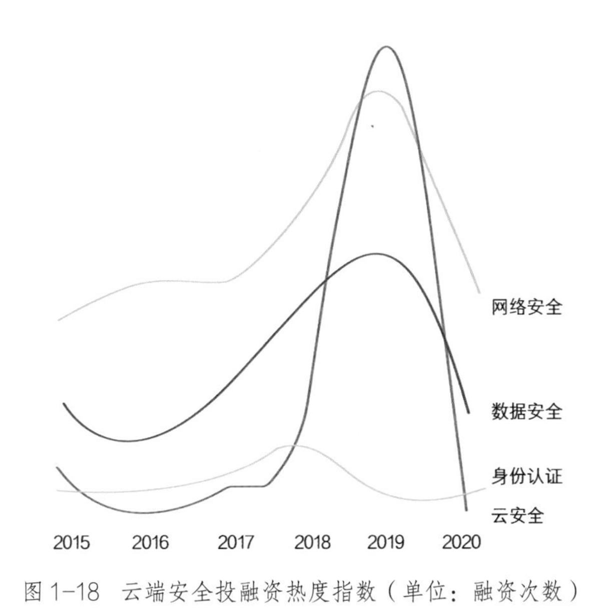

图 1-18 云端安全投融资热度指数（单位：融资次数）

2021 年 11 月云安全公司 Lacework D 轮融资 13 亿美元，估值达到 83 亿美元，成为本年度首个网络安全领域的独角兽企业。该公司认为云安全的本质是数据问题，并使用机器学习 Polygraph 平台来收集、分析和关联混合 AWS、Azure、谷歌云和 Kubernetes 环境中的所有企业数据。当前云端服务在企业 IT 战略中扮演着重要的角色，包括为远程工作提供支持，提高操作灵活性。

（4）关键技术：AI 技术长期受到关注，数据库技术成为近期明星赛道

技术先进度与落地能力同样重要。对于云计算技术而言，市场认知度和需求度、技术产品成熟度都是影响企业融资的关键因素。当前以边缘计算、多云管理为代表的部分技术赛道的商业价值仍在验证之中，但也凭借其关键性的技术创新受到资本瞩目。

①多云管理。

考虑到企业对数据私密、数据安全的需求，混合云、行业云将成为未来重要的发

展方向。需求端对多云管理平台及服务的需求增加，政企、国有大型集团倾向于选择一家多云管理服务商来统一管理已有的多云以及混合云，以期实现云资源的有机整合和跨云调度。由于国内大型客户的定制化需求较高，厂商需要根据市场切入点，提供灵活的合作与服务模式，构建更加丰富的生态。

多云管理平台是多个公有云、多个私有云、混合云以及各种异构资源的统一管理平台。多云管理平台集中管理多云资源，提升了资源管理和运维效率，同时，通过多云管理平台的跨云管理能力，实现跨云厂商的资源调配，提升云资源的利用率。

②边缘计算（Edge Computing）。

边缘计算使计算、数据存储和处理能力更接近于操作点或事件点，从而缩短响应时间，节省带宽。边缘计算与AI结合，就能够实时解读数据模式、开展学习和做出决策。Gartner 预测，到 2025 年，企业生成的数据中将有 75% 在传统数据中心或云平台之外产生和进行处理。到 2027 年，边缘计算市场规模有望达到 434 亿美元。IBM 的调查显示，超过 85% 的组织认为目前在边缘计算上的投资将在三年内获得回报。

除了边缘计算、多云管理等技术赛道受到资本的关注之外，还有一部分技术赛道等待着接受商业价值的检验，包括 PaaS、能够支持多云管理的混合云等。

第二章 云计算发展趋势

导　读

云计算已成为IT的新型基础设施，云应用的繁荣发展以及与众多新兴技术的密切相关性，让云计算的发展成了IT生产力的一个风向标。在过去的20年间，云计算迅速发展，因此IBM、HP等传统IT设备提供商面临严峻挑战，与此同时，亚马逊的AWS、微软的Azure因其云业务前景将股价不断推至历史新高，中国云计算的生态布局日益完善。

基于过去10年发展的良好态势，我们没有理由不相信云计算将迎来繁荣热潮。来自Gartner的报告显示，到2023年，全球最终用户在公有云服务上的支出预计将从2022年的4 903亿美元增长20.7%，达到5 918亿美元。

对云计算提供商来说，云计算这块市场已成为兵家必争之地；对企业来说，如何使用好云计算关乎企业在数字化、智能化时代的核心竞争力，供给侧和需求侧两股力量共同决定云计算的未来发展方向。随着大数据、人工智能、5G、区块链、物联网等相关技术的发展和沉淀，我们认为，云计算已经达到了一个技术“奇点”，云计算为这一波技术浪潮提供了绝佳的应用场景。云计算场景的繁荣势必会影响上下游和周边供应商，如此，云生态也就呼之欲出了。在这个“万物皆可云”的时代，云计算的发展特点以多元化、复杂化、个性化较为显著。本章将重点从云计算的未来发展方向、云计算对 IT 生态的影响、云计算应用趋势三个维度探讨云计算的发展趋势。我国云计算产业在未来将有一个广阔的发展空间，成为数字经济高质量发展的驱动力，为数字经济注入新的活力。

本章主要回答以下问题：

（1）云计算的发展趋势有哪些？

（2）云原生如何重塑基于云计算技术的 IT 生态？

（3）云计算应用的发展趋势有哪些？

第一节　云计算的未来发展方向

实际上，没有人能预测未来，但我们可以通过分析当前的趋势和使用情况来预测它。这些预测体现出现有用户、企业、云服务商和其他利益相关者对云计算的需求和期望，这是基于云计算是一种应用类计算机科学，就像我们有能力造出外形优美的卡车，但很少有人会需要它，更多的人需要的是更加经济和环保的卡车。行业内多份研究报告探讨云计算的发展方向时都谈及了云应用、云存储量、云架构、备份和灾难恢复这四个方面。

一、互联网应用爆发性增长

借助物联网，我们可以提高互联网的质量。借助物联网和云计算，我们可以将数据存储在云中，以便进一步分析并提供更强的性能。用户期望高质量地快速加载服务和应用程序。所提供的网络将更快，接收和交付数据的能力也将更强。

互联网应用在全球需求的推动下持续增长，虽然 2000 年全球只有不到 7% 的人在线，但今天全球超过一半的人口可以访问互联网，由此可见，云计算给互联网带来很大的改变。

二、云存储量几何级增长

今天，数据生成量巨大，但很难安全地存储它。由于越来越多的企业意识到数据的重要性，它们正在被小心地收集和储存。基于云计算的数据并不会由客户直接储存，它们大多由数据中心依据客户需求收集并保存,这就造成了数据存储需求量的几何级增长。

如今我们已经可以将数据分类收集和储存，并能够区分数据使用类型。例如，需要被快速访问的数据存储在闪存中，常年可能不会被使用的备份数据则储存在磁带中。大多数公司都需要一个可以安全存储数据的地方，数据中心为了确保数据安全，通常会在多个地理位置上对数据进行备份，以确保在天灾来袭或数据损坏时能够迅速恢复数据并保证服务可用。

如此多的企业正在采用云计算，可以确定的是，云服务商将以更低的价格提供更多的数据中心，因为它们之间同样存在巨大的竞争，而且整合的数据资源池能够带来效率的提升。

据 IDC 的一项研究表明，在 2025 年，包括全世界的云服务器和你的手机在内的数据总量将会超过 16 万 EB！其中 40% 是需要被储存的，这意味着 640 亿 TB 的数据需要储存，其中包括医疗记录、梗图以及科技视频等。

事实上，与容量和空间相关的数据中心问题受物理和设施问题的限制远多于逻辑问题，尽管这些问题可以通过数量堆积来解决，暂时不会集中爆发，但是随着对数据压缩、量子计算和纳米技术的持续研究和开发，存储容量需求会迎来大幅增长。

全球互联网巨头均拥有属于自己的大型数据中心。根据最新的官方统计，谷歌在全球拥有 15 个数据中心，亚马逊 14 个，Facebook 12 个，总面积达 1.4 平方千米。这三个科技巨头显然拥有超过大多数其他公司的存储需求，因此需要拥有自己的扩展数据中心。 事实上，在传输的数据中，并非所有数据都需要存储。因此，即使我们在数据传输方面看到更为庞大的数字，它们也不会被立刻转化为数据储存需求。

由当前的数据需求以及数据技术和数据服务的变化可以看到，相关的服务和行业迎来了深刻的改变。数据存储市场的增长潜力巨大。目前，估计数据中心市场价值为 68 亿美元，未来几年每年预计增长 6.9%。

不仅是云计算，每一项技术进步都将推动数据存储行业产生新的需求，实现新的应用程序、提供服务和数据访问等。云计算在更广范围内的应用可能再次改变整个行业。鉴于我们对数据的依赖以及对可靠数据存储和传输的需求持续增长，数据中心的建设和服务提供仍将持续。

三、云架构复杂和动态化

所有 IT 专家一致认为，云计算将走在解决重大业务挑战的所有技术的最前沿。这一点很明显，企业云支出在 2016—2020 年以 16% 的复合年增长率增长，可以肯定地说，企业不再仅将云视为一种工具。它们现在的重点更多的是利用云安全来实现不同的业务目标，使用云基础架构来满足组织更复杂、更动态的需求。

云计算在许多方面不同于传统的本地环境，包括灵活、全局和可扩展的容量、托管服务、内置安全性、成本优化选项等。在传统计算环境中，可以基于理论峰值的估计来提供容量，这可能导致阶段性昂贵的资源闲置或容量不足。借助云计算，可以根据需要，尽可能访问容量并动态扩展，以满足实际需求，同时只需为使用的资源付费。更高级的托管服务还允许访问各种存储、数据库、分析、应用程序和部署服务。由于这些服务可以立即供开发人员使用，因此可以减少对内部专业技能的依赖，并使组织能够更快地交付新解决方案。在传统 IT 环境中，基础架构的安全审核可以是定期和手动过程。相比之下，云计算提供的治理功能可以持续监控 IT 资源的配置更改，并且提供高优先级的安全性，这意味着组织可以从为满足大多数安全敏感组织的要求而构建的数据中心和网络体系结构中受益。内部部署解决方案的传统成本管理通常不与提供服务紧密耦合。组织选择解决方案时，不仅应关注功能架构和功能集，还应关注所选解决方案的成本配置文件。云计算可以提供细粒度计费，使企业能够跟踪与解决方案所有方面相关的成本。有一系列服务可以帮助企业管理预算，提醒产生的费用，并帮助优化资源使用和成本。

四、备份和灾难恢复规范化

如今，网络攻击、业务中断和系统故障是企业运营的重大威胁。大多数企业都处理过服务器崩溃的情况，甚至伴随着关键数据的丢失。为了确保此类问题不会损害组织及其流程，备份和灾难恢复已成为云计算的一个趋势用例。如果 Spiceworks 报告可信，则将 15% 的云预算分配给备份和灾难恢复，这是最高的预算分配，其次是电子邮件托管和生产力工具。

基于云的备份和灾难恢复解决方案就像是一种恢复策略。该系统会自动在外部云服务器中存储和维护电子记录的副本，作为预防原始文件丢失的安全措施。云基本上将两种操作结合在一起——备份和恢复。现在，这种恢复解决方案允许在发生错误或服务器崩溃时轻松检索丢失的数据。微软报告称，数据丢失和网络威胁处于历史最高水平。如果发生安全漏洞或数据丢失，CIO 需要其组织制订恢复计划，以确保关键流程不会受到影响。

传统的技术架构越发难以响应数据量剧增、互联网应用的爆发性增长、云架构复杂度的增加，以及灾难备份越来越规范化的诉求，因此云计算未来的发展方向显然要涵盖这些内容。

第二节　从云计算到云原生

过去十年，云计算技术快速发展，云计算解决的问题主要是物理资源上云，通过虚拟化技术将底层资源池化，达到弹性、可控等目的。然而，大多数传统应用并不是面向云环境构建的，这里面包含了大量的开发需求（开发框架、类库、后段服务等），导致云端的强大能力没有被完全发挥出来。因此，摒弃传统的应用技术架构，基于云的特点重新构建云原生应用成为企业上云的下一个阶段。

一、云计算带来的挑战

越来越多的应用和程序被迁移到云端，通常的情况是，原本的应用程序和数据从本地迁移到某个数据中心。这就像是在烹饪过程中，每种食材都向电商平台订货并在预定时间接收之后就制作食物，它提供了更新鲜或更多样的食材，然而总有那么几种食材会延迟送达或不符合心意。作为本地部署应用程序的类比，在烹饪过程中我们会从市场中购买食材，并将其全部放入冰箱，或者临时购买那些易腐败的食材。我们很容易发现，基于电商方式的可靠性似乎是下降的，它并没有把食材全部存入冰箱里并随时取用那么可靠。从系统论的角度来解释，越复杂的系统越不可靠，总会有某一部分出问题。

企业可能会发出这样的疑问：

“如果应用和数据迁移到云上，其可靠性、性能、安全性是否会低于本地部署？就像上面提到的烹饪过程，也就是说，是否会出现应用上云会比本地部署更低的SLA（服务级别协议）级别低？”

用户可能会发出这样的疑问：

“各种移动端、PC 端的应用程序，我们每天都需要用到，它们给我们的生活带来深刻影响，邮件服务器能否成功发送邮件？能否及时收到微信消息？能否顺畅地进行游戏？我们希望应用程序是无时无刻不在正确有效地运转的。”

云原生并不是全新物种。在金融行业中，大多数采用云计算的方式都采用了双模 IT 的设计思路，将追求可靠性的系统和追求敏捷与创新的系统相互隔离。这是解决云计算可靠性问题的第一把钥匙。

在用户一次转账中，现代银行通过敏态 IT 提供的丰富入口，使得用户的转账请求随时随地可以发起，稳态 IT 则提供了查询准确无误的账户信息的功能，最后通过本地部署的系统记录并确认该笔转账记录，用于之后的银行间结算。双模甚至多模 IT 的方式，使得不同侧重点的 IT 系统负责自己擅长的部分，是提供可靠性的一种方式。云原生与多模 IT 结合能够提供多设备和移动端的支持，甚至在不久的将来可以支持物联网设备上云。

第二把钥匙更为直接，也更为有效，它就是冗余。

对于客机而言，最危险的情况无外乎是发动机空中停车，它会使飞机失去动力。在低空发生的发动机空中停车尤其危险，飞机只能滑行一小段距离来迫降。部分发动机失效是不会给飞机带来严重风险的，这是由于飞机的动力存在冗余。通过襟翼调节，完全可以驱动一架飞机安全飞回机场。在双发或四发全部失效的情况下，还有空气冲压涡轮可以利用飞机的快速滑翔来提供足够大的液压压力，即便在这种情况下动作速度不及原来的1/5。

在常规情况下，任何应用程序都无法完全避免出现问题。通常认为，保障系统100%可用性，被视为运维团队的责任，但事实上，开发和设计过程对最终的应用程序可用率影响是最大的。诸如使用松耦合、组件化的设计方案，并通过系统冗余来容纳中断、设置故障和灾难隔离，有计划地不停机更新等做法最终能够将系统故障率降到最低。采用云原生可以比以往更加简单地实现以上内容，即使很多企业仍然拒绝将涉及自身安全的关键核心系统上云，也可以在双模IT下获得最佳可用率。

如果想让软件始终处于运行状态，必须对基础设施的故障出现和需求变更具有更好的弹性，无论这些故障和变更是计划内的，还是计划外的。当系统运行的环境经历了一些不可避免的变化时，软件必须能够适应这种变化。如果能够正确地构建、部署和管理软件的独立模块，它们的组合就可以降低任何故障的影响范围。这促使采用模块化设计，因为任何一个实体，包括企业或个人，都无法保证程序永远不出错，所以在整个设计中都要考虑冗余问题，这也是云原生带来的最大好处。

二、云原生重塑IT生态

随着云原生技术的进一步成熟和落地，用户可将应用快速构建和部署到与硬件解耦的平台上，使资源可调度粒度越来越细，管理越来越方便，效能越来越高。云计算作为云原生技术的发展底座，二者相互影响、相互促进，并在云原生的八大领域呈现出明显的发展态势，如图2-1所示。

图 2-1 云原生的八大领域

1. 无服务器架构

无服务器架构（又称“功能即服务”或 FaaS）是我们需要的下一代基础架构。它允许开发人员运行后端代码，而无须管理自己的服务器系统或服务器端应用程序。开发人员可以将自己的代码与其他最佳的服务相结合创建应用程序，以便它们可以通过用户测试，进行快速发布和迭代。无服务器架构消除了标准 IT 基础架构通常会带来的所有障碍。用户不必购买或租用他们运行数据的服务器。相反，第三方将为用户处理这一切，让用户处理其他任务。无服务器架构的优点很多——易于操作管理，无须系统管理，减少责任，降低成本，提供更好的离线体验，这里仅举几例。共享经济的兴起实际上为云计算行业带来了无服务器架构。

2019 年秋天，由于大流量涌入，澳大利亚统计网在几个小时内便至崩溃。接下来的一个周末，两名大学生在一次黑客马拉松中搭建了一个非官方的网站，能够承受的流量是官方网站的 4 倍，而且这个非官方网站的成本只有约 400 美元，而澳大利亚政府在官方网站上却花费了约 1 000 万美元！

这里的重点不是政府的浪费，而是一个小团队，即使云方面的知识很少，但只要提供了正确的基础设施技术，如亚马逊的无服务器产品 AWS

Lambda，在短时间内也能建成较为复杂的网站。

2. 人工智能平台

随着技术的进步，人工智能是最值得期待的云计算趋势之一。当前人工智能的应用场景已经非常之多，如无人驾驶汽车、智能家居、智能安防、智能金融、智慧医疗、智能营销、智能教育和智能农业等，它们都有一个共同的特点：输入的数据越多，学到的东西就越多。这就是人工智能的本质：基于输入学习的软件系统。科技巨头现在正在考虑将人工智能用于处理大数据，以改善其业务运作。通过使用人工智能，计算平台正在提高其效率。它现在为组织提供了智能自动化和管理其流程的能力。该框架还允许它们轻松扩展和适应不断变化的业务需求。总而言之，人工智能绝对是一个值得关注的云计算趋势，因为它可以实现更顺畅的组织工作流程并提高效率。IBM 的一项研究表明，65% 的组织认为人工智能对其战略和成功很重要。

以亚马逊的推荐系统为例，它是一个交易型的人工智能平台的强大引擎。人们可能已经观察到它的能力，这个系统可以不断学习。本质上，大批购物者正在“教导”亚马逊人工智能系统，以便更好地展示可能出售的商品。也就是说，将一件商品与过去展示的另一件商品相匹配，将促进销售，可以将半关联的概念联系起来（如灯架与摄影设备）。

另外，这种高端的人工智能系统需要庞大的计算平台来处理所有这些数据。对于使用小型服务器的用户来说，很难为此类系统提供支持。显然，亚马逊网络服务公司拥有世界领先的计算平台。

3. 云数据安全

数据泄露、被删除、被盗取和被篡改等风险对于传统 IT 基础设施而言也是重大的安全挑战。然而，紧随云计算、云存储之后，云数据安全也出现了 。

随着越来越多的公司转向云平台，确保云服务提供商能够创建一个安全系统来保证其客户数据的安全非常重要。云安全不仅是云计算的一个趋势，也是每个组织都优先考虑的必需品。此外，随着 2018 年年底《通用数据保护条例》（*General Data Protection Regulation*，GDPR）的引入，安全问题增加了云技术安全合规性的诉求，对于此，在合规篇有详细的描述。鉴于此，业界对确保数据实践完全符合 GDPR 和其他合规要素的云安全提供商的需求很大。

2019 年 10 月，银泰百货创了一项行业纪录——全国首家完全架构在云上的百货公司。

银泰百货本是一家很传统的零售商，它能从 0 到 1 完成全面的云化也从侧面说明，当前云计算服务的成熟度已经到了很高的水平。银泰商业 CTO 认为，从常识性来说，云上的数据安全和系统安全一定比传统线下的好。这主要从三个层面来讲。第一个层面是数据安全，用户“上云”最大的顾虑是不相信云服务商足够尊重他们的数据，担心数据上云后，自己会失去对数据的管控，这其实是个信任问题，银泰百货采用的阿里云，面对这一问题的做法是给予用户透明和可控的数据。第二个层面是网络安全，自古攻防不停歇，无论是云计算还是传统数据中心，网络安全都是其面临的主要问题。相比传统 IDC，云厂商对网络安全问题的防范肯定更为系统、全面，值得一提的是，对于之前 WannaCry 勒索病毒，阿里云提前一个月就做好了默认防护。第三个层面是系统安全，系统安全主要指在运维中要面临的种种安全保障，它涉及系统的更新、维护等的集中化管控。现在银泰百货在云上可以把这些系统重组，将其“打造成一个整体，进行一体化的安全保障”。集中化管控也好，一体化安全保障也罢，说的其实就是“补丁漏洞不操心”。

4. 物联网云平台

在高度互联的世界中，最流行的云计算趋势之一是物联网平台的兴起。Gartner 的一项研究表明，到 2021 年，使用中的联网设备数量将从 2019 年的 142 亿增加到 2 501 亿。物联网平台是一个支持云的平台，可与标准设备配合使用，以在其上支持基于云的应用程序和服务。物联网充当中介，通过远程设备配置和智能设备管理从不同设备中收集数据。该技术是自我管理的，并能发出实时警报，以解决问题。物联网还支持不同的行业级协议，通过监控组织流程，提供智能预测。这种智能连接使物联网平台成为云计算趋势。

2017 年 6 月 10 日，在 IoT 合作伙伴计划大会上，阿里巴巴 IoT 联合近 200 多家 IoT 产业链企业宣布成立 IoT 合作伙伴联盟，随后 10 月 12 日，阿里云在云栖大会上发布了 Link 物联网平台，将借助阿里云在云计算、人工智能领域的积累，将物联网打造为智联网。Link 物联网平台将建设物联网云端一体化使能平台、物联网市场、ICA 全球标准联盟三大基础设施，推动生活、工业、城市三大领域的智联网建设。

该平台融合了云上网关、规则引擎、共享智能平台、智能服务集成等产品和服务，使开发者能够实现全球快速接入、跨厂商设备互联互通、调用第三方智能服务等，快速搭建稳定可靠的物联网应用。

借助 Link 物联网平台，无锡鸿山与阿里云联合打造了首个物联网小镇，借助飞凤平台，无锡鸿山实现交通、环境、水务、能源等多个城市管理项目的在线运营，遍布整个小镇的传感设备将这座城市的每个部件都连接起来，从数据采集、流转、计算到可视化展现，鸿山小镇建立起诸如污染监控、排水全链路仿真、市政设施监控等多个项目的城市运营智能化。

5. 边缘计算

边缘计算是指在离“执行现场”最近的地方进行决策的一种方法。它解决了物联网应用中最重要的实时响应问题，并缩短了指令从设备到云端的上传/下达所需的时间，更能保障安全，同时规避了可能因网络堵塞造成的响应不及时问题。现场决策可以省去一部分数据的传输和存储工作，可以较大幅度地降低物联网系统的使用成本。边缘计算在网络终端、靠近数据源的地方进行数据处理，以优化云计算网络系统。它在云服务器上实时工作，以处理时间敏感度较低的数据或长期存储数据。这意味着随着 IT 和电信的持续融合，边缘计算为组织使用新技术和计算能力创造了大量新机会。随着物联网设备的大量增加，边缘计算将在提供实时信息和数据分析以及简化来自物联网设备的流量方面发挥重要作用。

某知名连锁酒店将消防设备联网后，可以将消防栓的水压、设备的运行情况以及是否有设备故障等信息直接反馈给管理人员。这依赖于边缘端的计算能力。当然，云端依然有其作用，设备端的数据也会同时上传到云端，通过长期的积累，进行事件的算法优化，从而更加精准地去预测、预警消防事件的发生，以更加快速地做出应急响应。

6. DevSecOps

云计算服务为用户提供无缝且简单的数据管理体验，但存在许多安全风险。云计算的安全风险包括网络窃听、非法入侵、拒绝服务攻击、侧信道攻击、虚拟化漏洞、滥用云服务等。公司将数据安全视为云计算面临的主要挑战，这使用户对是否使用该服务犹豫不决。这就是 DevSecOps 的用武之地。DevSecOps 是从一开始就考虑基础设施安全的过程。它通过将安全控制和流程嵌入其工作流程中来实现核心安全任务的自动化。据 SumoLogic 的一份报告显示，45% 的 IT 安全利益相关者认同采用 DevSecOps 方法是有助于提高其云环境安全性的主要组织变革之一。云计算的未来在很大程度上依赖于确保用户拥有一个安全的系统来使用，而 DevSecOps 是使云牢不可破的最佳方案之一。

某互联网金融公司成立于 2006 年，获得中国人民银行颁发的《支付业务许可证》。它以支付为核心，提供理财、购物、生活、信贷、航旅等多样化场景的金融理财与消费支付服务，并为企业客户提供完善的、综合的支付解决方案。由于兼具一定的互联网属性，该公司需要在业务发展的过程中对自身的业务系统、应用程序进行快速迭代。在这样的环境下，该公司决定使用 DevOps 的开发模式，优化自身的开发流程。

在之前的开发模式下，由安全部门发现漏洞并提出修复。但是由于安全和研发是跨部门沟通的，开发部门未必愿意接受修复意见。在企业快速发展的背景下，各部门都有自己的业绩压力，开发部门更容易将安全意见理解为业务层面的需求，从而对需求进行反驳和挑战。为了将安全融入快速迭代的开发模式，减少安全与业务、研发的摩擦，该公司引入了 DevSecOps 模式，并成功落地，通过固化流程，加强不同人员协作，利用工具、技术手段将自动化、重复性的安全工作融入研发体系内，将安全属性嵌入整条流水线。

7. 服务网格

云平台很复杂，因此确保平台具有快速安全的通信环境至关重要。用户使用服务网格时，会有一个专门的服务到服务通信层，以确保云平台高度动态化和高安全性。服务网格是云平台中的关键组件。随着云生态系统的发展和用户需求的不断变化，服务网格可以满足从服务身份到访问云平台内各种策略的不同要求。网格建立了一个网络通信基础设施，允许用户从服务代码中分离和卸载大部分网络功能。

东风日产数据服务有限公司成立于 2014 年，拥有 460 多名员工，是汽车全价值链数据服务供应商，专注于为东风日产、东风启辰等品牌提供数营服务、销售服务、客户服务、商城运营服务、全渠道数据价值挖掘分析及应用。随着业务的发展，早期打造的“十二生肖”（十二套完整的测试环境）已无法满足众多并发的需求，甚至需要摇号分配环境。因此，研发部门亟须升级“十二生肖”为“无限生肖”，以达到自动按需提供环境并增量部署以节省服务器资源的目的。“无限生肖”环境下，其中一个关键点是需要对 7 层流量进行精细化管理，以便按照设计的情况进行流量转发（如 Header），以命中对应需求的应用，否则命中默认应用（基准）。这样不仅可以解决环境问题，还可以在很大程度上解决服务器资源成本控制等问题。

东风日产引入阿里云服务网格（Alibaba Cloud Service Mesh，ASM），构建了基于流量管理的“无限生肖”系统，满足了自动按需提供环境的诉求。基于 ASM 提供的免运维、易升级以及丰富的产品支持能力，产研团队可以充分享受服务网格带来的价值。此外，阿里云服务网格在缩短了服务网格技术落地周期，减少了异常排错成本的同时节省了控制层面的资源成本。

8. 5G

云计算已成为与我们生活密不可分的一部分，随着新技术的产生，云计算也在吸收融合新的技术并不断迭代。5G是新兴技术的代表，它带来的重大改变或许将深刻影响云计算的发展历程，形成新的技术潮流。5G正在对企业产生积极的影响，因为它具有更低功率以及更快的计算和通信能力。我国在5G建设和普及方面处于领先地位，不久后个人和企业均可获得5G基础设施提供的能力，从而赋能自身业务创新。

青岛港自动化集装箱码头是目前世界上技术最先进、自动化程度最高、装卸速度最快的自动化集装箱码头，也是亚洲首个全自动化集装箱码头。2017年5月正式投产运营以来，自动化集装箱码头创造了一连串“全球首创”，自主完成自动导引车循环充电技术及系统等10项创新，实现自动化集装箱码头总平面布局及详细设计等5项突破；连续6次打破自己创造的单机作业世界纪录，达到47.6自然箱/小时，超过全球同类码头50%，全面超越人工码头，打造了低成本、短周期、全智能、高效率、更安全、零排放的全自动化集装箱码头“中国样本”。

2019年11月，二期工程开港运营，相比一期工程，工期缩短了一半，仅为国外同类码头工期的1/5，再次以“中国智慧”创造了自动化集装箱码头建设的“中国速度”。此外，青岛港还全球首创氢动力轨道吊，全球首家实现5G全覆盖等6项“黑科技”，建成了全球首个基于“氢+5G”的智慧生态码头。

当前，青岛港已建设41个5G基站，部署了两套边缘计算设备。这不仅全面提高了港口自动化、智能化水平，而且形成了可复制、可推广的5G智慧港口解决方案，有效推动了行业技术进步。

云原生所代表的不仅是无服务器架构、人工智能平台、云数据安全、边缘计算等一系列技术栈，还包含了DevOps等一整套应用开发、部署、运维流程。另外值得一提的是，云计算在新技术的发展过程中还保持了某种程度的中立性，对于技术趋势持有普遍包容和适应的态度，最典型的例子莫过于容器化和开源框架（如 Spring Cloud）支持下的云原生架构。事实上，它们与部分云端 PaaS 服务存在竞争关系，甚至有助于用户解除厂商锁定，但云厂商并不会厚此薄彼，而是会不遗余力地进行支持与适配，更多地把选择权留给客户。云原生生态体系已经初步形成，随着云化趋势的到来，未来会逐步蚕食非云市场，有望成为 IT 领域未来十年的潜力赛道。

三、环境变量成为“云端”催化剂

为了应对挑战，组织迅速将其运营转移到云服务和应用程序。已经投资于云技术的组织可以缓冲中断带来的打击。但是，许多尚未到位的、基于云的基础设施在适应新常态方面面临严峻挑战。

当世界发生重大变化时，它会带来破坏和进步。云计算成为近些年的关键技术趋势，成为推动基于应用程序的技术生态系统的跨行业首选技术。从医疗保健到教育，从制造到游戏，每个行业都将其 IT 基础设施迁移到云端。

以下是本书认为将推动云革命的云计算的未来趋势。

到 2030 年，云服务市场规模可能会扩大 5 倍。技术发展和直接投资正在推动这种增长。最终，市场必须具有竞争力、高效性和去中心化性，才能让所有利益相关者受益。

企业转向基于云的服务以及人工智能（Artificial Intelligence，AI）和机器智能（Machine intelligence，MI）等先进技术是这种增长背后的主要驱动力。根据最近的一项研究显示，在资金方面，中国、印度、美国和英国等国家对基于云的项目的大量投资可能会进一步推动增长。

另一个关键的市场扩张催化剂是突发公共安全事件，消费者在家里花费了更多时间。因此，视频点播（Video on Demand，VoD）和 OTT （Over the Top TV）媒体等基于云的服务变得更加流行。

此外，许多公共部门和私营部门组织实施了“居家工作”（Work From Home，WFH）。因此，对基于 SaaS 的通信和协作工具的需求也有所增加。这些因素共同加速了市场增长。

尽管如此，这种增长必须以可持续的方式进行，以尊重环境并利用现有的计算资源来最大限度地减少浪费。去中心化的方法将允许拥有空闲计算能力的个人通过参与市场来赚钱，同时为消费者提供更便宜的服务。

第三节　云计算应用趋势

一、云需求从 IaaS 向 SaaS 上移——助力企业创新

随着企业用户对云服务认可度的逐步提升，企业上云的进程不断加快，对通过云计算实现运营成本降低和效率提升提出了新要求。企业用户不再满足于仅仅使用 IaaS 层（基础设施层）服务完成资源云化，而是期望通过 SaaS 层（应用软件层）服务支撑更加灵活的企业管理和业务系统运营。

“云计算”一直保持着热度，并走在了时代的前沿，将进一步为创新技术和最佳工程实践提供肥沃的土壤和绝佳的环境。这得益于云服务本身非常适合快速交付与迭代的 SaaS 属性，它可以很迅速地把新服务和新技术推向外界。从当下的热门技术，包括人工智能、5G、边缘计算、区块链、DevSecOps、云原生和微服务，甚至未来感十足的量子计算中都可以看到云计算厂商积极的身影。以人工智能为例，人工智能技术的核心部分就是机器学习。从学术角度来看，机器学习是一门多领域交叉学科，涉及概率论、统计学、计算机科学等多门学科；从应用角度来看，机器学习通过输入海量数据对模型进行训练，可使模型学习到数据中所蕴含的潜在规律，进而对新输入的数据进行准确分类或预测。不论是前面提到的 IaaS 中 GPU 计算资源的提供，还是面向特定领域的成熟度模型的开放，云计算为人工智能相关技术提供了良好的发展环境。就最终效果而言，云上的资源和产品让人工智能等新兴技术变得触手可及，大大降低了企业的探索成本，也加快了新技术的验证和实际交付，具有极高的社会价值。未来，SaaS 服务必将成为企业创新的重要抓手，助力企业提升自身的质效水平。

例如，商业银行面临的欺诈风险呈现出专业化、集团化、产业化、高科技等新特点，从非法获取客户核心信息并盗取资金的方式逐步演变为通过电话、互联网、短信等方式编造虚假信息，设置骗局，对受害者实施远程、“非接触式”诈骗，即诱导受害者转账汇款的电信网络诈骗，这严重威胁了客户的资金安全，甚至阻碍了商业银行线上业务的拓展。

随着移动互联网、大数据、人工智能等新技术的发展，金融行业逐步转型进入数字化金融时代，积累了丰富的金融数据资产，包含行内的客户、账户、业务、营销、风险等核心数据，行外的政府部门、监管机构、金融市场等关键数据，并建立了金融大数据管理和分析平台，为构建基于人工智能技术的风险管控奠定了坚实基础。

利用机器学习技术以海量的行内外数据对模型进行训练，采取有监督、无监督或半监督学习方式，获得客户被骗风险、诈骗类型分类、交易反欺诈等模型。机器学习模型能够全方位、多维度地比较诈骗行为与习惯行为之间的差异性，从而降低误判率，同时通过合适的机器学习算法，获得识别诈骗规律的一般性知识，有效应对诈骗手法多样化、变化快、对抗性强的特点，减少人工干预频次和提升防控时效。

二、构建稳定云环境——多云混合使用

随着越来越多的企业将业务迁移到云端，云计算技术通常可以分为混合云和多云两类。根据调研机构 Forrester 公司的调查，在应用公有云的企业中，62% 的受访者表示已经使用两个或更多个独特的云计算环境或云平台。此外，75% 的企业将其云计算战略描述为混合云或多云。当企业将大量的工作负载部署在云端，对于云的应用进入深水区之后，新的问题则会显现：虽然云端已经具有相当高的可用性，但为了降低单一供应商出现故障时面临的风险，关键应用仍须架设必要的技术冗余；此外，当业务规模较大时，从商业策略上来说，也需要避免过于紧密的厂商绑定，以寻求某种层面的商业制衡和主动权。因此，越来越多的企业会考虑同时采购多个云厂商的服务并将它们结合起来使用——这将促进多云架构和解决方案的兴起，以帮助企业集中协调管

理多个异构环境，实现跨云容灾和统一监控运维等。

例如，华为云发布了商用级的多云容器平台（Master Content Provider，MCP），可对跨云、跨区域的多个容器集群进行统一的资源与应用管理，提供一站式的接入、管控和调度能力；在网络基础设施层面，也有如犀思云这样专注于云交换服务的企业，提供云与云、网与网之间的快速互联，帮助多云互联在稳定性延迟等方面达到生产要求。除了同时使用多个公有云之外，合规和隔离性要求更高时的另一选择是部署私有云基础设施，并与相应公有云专线连接，以形成混合云架构。从目前市场态势来看，主要有公有云厂商主导的混合云方案和私有云厂商主导的方案两类。前者的发展是主流，是因为公有云厂商方案让混合云的私有部分成为公有云在自有数据中心的自然延伸，提供了与公有云端高度一致的能力和使用体验。此类服务的代表有微软的 Azure Stack 和阿里云 Apsara Stack。此外，之前只专注公有云的 AWS 在 re：Invent 2018 大会上推出的 AWS Outposts 也加入了混合架构的行列。

三、云应用从互联网向行业生产渗透——面向产业化垂直纵深

人类已经从 IT 时代迈入 DT（数据）时代，以云计算为代表的云技术正在加速发展。当下，“云”的定义与边界正在不断拓宽，“云”成为数字经济时代的基础设施，推动全球加速进入数字经济时代。

云计算顺应产业互联网大潮，逐渐下沉行业场景，向垂直化、产业化纵深发展。随着通用类架构与功能的不断完善和对行业客户的不断深耕，云计算自然地渗入更多的垂直领域，提供更贴近行业业务与典型场景的基础能力。典型的场景云代表有视频云、金融云、游戏云、政务云、工业云等。

以视频云为例，它整合了一系列以视频为核心的技术能力，包括视频采集、存储、编码转换、推流、视频识别等，提供一站式云服务。它不仅适用于消费互联网视频类应用的构建，更重要的是配合摄像头硬件和边缘计算节点进军广阔的线下安防监控市场。可以预计，随着消费互联网红利耗尽，产业互联网将逐步受到重视并兴起，其规

模之大、场景之多，将给予云计算厂商极大的发展空间。云计算作为赋能业务的技术平台和引擎，也非常适合承载产业互联网的愿景，加快其落地与实现。

> 大华“AIoT+Cloud”高速公路视频云解决方案基于大华股份先进的视频云技术架构，采用 AIoT（人工智能物联网）技术赋能终端，构建智慧互联的高速公路智慧运行监测体系。对于新建路段，仅需使用智能前端设备，即可实现终端直接接入大华视频云平台；而改造路段也不必购入新的前端设备，仅需使用大华视频云网关即可将路段汇聚点视频资源转码推送至云端，实现高并发量的视频分发，在满足公众信息服务需求的同时，实现全国高速“一张网”的智慧监测体系的构建。

随着全球数字经济发展进程的不断深入，数字化发展进入了动能转换的新阶段，数字经济的发展重心由消费互联网向产业互联网转移，数字经济进入一个新的时代。未来，云计算将结合 5G、AI、大数据等技术，为传统企业由电子化到信息化再到数字化搭建阶梯，利用其技术上的优势，帮助企业在传统业态下的设计、研发、生产、运营、管理、商业等领域进行变革与重构，进而推动企业重新定位和改进当前的核心业务模式，完成数字化转型。

四、云布局从中心向边缘延伸——构建云生态

随着云计算相关技术的不断迭代，云生态建设逐渐成为影响云服务商之间竞争的关键因素。当云发展到一定规模和阶段后，绕开发展瓶颈的途径是打造并培养具有生命力的繁荣生态和社区。仅考虑技术和产品并非长久发展之道，因为一朵云再大，再丰富，也不可能覆盖全部的场景。此时就需要上下游的相关服务提供商以合作伙伴的身份参与进来，以价值共创的方式，基于云平台提供各类解决方案，可谓一举三得：方便了用户、增加了云的黏性，同时可以保证应用提供商的市场空间。因此，在当下各大云平台上，我们都能够找到应用市场和合作伙伴计划，这正是厂商们着力建设的价值共创的平台。

例如，国内大数据领域的明星创业公司跬智信息（Kyligence）拥有以 Apache Kylin 为核心的企业级大数据联机分析处理（on-Line Analytic Processing，OLAP）解决方案，通过其 Kyligence Cloud 套件深度适配了多个云端，先后登录了包括 Azure、AWS 和阿里云在内的多个云市场与平台。

云生态应该是面向广大开发者、架构师和运维工程师的，他们是云生态园艺师，靠着他们的想法、创意、技术，整个云生态才可以永葆活力。只有赢得广大云生态技术人员的关注和喜爱，才能赢得未来的云计算之仗，所以当下各大厂商都空前重视开发者关系，并视之为核心竞争力。云服务商都已经深刻地认识到了这一点，他们不但努力地建设丰富的文档体系，频繁在专业媒体发声，并且积极举办各类论坛，参与业界开发者会议，专注于在开发者群体中扩大影响力。

在云计算发展高峰论坛上，北京华为云总经理表示华为云希望建设自主可控的云生态。当前华为云拥有 230 万技术开发者，依托鲲鹏和昇腾，华为构建了完整的技术体系，而该技术体系在华为云上也已经对广大的开发者开放。

在云生态建设方面，华为拥有 1.4 万家咨询类的合作伙伴，主要围绕着华为云来提供咨询、解决方案等服务。此外，华为还拥有 6 000 家技术类合作伙伴，主要在类似智慧城市、产业云等场景里依托华为云的基础能力提供联合解决方案，共同服务客户。华为云建设了一个 To B 应用市场，有近 4 500 家 To B 应用软件可供客户选择；在 To C 端则有消费者云的应用市场。

北京华为云总经理还表示，不能简单地认为鸿蒙是一个终端操作系统，实际上它是 IoT 的物联网分布式操作系统，“我们现在也在跟家电、IoT 厂商合作，依托鸿蒙的操作系统，打造物联网的整体方案，会在全国 100 多个产业园里进行布局”。

综上所述，“助力创新、垂直纵深、多云混合、生态构建”这四大趋势将伴随云计算走向繁荣。对于云计算的美好未来，我们已迫不及待。

战略篇

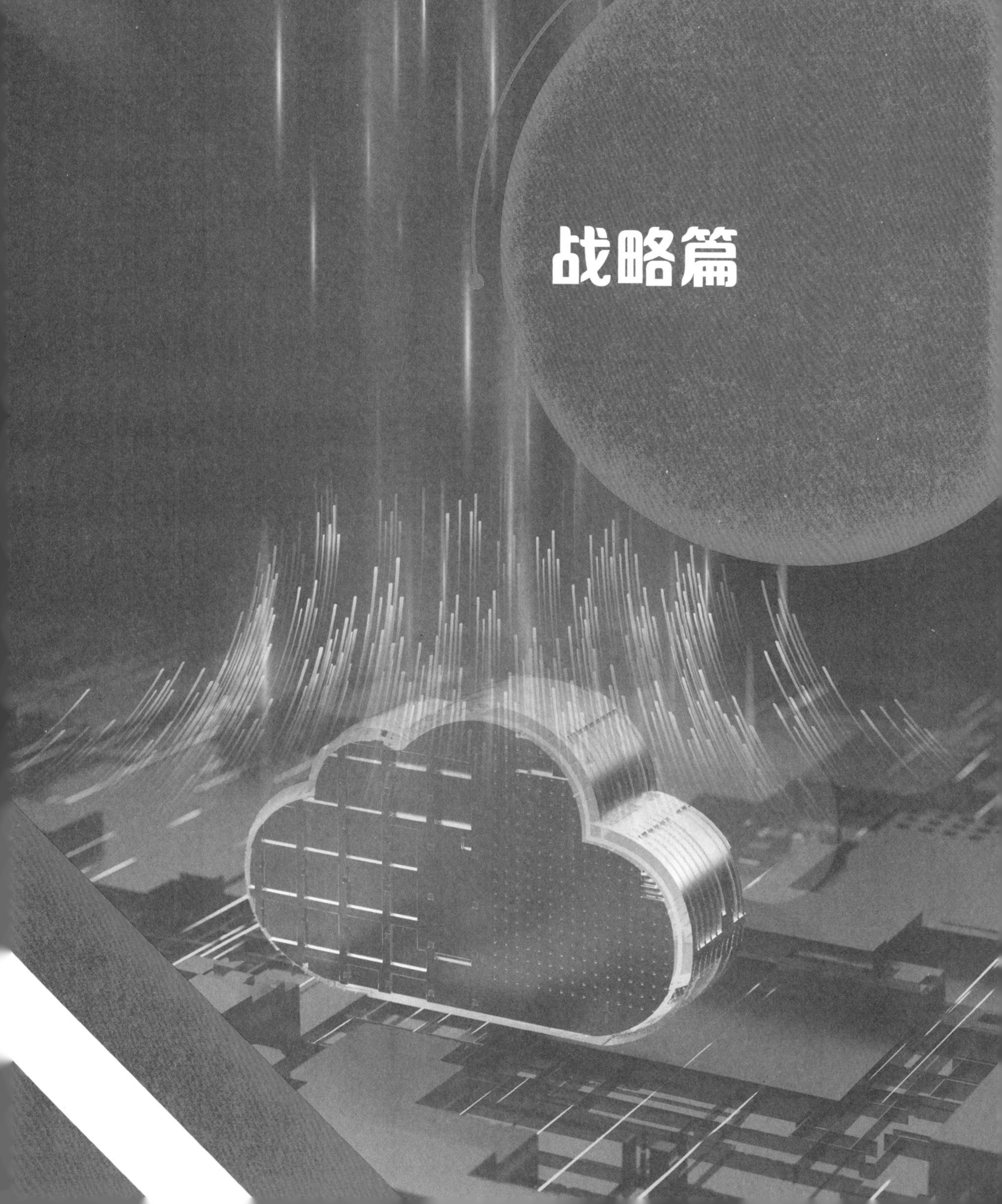

第三章 云战略

导　读

当今世界，从经济发展、市场环境、技术变更等维度来看，我们可以明显感受到VUCA时代的来临，不少国家的经济运行面临失业率高涨、债务增加、资本外流等挑战，新兴经济体经济复苏困难重重；市场环境的不确定性导致企业与企业之间竞争的复杂性、行业与行业之间边界的模糊性，这些都在告诉我们随机应变是未来企业必备能力之一。我国已明确提出“新基建”“数字中国战略”“中国制造2025”等战略，在面对受经济、环境等因素叠加影响的技术变革时，企业应当及早做出反应。

如何才能在日益残酷的竞争中充满活力，让企业走上可持续发展的道路，这个问题似乎没有标准答案，企业只能寻找最适合自己的答案，使得自己在复杂多变的环境中具备一定的“弹性”和“韧性”。这与云的理念不谋而合，其按需分配、弹性部署、灵活扩展的特性为寻找这一答案的企业提供了明确的方向，云计算技术为此提供了技术支撑，使得企业在业务创新或业务优化过程中具备了弹性和韧性。因此，“云战略”也就应运而生。

本章主要回答以下问题：

（1）如何定义云战略？

（2）如何制定赋能数字化转型与业务创新的云战略？

（3）如何制定助力提升企业投入产出比的云战略？

（4）如何制定实现技术制胜的云战略？

（5）如何制定提高安全合规能力的云战略？

（6）企业上云的方法论是什么？

第一节　云战略概述

我们认为，云战略指的是利用云技术和云理念服务于组织战略目标，赋能组织商业模式创新、业务创新、运营优化和生态化发展而制定的长期战略。仅涵盖云技术层面的战略不能称为完整的云战略。云战略的内涵是指与云原生相关的技术、标准、架构、组件和产品等，云战略的外延是指基于云计算的先进理念演化出来的新的组织架构、思维范式、业务逻辑和商业模式等。

云技术为云战略提供了基础可能性；云战略充分发挥云技术提供的核心功能和优点，用于最终支撑组织战略目标。

云战略服务于整个组织，是许多企业的立足之本。许多企业充分利用云技术提供的能力实现跨越，也有许多企业未能采取适当的云战略而导致业绩迅速下滑。因此，每个企业都需要结合自身情况采用合适的云战略。

由于云技术的搭建不仅需要场地、资金，还需要专业人员、管理等一系列配套资源进行支撑，所以建设数据中心并提供云计算能力的方案并不适合每一家企业，企业可以采用诸如采购 PaaS、SaaS 等服务模式来实现自身的云战略目标，云战略对于任何类型的企业而言都是大门敞开的，云战略可以是建造先进的数据中心，并雇用庞大的技术团队来提供云服务，也可以仅仅是购买并使用基础的 NAS、邮箱服务，它们都是为组织战略服务的。

云战略能够赋能组织商业模式创新、业务创新、运营优化和生态化发展，这是由云计算的技术特性决定的。每一次技术突破都能够带来全新的商业模式，如今基于5G技术、数据中心、卫星通信等基础设施的云计算更是已经普及。这并不意味着创新的停止，我们可以通过一系列工具结合云战略进行商业模式创新，这些工具包括商业模式画布、剑桥商业模式创新流程等，在此不详细介绍。

云战略有助于改进组织的运营能力，在这个过程中云技术发挥了巨大作用。这些改进包括但不限于：

- 提升产品和服务体验；
- 对产品和服务的使用实时跟踪并计量；
- 提供更好的服务分发方式；
- 实时在线沟通，以解决用户的问题；
- 减少产品和服务造成的损失。

生态化是理解商业世界的全新方式，它不再认为公司的存在是为了从客户身上榨取最大利益，也不认为合作伙伴的主要作用是转嫁风险等。生态化强调与客户、合作伙伴的价值共创，像是自然界中的和谐共生共存，云计算具有的包容性和开放性为这一点的实现赋能。因此，云战略不仅能够助力组织战略目标的实现，也能为组织带来思维和观念上的更深层次的转变，这也是云战略的重要意义。

综上所述，云战略可大可小，不仅能为组织战略目标赋能，也能带来诸多改进，但云战略应该以云技术为基础，而不能以云技术为主体。这或许比较难以理解，可以通过一个例子来说明：当我们选择购买一辆汽车，我们这么做的原因可能是希望改善出行体验，或者有较多的人员、货物需要运输，而不应该是为了购买汽车这件事本身。因此，云技术是实现云战略的手段，换句话说，以云技术本身作为目的的云战略是本末倒置的，不能称为云战略。

云计算已成为数字产业之一，它是数字经济的技术基础，随着“数字中国”的提出，建云、上云、用云的需求不断扩大，在滚滚洪流的背后，各个组织对云的诉求和目标也不尽相同。从组织的角度来看，云战略是组织战略的一部分，对云的不同定位演化出不同的云建设、云迁移、云应用的策略，并在各行各业中呈现出丰富多样的云实践。只有目标清晰，借鉴而非效仿，才可能实现使命。经过对上百个行业案例的分析，我们总结出组织上云的目的和驱动力主要有以下四点：赋能数字化转型与业务创新，提高企业投入产出比，实现技术制胜，以及提高安全合规能力。

第二节　云计算赋能数字化转型与业务创新

一、数字化转型是大势所趋

“十四五”规划建议中提出：“发展数字经济，推进数字产业化和产业数字化，推动数字经济和实体经济深度融合，打造具有国际竞争力的数字产业集群。”企业的数字化是产业数字化的缩影，是数字中国的组成颗粒。如何把握数字化转型机遇，实现业务增长，促进经济高质量发展，是每一个企业必须考虑的问题。

根据中国信息通信研究院的统计数据，中国数字经济规模不断提升，2020 年中国数字经济增加值规模达 39.2 万亿元，同时数字经济占 GDP 的比重逐年上升，2020 年达 38.6%。其中，数字经济在三大产业中的渗透率不断提高，第三产业数字经济渗透率遥遥领先。数字化技术的快速发展为新经济业态下的价值创造打下了坚实基础。

近年来，受突发公共安全事件影响，市场需求剧增，政策持续出台，数字化技术层出不穷，世界正面临着百年未有之大变局，数字化转型浪潮滚滚向前，已具备“天时、地利”，组织数字化转型已成必然。组织需要云平台的支撑来提高数字化能力。通过池化资源，云平台帮助组织寻找以客户为中心价值链的最佳路径，实现战略、业务、技术的深度融合，最终实现组织提质增效。云计算成为数字化转型的基础设施，以云计算为底座，结合大数据、人工智能、物联网、区块链等新兴技术，赋能组织。在广大企业 “上云用数赋智”的行动中，“上云”无疑是整体数字化转型行动的第一步。

二、各界对数字化转型有不同的理解

虽然社会各界对数字化转型的关注度持续上升，但从整体上看各行各业仍处于数字化转型的初级阶段，对数字化转型的目的、意义、方法，转型关注的领域，都有自己独到的见解。为了让读者对数字化转型有更全面的理解，本书收集了一些有代表性的组织对数字化转型的解读，参见表 3-1。

由于各个组织所处的行业不同，看问题的视角不同，对数字化转型的理解也有所不同。在这些理解中有两点是共通的：一是数字化技术，二是商业模式。

数字化技术以云计算为技术底座，包括人工智能、大数据、区块链、物联网等新兴技术。从狭义上讲，云是指包含计算、存储和网络这三类资源的 IaaS 层；从广义上讲，

表 3-1 不同组织对数字化转型的解读

编号	对数字化转型的解读	提出者
1	数字化转型是指数字化技术应用给全组织各个层面带来的变革，包括从销售到市场、产品、服务，乃至全新的商业模式	国际数字化能力基金会（IFDC）
2	数字化是利用数字技术改变商业模式，提供新的收入和创造价值的机会，它是向数字业务转移的过程	Gartner
3	数字转型的关键领域包括重新配置客户价值主张——提供什么以及重塑运营模式——如何交付	IBM
4	为了使这一定义更加具体，我们将其划分为三个属性：在商业世界的新领域创造价值，在执行客户体验愿景的流程中创造价值，以及建立基础能力来支持整个结构	麦肯锡
5	数字技术所扮演的角色正在迅速转变——从提升边际效率转变为推动根本性的创新与颠覆。 埃森哲研究团队从领军企业的业务转型实践中发现，转型领军者主要在“商业创新”“主营业务增长”和“智能化运营”三大方向投入力量，以提升企业数字化程度，更关注“颠覆产业价值链的可能性”和“提升市场份额”。——《2019 埃森哲中国企业数字转型研究》	埃森哲
6	数字化转型是建立在数字化转换、数字化升级基础上，进一步触及公司核心业务，以新建一种商业模式为目标的高层次转型。数字化转型是开发数字化技术及支持能力，以新建一种富有活力的数字化商业模式	陈劲，杨文池，于飞，“数字化转型中的生态协同创新战略——基于华为企业业务集团（EBG）中国区的战略研讨”清华管理评论

云还包括 PaaS、SaaS 等。此外，越来越多的技术和能力都能基于云的方式对外输出，例如，将数据以云服务的方式对外输出称为 DaaS，将区块链以云服务的方式对外输出称为 BaaS。这些丰富的、基于先进技术的能力输出都被视为云服务的组成部分。本书中所述的云，根据场景既可以是狭义上的云，也可以是广义上的云。

商业模式是“一个组织创造、传递以及获得价值的基本原理”。这个定义摘自亚历山大•奥斯特瓦德（Alexander Osterwalder）、伊夫•皮尼厄（Yves Pigneur）等多位商业管理专家所著的《商业模式新生代》一书。商业模式是对一个组织的战略支撑，囊括了各界期望通过数字化手段实现数字化赋能的领域，包括价值主张、产品、客户、渠道、营销、创新、交付、运营、收入、成本、协同、整合等。但商业模式升级并不是一蹴而就的，而是一个从量变到质变的过程。有的组织从获客入手，通过创新建立新的客户渠道通路；有的组织希望以运营为发力点，通过数字化实现降本增效；也有的组织从财务视角出发，希望通过数字化建立新的收入来源、优化成本结构；更有走在行业前沿的企业制定了完整数字化转型战略，规划了实施路线图，尝试构建全新的商业模式，以打造组织的第二条发展曲线。在数字转型的道路上，不论是从组织的个体角度出发，还是从行业生态的角度出发，以云为底座的新兴技术、云原生的前沿理念和先进的方法论，以及拥抱变化的创新文化，都对组织发生着渗透作用，产生了越来越深刻的影响。

三、数字化转型的本质

数字化转型的本质是组织利用数字化的手段实现从原有的商业模式向数字化商业模式的升级，是组织商业模式的重塑。

组织的商业模式回答了四个核心问题，包括：

（1）组织的价值主张是什么？

（2）组织如何创造价值？

（3）组织如何传递价值？

（4）组织如何获得价值？

在数字化的业务场景下，每一个准备数字化转型的组织都要对这四个核心问题进行重新思考：

（1）组织在数字化时代下的新的价值主张是什么？

（2）组织如何利用数字化技术和数据更好地创造价值？

（3）组织如何利用数字化技术和数据向目标客群传递价值？

（4）组织如何利用数字化技术和数据更好地获得收益和回报？

而这四个问题的答案又可以转化为：

（1）一个组织的数字化战略是什么？数字化价值主张是什么？

（2）组织的数字化运营模式是什么？

（3）组织的数字化获客模式是什么？

（4）组织的数字化盈利模式是什么？

尽管云计算不是数字化转型的充分必要条件，但走在数字化前沿的组织纷纷通过以云计算为底座的新兴技术赋能数字化转型，并在战略、运营模式、获客模式、盈利模式上取得了突破，实践证明云计算对组织数字化转型能够产生积极的作用。接下来，我们通过一些有代表性的行业案例向大家分享这些组织是如何思考、如何实践的。

四、各行业数字化转型的探索与实践

1. 各行业数字化战略概览

（1）金融行业企业数字化战略

近年来，国内外经济正面临着前所未有的“大变局”挑战，数字化转型已成为传统银行业应对挑战的必然选择，金融行业走在了数字化转型的前沿。各大银行纷纷提出数字化战略，“ABCDMIX”等新兴技术（AI，人工智能；Blockchain，区块链；Cloud computing，云计算；Data，大数据；Mobile internet，移动互联；IoT，物联网；X，5G 和量子计算等未商用的前沿技术）正在改变传统银行的业务流程、商业模式和客户服务方式，银行已不再是单纯的物理网点，而是更多的线上服务、零接触服务，数字化基因逐渐渗透到银行的产品与服务中，未来的银行竞争必将是数字化转型战略之争。数字化转型已成为银行业务发展的新趋势。对于不同规模、不同实力以及处于不同发展阶段的银行来说，数字化转型战略的重点和路径是截然不同的。银行要从自身条件出发，制定适配的数字化转型战略。

◎花旗银行

花旗银行于2012年提出了“移动优先”战略，在2017年进一步提出“打造数字银行”的新战略。该战略以关注客户核心需求、强化自身数字化能力、积极拥抱外部伙伴为主要内容。

◎摩根大通

摩根大通2012年发布移动银行，同时开始全面构建数字银行，以“Mobile First，Digital Everything”（移动第一，一切数字化）战略启动数字化转型，实施了打造领先的数字化体验、布局生态圈、创新数字产品、打造技术型组织和能力等一系列措施。

◎汇丰银行

汇丰银行从2014年起，提出推动客户旅程数字化，实现渠道全面数字化的数字化转型目标。2015年，这一目标进一步确定为“从根本上将业务模式和企业组织数字化”，主要措施有五个：客户旅程数字化、数字化产品创新、运用大数据技术创造价值、优化IT架构和数据治理，以及加大投资力度等。

◎中国工商银行

中国工商银行积极践行国内银行业信息技术运用，将金融科技作为改革创新的引擎和推动器，以技术推动变革，历经电子化、银行信息化、信息化银行、智慧银行等发展阶段，先后自主研发了五代核心系统，实现了数据大集中、“两地三中心”等重大创新突破，奠定了在行业内的科技优势。2019年，在新一轮科技革命和产业升级的数字化时代，中国工商银行把“科技驱动、价值创造”作为加快金融科技创新的工作思路，打造高水准的金融科技银行。同时，中国工商银行还积极推动数字化转型，以新一代智慧银行生态系统ECOS建设为契机，构建开放融合的跨界生态，成为国内有影响力的综合金融服务“供应商”，不断满足实体经济和用户多变的金融需求，走出了一条有工商银行特色的数字化转型之路。

◎中国银行

2018年8月9日，中国银行提出“坚持科技引领、创新驱动、转型求实、变革图强，建设新时代全球一流银行”的总体战略目标，并将科技引领数字化发展置于新一期战略规划之首。中国银行数字化发展之路将围绕“1234-28”展开：以“数字化”为主轴，搭建两大架构（企业级业务架构与技术架构），打造三大平台（云计算平台、大数据平台、人工智能平台），聚焦四大领域（业务创新发展、业务科技融合、技术能力建设、科技体制机制转型），重点推进28项战略工程。

◎平安银行

平安银行2016年确立了“打造中国最卓越、全球领先的智能化零售银行”的战略愿景，正式开启了转型大幕。自2020年起，线上金融需求增加。平安银行凭借数字化布局的优势，在实践中证明了数字化的经济和社会效益。2020年，平安银行迅速决策部署“新三年”战略，出台了《平安银行三年发展战略规划（2020—2022）》，为又一个三年的改革转型积蓄新的动能。

从各家银行的数字化转型战略中我们不难发现，数字化的浪潮中银行业积极利用“ABCDMIX”等新兴技术构建金融科技（FinTech）新能力，打造全新的商业模式，将金融服务无缝嵌入实体经济，致力于生态圈的平台搭建，场景化、规模化获客，实现端到端的客户旅程的数字化改造，优化客户体验，降本提效。

（2）制造行业企业数字化战略

“十四五”规划纲要明确提出要“打造数字经济新优势”，“充分发挥海量数据和丰富应用场景优势，促进数字技术与实体经济深度融合，赋能传统产业转型升级”。制造业数字化转型就是要充分发挥数字技术在传统制造产业发展中的赋能作用，通过推动实现生产流程的数字化，可将制造优势与网络化、智能化相融合，有利于提高生产制造的灵活度与精细性，实现柔性化、绿色化、智能化生产，这是转变我国制造业发展方式、推动制造业高质量发展的重要途径。

中国是一个制造业大国，数字化制造和工业4.0的发展已经让世界改变了对“中国制造”的作坊式生产、低质低价的印象。截至 2023 年 1 月，全球有 132 家“灯塔工厂”（Lighthouse）获得此项殊荣。中国企业占有 50 席，是全球拥有“灯塔工厂”最多的国家。

自 2018 年起，世界经济论坛（World Economic Forum，WEF，又称为“达沃斯论坛”）联合麦肯锡从全球上千家工厂中评选认证具有表率意义的“灯塔工厂”。“灯塔工厂”的主要评判标准是制造商在运用第四次工业革命技术、提高经济和运营效益方面取得的成就。“灯塔工厂”企业被视为第四次工业革命的引领者，是数字化制造和工业 4.0 的代表，在一定程度上可以看作拥有世界一流的制造能力。

我们从“灯塔工厂”企业的数字化战略一窥制造行业的头部企业在数字化道路上的价值主张。

◎美的集团

美的集团是一家集智能家居事业群、机电事业群、暖通与楼宇事业部、机器人及自动化事业部、数字化创新业务五大板块为一体的集团，美的以“科技尽善，生活尽美”为企业愿景，在数字化转型升级过程中提出了“科技领先、数智驱动、用户直达、全球突破”四大战略主轴，其中“数智驱动”战略指出以全面数字化、全面智能化为手段，内部提升效率，外部紧抓用户。

◎上汽大通

上汽大通是上海汽车集团股份有限公司旗下的全资子公司，坚持“科技、信赖、进取”的品牌核心价值，在汽车行业中开创了 C2B 业务模式，通过与用户在整条价值链上进行实时、在线的透明互联，开展个性化产品定制、智能化制造等，通过业务模式和商业模式创新变革，致力成为“用户驱动、提供具有全球竞争力的汽车产品和生活服务，为用户创造价值”。其 C2B 业务模式获得了世界认可，南京工厂荣膺夏季达沃斯论坛工业 4.0“灯塔工厂”。

◎富士康科技集团

富士康科技集团是专业从事计算机、通信、消费性电子等 3C 产品研发制造，广泛涉足数位内容、汽车零组件、通路、云运算服务及新能源、新材料开发应用的高新科技企业，被誉为“全球代工之王”。数字富士康转型战略以“One Digital Foxconn”为目标方向，旨在利用数字化工具，通过平台建设、组织建设及文化建设三个板块实现战略落地，实现企业服务经验、生产数据等资源的关联互通，以进一步提高企业竞争力，引领行业发展。

从以上制造业的数字化转型案例中我们发现，制造业基于打造“智能制造＋工业互联网平台”生态模式，用数字技术驱动高端制造领域的全生产周期的模式转变。制造业基于消费者价值挖掘，通过个性化云定制，满足客户需求，拉动生产，实现质量管理数字化。

（3）其他行业企业数字化战略

当中国企业普遍思考并开始数字化转型的时候，领军企业不断夯实转型基础，提高数字化能力，迅速反应，果断创新，持续扩大数字化领先优势；而其他企业由于战略部署落后、基础薄弱、组织架构不合理、人才不足等原因，往往采取小修小补的方式部署数字化，难以充分挖掘数字化的价值。

能源行业是典型的传统行业，保守派认为传统企业的业务流程对数字化技术的依赖性不高，数字化转型的迫切性和必要性不高。激进派认为越是传统企业，越需要通过先进的数字化技术来优化、升级原有的业务，开启企业的第二曲线。本书的观点是：数字化技术是一种先进的手段，数字化技术能为组织带来的价值取决于变革与创新的主导者能否将业务与技术充分融合，创造更高的价值。

石油行业可谓是传统行业的代表，但数字化的石油勘探、开采已今非昔比。什么是数字化能源企业，我们从中国石油的这个案例中可见一斑。

◎中国石油

2016年，中国石油提出了“共享中国石油”战略，力图利用信息化手段实现上中下游产业的一体化协同发展，研发了勘探开发梦想云平台。该平台在中国石油上游业务信息化建设蓝图指导下，以“两统一、一通用”为核心，以集成与共享为目标，是中国石油主营业务第一个共享智能平台，也是国内油气能源行业主营业务的第一个共享数字智能平台。

该平台突破了以往存在的“数据难以共享、业务难以协同”的瓶颈，支撑油气勘探、开发生产、协同研究、生产运行、经营管理、安全环保6大业务应用。截至2022年，统一数据湖已管理超过50万口井、700个油气藏、8 000个地震工区、4万座站库，共计10PB数据资产，构建了国内最大的勘探开发数据湖；云原生协同研究环境全面应用，1 600多个研究项目线上运行，综合研究数据准备时间效率提升了100多倍，在线协同的效率提升了20%以上。

家电行业也是传统行业，从20世纪90年代到21世纪初，改革开放、房地产业的快速发展以及人口红利为家电行业的快速成长注入了巨大的推动力。国内家电企业蓬勃发展，国美电器、大中电器经常是人流不息，促销、热卖活动此起彼伏，一片欣欣向荣的场面。然而，随着互联网以及智能手机的高速发展，传统家电在国内市场日趋饱和。很多的家用电器厂商倒闭，唯有少数的家电企业利用先进技术突出重围，通过构建新的商业模式，实现了企业的第二曲线。我们不妨来看看TCL的突围之路。

◎ TCL

TCL深耕家电行业40多年，作为中国电视的全球领跑者，业务遍及全球160多个国家和地区，全球累计服务用户超过9.6亿。在竞争无比激烈且快速变化的市场环境中，TCL坚持走在创新与变革的前沿，在品牌、渠道、研发、生产、管理等各个环节推动数字化。

随着年青一代消费群体的崛起，智能家电成为当下家居市场的重要趋势。并且，未来智能家居会从单一产品竞争转向智能互联生态竞争。为满足消费者对美好生活的追求，TCL提出AlxloT（人工智能＋物联网）战略，为用户打造全场景、全品类的智能家电。一方面，拳头产品TCL智屏向高端化发展，领跑Mini LED赛道，占据核心技术高地。另一方面，TCL推出的养生舱冰箱以极速制冷技术和专业分区的亮点赢得了消费者的青睐，同时通过收购奥马冰箱来提升公司产能和出口量，扩大在冰箱业务上的竞争力。入局不久的TCL快速成为冰箱赛道的黑马。此外，TCL还推出了智能门锁、扫地机器人、触控面板开关等新品类，完善了家居场景的布局。

手机、智能设备是数字化时代的宠儿，这种面向大众市场且具有强烈个性化标签的产品，其竞争也是极为残酷的。我们以小米为例，看看数字化技术在互联网企业是如何运用的。

◎小米

作为一家年轻的世界500强企业，小米有着“让每个人都能享受科技的乐趣”的愿景，秉持着做产品的极客精神，一直注重自身业态的不断创新。

在数字化时代，小米以手机 ×AIoT（人工智能物联网）为核心战略，专注于手机、智能硬件及AIoT平台建设，通过建设数字化运营平台、互通互联的数字化生态管理体系，小米打造了独特、繁荣的生态链。在借力数字化实现高速发展的同时，小米也注重解决数字化建设中业态分散、产业协同能力低等问题，通过引鉴行业经验，提高数字化产品和服务质量、运营决策能力和精益化管理水平等方式进行了深入的数字化变革。

经过整体数字化的打造，小米在财务月度结账处理方面缩减时间近200%，五年内国际业务增长近400倍，100%支撑了生态供应链业务，打造了2 000+以上的供应协同网络。

在医药领域，HIS系统（Hospital Information System）是医院信息化建设的核心成果，为医生、患者、医院、药厂等相关方带来了诸多便利。由此可见，数字化是信息化的进一步升级，在更大的范围、更深的层次、更高的时效性上为多方带来效益。

◎神威药业

神威药业是主营现代中药产业的大型医药企业，业务包括中药材种植，中药研发、生产、销售等，实现了中药上中下游产业链的全覆盖，是我国中药行业的佼佼者。在创新方面，神威药业不仅注重现代中药新剂型、新产品的研发，也关注新技术、新方法、新思维的引入，致力打造一流的现代中药品牌。

2020 年，神威药业与雷数科技进行合作，通过产业云打通智能制造、实验室信息管理、智能仓储管理等系统数据，接入了 47.7 亿条医药数据，实现了产业协同与管控体系的全面信息化，打造了富有神威特色的“医药云”。

神威实现上云后，最直接的效益就是药物研发成本降至原来的 35%，研发周期缩短 25%。在数据方面，数据录入效率和准确率都得到极大提高，原先的医药数据由沉默资产转变为供数字化运营管理参考的有形资产；在生产方面，柔性化智慧工厂的落地，实现了医药生产由“自动化”向“智能化”的跃升。这些切实的改变更加坚定了神威药业践行数字化发展的信心。

我们把目光转移到餐饮行业，民以食为天，餐饮行业的数字化转型与每个人的生活都有着密切关联。在餐饮行业中，海底捞是极具特色、有着广泛口碑的连锁品牌。谈及海底捞，令很多人印象深刻的是它的服务。在数字化转型的过程中，海底捞对企业管理和运营的各个方面进行了智能化升级，通过提高服务效率和水平，为客户带来了更好的体验。我们不妨来看看海底捞是如何做的。

◎海底捞

海底捞创建于 1994 年，经过近 30 年的发展，已经成长为国内外知名的餐饮品牌。

数字化转型关系着企业的生存和发展，自然地驱动着企业的数字化进程。在企业发展的过程中，海底捞建立了各种各样的系统，从手记笔录到综合覆盖点餐收银、会员管理、供应链管理、仓储库存管理的信息化系统，从早期固定在计算机上的信息系统到今天多端联动的智能系统，海底捞信息管理方式的变化体现了餐饮业数字化的发展历程。

2016 年，海底捞顺应企业上云趋势，将点餐收银系统、会员体系、订餐排号系统、后勤行政系统等核心业务系统陆续搬上云端，逐渐全面实现了“云上捞”。通过上云，海底捞解决了传统系统中信息冗余和信息壁垒的问题，实现了海量数据的综合管理和运营。

为了进一步实现精益化管理，寻找更多的价值空地，为消费者带来更优质的体验，海底捞和阿里云展开了合作，阿里云通过为海底捞搭建数据、业务、移动中台的基础架构，升级海底捞超级App等解决方案，帮助海底捞实现了降本增效以及与客户的更好连接。比如数据中台把海底捞原来散落在不同业务系统的数据进行抽取和处理，生成不同的客户画像，这样可以为海底捞针对不同消费者制定精细化的营销策略和提供个性化的服务打好决策基础。

2018年，海底捞在北京推出第一家智慧餐厅。在智慧餐厅门店，自动配锅机、智能传菜机器人和智能厨房管理系统等在实践中取得了良好的效果，被推广到国内外各家门店。现在，通过海底捞小程序、App和官网等各种方式，消费者都能享受到个性化的资讯和智能化的服务，每进入一家海底捞门店，几乎都能看到智能传菜机器人服务的身影。在点餐时，通过将点菜系统和会员系统打通，消费者可以真实看到和享受到每样单品的会员专属优惠……

以终为始，海底捞从服务中来，将数字化融入服务，实现了顾客黏度和体验的提升。至此，海底捞的数字化建设已初具成效，打造了数字化及智能化的餐饮业范本。

云计算赋能组织数字化转型的案例还能举出千千万，不可否认，很多企业在转型过程中面临着一些困境。例如：判断与决策基于经验或有限数据，现有业务流程存在效率瓶颈，组织部门之间、组织与组织之间存在协同障碍等。在竞争日益加剧、业务节奏不断加快的商业环境中，如何突破困境是当下企业转型升级亟须解决的问题。从以上案例，我们不难看出，转型成功的企业皆是将数字化提升到企业战略的层面，基于行业和自身的特点，从企业的整体情况出发，在丰富、多元的数据之上，通过分析工具，制定适配的数字化转型战略；同时把以云计算为代表的数字化技术作为科技赋能要素放在战略中的重要支撑位置，利用数字化技术打破信息孤岛，提高敏捷和快速响应能力，打造卓越的客户体验，找到新的价值来源。

2. 赋能数字化的获客模式

云计算不仅能够赋能企业整体战略，也能为企业具体业务提供助力，比如赋能数字化的获客模式。企业对获客模式的优化与突破主要体现在获客、留客、活客这三个关键活动上。新金融、新零售在这方面的应用较为典型。

业务创新要以客户为中心，通过洞察市场、客户细分来精准识别客户需求是创新的第一步。基于不同场景，数字化技术有助于更好地识别不同客户的需求，从而解决客户痛点，在客户服务旅程中，为客户带来愉悦的体验。我们以两家银行为例，从中窥见新金融在银行业的发展。

◎北京银行

北京银行是目前中国最大的城市商业银行。由于在北京的金融服务机构种类和数量丰富，客户的选择较多，市场透明，竞争充分。北京银行能够在这样的商业环境下占有一席之地，也是出于其出色的战略选择。

2018 年，北京银行从全行层面将数字化转型上升至核心战略。2020 年，为更好地提升用户体验，北京银行持续加快移动银行建设，手机银行 App 升级为 5.0 版本，推出了“京彩钱包”“刷脸付”等 60 多种功能与服务。截至 2020 年年末，手机银行用户达到 845 万。2022 年，北京银行 App 继续升级至 7.0 版本，手机银行用户规模突破 1 400 万。

除此之外，北京银行也在零售、普惠金融等方面对数字化业务进行创新改造。例如：深化政务、高校合作，实现个人“银税贷”等经营性贷款的全流程线上化办理；发布“银担在线”系统、“京信链”等产品，为客户打造线上全流程融资服务。依托这些措施，北京银行构建并完善了不同场景下金融业务的生态体系，在数字化建设不断迭代的过程中，更好地满足了场景化的用户需求，夯实了数字化时代业务创新的基础。

◎招商银行

招商银行是中国境内第一家完全由企业法人持股的股份制商业银行，素有“零售之王”之美称。在数字化转型的浪潮中，招商银行锐意进取，不断创新，为金融行业树立了标杆。

早在2010年，招商银行就开始构建手机银行App；2016年，招商银行正式提出要加快推进金融科技战略，推动公司向“网络化、数据化、智能化”的未来银行转变；在2018年提出对标金融科技公司，拥抱银行3.0时代，把月活跃用户作为零售业务发展最重要的指标，全面推动零售银行数字化转型，通过构建“全产品、全渠道、全客群”服务体系，打造最佳用户体验银行。

在获客方面，2018年，招商银行以建设平台、引入流量、内接场景为重点，打造了数据驱动智能获客系统。这一系统通过“线上申请＋双线下”的体系化服务模式，形成用户数据收集、分析的闭环，能够充分挖掘用户价值，获取价值客户，提升零售业务体系化运营能力。2020年上半年，招商银行在“招商银行”和“掌上生活”两款App的基础上构建数字化获客模型，通过联动营销、场景营销、社交营销等方式，进一步推动了获客方式的创新。

在留客方面，2016年，以“掌上生活”App为核心，招商银行信用卡服务开始了以AI和大数据技术为依托的智能化服务探索。以语音客服为例，从人工客服发展到AI客服，招商银行推出的“小招喵智能助理”能够利用智能语音转化和识别等技术，为客户提供如真人般的智能服务，识别准确率达到96.7%。据统计，智能助理月均服务量超1 000余万次，大大降低了人力成本，在提高了服务效率的同时也为客户带来了新的体验。

在活客方面，招商银行致力提升单客价值和客户黏性。2020年上半年，招商银行建设的“1+n”供应链业务破壁，核心客户增长率达75.40%，核心客户带来的上下游供应链客户增长了91.90%。2021年，“招商银行”和“掌上生活”两大App打造的28个场景月活跃用户超过千万，月活跃用户总量达到了1.1亿。

利用云计算、大数据、AI等现代信息技术赋能数字化，从获客到活客，银行业实现了金融业务的转型蜕变，创造了更多的价值增长点，也使得消费者的体验和感受得到大幅提升。这一获客模式思路也同样适用于其他行业，譬如互联网公司。阿里作为互联网行业的龙头企业，其思维模式、战略规划、部署实施、运营管理都是互联网的“原教旨主义者”，其旗下的盒马鲜生被灌入了具有阿里特色的互联网基因，在新零售领域利用云技术，将零售业推向了一个新高度。

◎盒马鲜生

盒马鲜生是依托云计算等数字化技术搭建的新零售平台，是阿里巴巴重构线下超市战略的成功实践，致力为消费者带来社区场景下的一站式新零售体验。

对于新零售来说，决定客户体验的首先是产品的品质。为了满足城市消费者对于优质新鲜食品的需求，盒马鲜生建立了商品原产地直采+本地化直采相结合的数字化供应管理方式。在此基础上，通过分布式和共享的供应链，满足客户既能买现货，也能买预售产品、定制化产品和服务的需求。

为了服务新零售的消费者体验，盒马鲜生把消费者、商品、营销、交易、管理等经营全流程数字化，将会员体系与支付宝信息相关联，构建了立体的客户数据库，并借助大数据，为不同消费者群体建立客户画像，进行精准分类，建立与客户的强关系。比如，根据消费者的口味、消费习惯等标签，对不同地区、门店提供的商品进行了相应的调整；结合激励性的线上促销、半小时快速送达的服务、优质的产品质量、社交和社群等营销方式，吸引线下顾客线上消费，线上顾客增加购买。

盒马鲜生新零售实践的成功不仅体现在消费者的口碑上，也体现在市场的占有率上。到2021年年底，盒马门店数量突破300家，并持续扩张。在竞争激烈的商超新零售领域，数字化是盒马鲜生的一把利器。

数字化时代，主力消费群体的日常生活已经处于互联网环境中，获客模式的全渠道布局是零售企业的必然选择。零售业实现线下线上一体化运营，一方面，消费者能在线上便捷地搜索到你的店铺和商品；另一方面，线下门店既能满足顾客的到店消费需求，又能满足良好的体验需求。通过数字化开展多场景业务，是企业的优选。

3. 赋能数字化的运营模式

组织运营是数字化赋能的又一个重点领域。此前，借助IT技术提升组织运营效率已经到了瓶颈期。随着云计算、大数据、人工智能、区块链等新兴技术走向成熟，这些数字化技术就成了优化组织运营、打破僵局，甚至是提升整个产业价值链效率的利器。从企业角度来看，企业不仅面临全球经济增长放缓、行业竞争持续加剧的常态环境，还要应对用户需求多元化、经营成本不断上升的挑战。数字化运营可以帮助企业快速识别从战略到执行的全貌，有效解决经营过程中长期存在的市场响应慢、产品交付时间长、库存积压、协同低效等问题。

从众多的行业实践中发现，数字化的运营模式为企业带来的收益具体体现在提高协同管理、提升产品质量、提高运营效率、提高运营弹性、实现规模化柔性生产、IT一体化支撑六个方面。

（1）云计算赋能组织协同管理

随着组织的扩大和不断发展，大型企业集团常常面临一体化管控难、部门协作效率低、业务数据不互通 、信息传达滞后 、经验知识利用率低 、资源配置整合不合理等问题。云计算等数字化技术搭建的企业协同管理平台，为企业管理理念落地、改善内部管理、提高经营和管控能力提供了帮助。

◎精钢云

2018年，鞍钢与金山云合作，借助云计算、大数据和人工智能等技术，构建了钢铁行业的工业互联网智能制造云平台——精钢云。精钢云为鞍钢上云、提高协同管理能力、推进企业信息化进程、提高智能制造的建设效率提供了整体解决方案。

首先，在平台层面，精钢云利用云的包容性和延伸能力，将全产业、各部门、各环节纳入一体化的网络中。精钢云为鞍钢的综合管理和应用提供了一个基础平台，这一平台可以根据实际场景和操作需要进行扩展，从而满足企业的不同应用需求。同时融合大数据、人工智能、物联网等技术，推进智能工厂建设，实现企业内部应用和智能设备、钢铁上下游企业及其他相关企业间的业务互联，组建基于精钢云的工业互联网生态，为鞍钢数字化提供了有力支撑。

其次，精钢云利用云的计算能力，对各个生产流程中产生的海量信息进行采集、分析和处理。精钢云针对企业财务、企业管理、电子采购、生产制造等场景构建了子数据群，并在各子系统进行数据采集、监控分析，挖掘各个环节的价值数据，从而为整体平台提供精准、高效、全方位的信息管理与支持。

最后，涉及云的具体应用，云计算与其他数字化技术的结合为企业生产和管理提供了核心技术。例如，精钢云通过建立一站式深度学习服务，赋予机器自我学习的能力，降低人为参与的成本和差错率，推进设备的自动化和智能化。云计算与区块链、物联网、人工智能等技术的结合运用，提高了企业在安全生产、质量监控等方面进行控制风险、降本增效的能力，为鞍钢具体的运营、管理、决策提供了辅助。

精钢云的建设成果被充分应用到鞍钢生产、销售、管理等各个环节中，对鞍钢提高生产效率、产品质量、协同管理能力，促进鞍钢智能化建设和发展起到了巨大的推动作用。金山云和鞍钢的强强联合，为建立钢铁制造业新生态、引领更多行业发展升级树立了榜样。

（2）云计算赋能产品质量提升

产品质量是一个企业的生命和灵魂，是每一个企业做大做强、实现长久发展的必要条件。在数字化时代，企业的发展也伴随着信息化的成熟。然而，很多企业在产品的质量检测、监督、管理等方面仍然采用传统的方式，存在着质量把控效率低、成本高、效果一般等问题。依托云计算构建数字化平台不仅能有效解决企业组织协同的问题，也能在提升产品质量方面起到关键作用。

以家用电器为例，家用电器是我们每个人生活中随处可见的伴侣，家用电器的质量决定了它是否能给我们带来更好的体验。老板电器作为国内家电制造业专精厨电领域的标杆企业，在企业上云的趋势中，积极利用数字化技术提高产品质量。

◎老板电器

老板电器是国内厨房电器行业的佼佼者，其产品主要包括油烟机、燃气灶、消毒柜、洗碗机等。在40多年的发展过程中，老板电器注重将产品质量融入品牌建设，现已成为中国厨电领域内发展历史最久、生产规模最大、产品类别最齐全、销售区域最广的龙头企业之一。

2020年12月，钉钉推出低代码应用开发平台“宜搭”，老板电器迅速引用，并对原有系统进行了升级。借助宜搭这一工具，老板电器对生产过程进行全程跟踪记录，在关键物料质量控制方面实现了质检情况高效反馈、及时处理，在内部质量管理方面实现成品质检记录可追溯，此外，也实现了供应商质量数据可视化的成果。这些成果大大提升了老板电器品质管理的水平。

2021年，老板电器和阿里再度合作，发布行业首个智能黑灯工厂，即无人工厂。智能黑灯工厂综合运用了云计算、5G、AI等技术，对产品制造进行了数字化、智能化改造，将工厂运行的生产线和生产设备数字化，并且实时展示数字孪生三维场景与动态数据，实现了生产过程的监测、分析与进一步优化。无人工厂的运行使得产品质量得到大幅提升，生产效率提升了45%，生产成本降低了21%，运营成本下降15%。

（3）云计算赋能运营效率提升

组织的卓越运营除了表现在产品和服务质量上，还表现在对市场和客户的快速响应上。客户体验在数字化时代被提到了一个新的高度，便捷的客户渠道、快速的服务响应、高效的解决问题的方式成为影响客户体验的重要因素，尤其是在政府、服务行业。在政府数字化转型方面，华为深耕政务云领域，为深圳、长沙、北京等城市的政务云建设提供了具体支持，下面我们用i深圳和长沙政务云这两个案例来介绍政务上云后带来的改变。

◎ i深圳

i深圳是深圳市统一的移动政务服务平台，主要为市民提供政府办事服务、交通出行、医疗健康、电子证照等全方位政务和生活服务。在深圳这个改革开放的示范之城、创新之城，i深圳的服务也体现了深圳政务服务的地方特色，让深圳市民、企业充分感受到了深圳速度、深圳质量，取得了丰硕的深圳成果。

其中，深圳速度主要体现在i深圳政务服务速度上，i深圳通过推出“无感申报”“一件事一次办”“秒报秒批一体化”等创新模式，实现了个人和企业在办事时秒申办、秒审批、秒办结。深圳质量主要体现在服务质量上，i深圳致力打造“掌上办”“一网通办”的特色服务，使深圳市民和企业主体通过一部手机就可以办理公积金提取、补贴申领、税务申报等政务服务和生活服务事项，基本实现了“线下能办的线上也能办，线上能办的掌上也能办”的初衷。截至2022年，i深圳已经上线了8 300多个政务服务和生活服务事项，连接了3个中直单位、43个市级单位和10个区级单位，平均为市民、企业节省办事时间2小时。i深圳提供的便捷、高效、自动化的服务环境为市民带来了全新的、优质的政务服务体验。

i深圳的高速有效运转得益于华为政务云的支持，在i深圳的建设上，华为提供的政务云平台给出了具体解决方案。一方面，助力i深圳上云，推进不同部门业务系统交互，实现市政务云与省、区的对接，实现统一管理、信息资源共享；另一方面，充分利用大数据、人工智能等技术，通过信息共享、自动比对、申请信息核验，实现基于标准化规则的系统自动填充、自动审批，为i深圳的具体业务提供了支持。

◎长沙政务云

2021年，长沙政务云获评“数字政府十佳案例”之一，为全国政务云建设树立了标杆。在《2020年中国政府网站绩效评估结果报告》中，长沙数字政府服务能力被评为“优秀级”，“我的长沙”App入选全国优秀政务App。长沙政务云的建设成果在一定程度上表明长沙市的城市治理能力已进入国内第一梯队。

长沙政务云在华为的加持下，按照“全市一朵云”的顶层设计，采用“一主多辅”的整体架构，按照“多云融合”的发展路径、“自主创新”的技术路线，构建了基于云原生的分布式政务云体系。政务云可以为全市提供资源集中、信息共享和业务智能、安全可靠的政务云服务，同时可以对城市各项数据进行收集、分析、处理，能够辅助管理层决策，从而推进智慧治理。政务云已经成为新型智慧城市建设的重要基础，为长沙推进城市高质量发展夯实了智慧底座。

截至2021年，长沙政务云已经实现了智慧治理、惠民服务、产业经济、生态宜居等多项实践。长沙市民可以在“我的长沙”App上实现交通刷卡、公积金提取等1 700多项城市服务，并能够参与“数字人民币红包”等大型活动，亲身感受数字政府和智慧城市建设带来的便利。

（4）云计算赋能组织运营弹性提升

云计算最大的优势就在于弹性，包括计算的弹性、存储的弹性、网络的弹性以及组织对于业务规模伸缩和业务架构重新规划的弹性。基于云计算，组织可以自动调整计算资源的大小，在数分钟内便可拥有一家中型互联网公司所需要的IT资源，且能够保证大部分企业在云上所构建的业务都能承受巨大的业务量压力，以满足不断变化的业务需求。

◎ 12306

12306火车订票网是目前全球访问量、交易量最大的票务交易系统，被誉为“世界最繁忙的网站”。2012年春运售票高峰期最高日售票量为191.2万张，网站单日访问量（Page Views，PV）14亿次。到2019年，单日售票能力达到2 000万张，高峰日PV纪录突破2 600亿次。这些数据的跃升离不开云计算等技术的支持。为了应对春运售票高峰，12306网站采取了多项措施。

其一，利用外部云计算资源分担系统查询业务。车票查询业务占12306网站访问流量的90%以上，为了减轻网站运营压力，提高用户体验，12306把余票查询系统分离出来，部署在阿里云计算平台上，通过租用公有云和结合12306铁路私有云，组成混合云的架构，使核心计算能力能够根据请求进行弹性扩展，一起应对高峰时期增加的查询压力．而下单支付这种低消耗、轻架构的核心业务保留在12306自己的后台系统上，解决了系统承载量和安全问题。

其二，建立双活中心架构，提高系统内部处理容量和交易处理能力，并通过两个中心数据的同步、交互，保证了交易的安全性和可靠性。

此外，12306团队还通过研发异步交易排队系统、建立“售取分离、读写分离”核心系统架构等，对解决系统拥堵问题，提高12306的运营能力、安全性、稳定性起到了重要的技术支撑作用。

（5）云计算赋能规模化柔性生产

云计算的弹性特征使得其能够按需提供（On Demand），这与基于客户需求（C2B）的柔性生产如出一辙。为了满足当下消费者的个性需求，产品要做到“千人千面”，这就要求企业具有大规模、个性化生产的能力。在接下来的阿里犀牛和三一重工的案例里，我们将领略柔性生产在企业应对客户需求的灵活性和响应的时效性上发挥的价值。

◎阿里犀牛

2020年9月，阿里巴巴正式发布新制造平台——犀牛智造工厂，提出了“从5分钟生产2 000件相同的产品，到5分钟生产2 000件不同产品”的目标。犀牛智造工厂作为阿里“五新战略”中“新制造”战略的落地项目，首先在服装生产领域迈出第一步。

在需求端，犀牛智造工厂打通了阿里旗下的淘宝、天猫等平台，通过对平台用户的偏好、单品销量等市场数据进行分析处理，为服装品牌商家提供精准预测，实现定制服装规模化的按需生产；在供给侧，通过柔性制造系统，犀牛智造工厂可实现100件起订，一周交货。与同行横向比较，犀牛智造工厂能够缩短75%的交货时间，降低30%的库存，甚至减少50%的用水量。

犀牛智造工厂最有价值的地方在于复用，让工厂制造能力可以像云计算一样被调用提高服装生产涉及的工艺、经验等数据的利用率，完成消费者、商家、供应商之间数字化无缝连接，建成一个工具性的平台，重构制造业的生态体系。

◎三一重工

三一重工由三一集团投资创建于1994年，主要从事工程机械的研发、制造、销售，2021年被评为中国最大、全球排名第二的工程机械制造商，也是世界最大的混凝土制造商。为了推进智能制造建设，三一重工依托三一集团旗下树根互联打造的工业互联网操作系统——根云平台，完成了全价值链的数字化转型。

作为国家首批智能制造试点示范企业，三一重工位于长沙的“18号工厂”号称亚洲最大的智能化制造车间之一。借助根云平台，“18号工厂”能够将整个工厂生产中的人、设备、物料、工艺等要素数字化、信息化，建立全面的连接，通过三一的制造执行系统（Manufacturing Execution System，MES）处理，能制定最合适的生产方案，使各种制造资源的分配达到最优化，从而能够实现生产各要素的柔性融合，建立柔性制造生产系统。

在厂房的整个柔性制造生产系统下，每条生产线可以同时混装30多种不同型号的机械设备，生产5—10种车型，整个厂房可以实现69种产品的混装柔性生产，同时取得了人均效率提升4倍、人均产值提高24%、可比制造成本节约1亿元、资产利用率提升8%的成果。得益于高度柔性的生产模式，2016—2020年，三一重工营利收入从232.8亿元增至1 000.54亿元；主要产品全面实现高速增长，其中，挖掘机国内的市场占有率从17.7%提升到28%，约占总营收的37.5%。

（6）云计算助力IT一体化支撑

数字化运营是数字化转型的重要组成部分，其本质是通过数据、算法、自动化、智能化，化解复杂环境的不确定性，优化资源配置，创建企业核心竞争优势。随着IT架构的升级，在企业上云的大迁徙中，IT对组织运营形成一体化支撑是很多组织上云的基本诉求。企业从基于传统IT架构的信息化管理迈向基于云架构的智能化运营。我们以东风日产云管平台为例，分析云计算在一体化运营管控方面发挥的作用。

◎东风日产云管平台

东风日产成立于2013年，是中国三大汽车集团之一东风汽车旗下的公司，主要从事 NISSAN 品牌乘用车的研发、制造、销售和售后业务。

2018 年 6 月，东风日产发布“智行 +”车联系统，企业日益扩大的业务规模和新的数字化战略对 IT 基础设施提出了更高的要求。为此，东风日产加快了传统 IT 架构向云架构转型的进程，通过升级云管平台，企业的数字化转型。东风日产云管平台在资源管理、资源交付、业务交付等方面取得了预期效果。

在资源管理方面，云管平台对 3 000 多台虚拟主机资源进行数字化、精细化管理，并实现了对虚拟主机、容器、公有云等异构资源的统一纳管，打造了多中心和多云资源池，构建了云基础设施环境的统一服务门户，有效提升了 IT 基础设施的使用效率。

在资源的交付环节，东风日产云管平台与原有的 ITSM 流程系统进行对接与整合。云管平台可以针对生产、开发、测试等不同的集群环境建立不同的资源交付流程，提高了整个服务交付体系的自动化水平，也提升了用户获取 IT 资源的实际体验。

在业务交付方面，东风日产长期存在着 IT 资源交付能力与业务交付需求不匹配的状况。在新的 IT 架构中，云管平台作为从传统 IT 向云转型进程中的重要支撑平台，扮演集成者和连接者的角色，建立了面向不同用户的服务交付流程，大大提升了云环境的运营效率，并且针对未来的升级扩张，通过开发扩展模块的方式，为企业开拓创新业务、对接多种服务建立了弹性的应用环境。

4. 赋能数字化的盈利模式

企业经营的最终目的是盈利。在数字化时代，为了顺应科技进步的方向、市场演变的格局、行业变革的趋势，企业的盈利模式也需要进行相应的改变。当下，很多企业正在通过数字化转型重塑价值主张，利用数字化的方式“扩展”传统产品和服务的内容，或者直接向客户提供数字产品和服务，以增加新的收入来源，创造新的价值。

◎上汽集团

上汽集团是全球排名前十的汽车企业，主营业务包括汽车整车零部件、移动出行和服务、汽车金融、国际经营等。在全球汽车产业价值链重构的过程中，上汽集团致力从一个汽车生产、制造、销售企业，转型成为消费者提供移动出行服务与产品的综合供应商。

数字化转型的成功需要经过市场的检验，上汽集团专门成立了云计算、大数据、人工智能、网络安全等数字化组织中心，在产品、体系、生态等数字化的具体业务层面寻找切入点，解决市场关注的具体问题，助力集团业务创新升级，推进集团全产业链生态建设。

在产品数字化层面，上汽集团践行“以软件重新定义汽车”的理念，利用云计算、大数据、人工智能、5G 等技术，为汽车搭载新系统、新平台，使汽车成为可实时交互、可高频迭代的智能终端。例如，上汽集团与阿里合资研发的“斑马智行”系统，目前应用在多款主流车型上，2021 年累计销量超过 200 万辆。

在体系数字化层面，上汽集团以数字化赋能生产、研发、销售、服务等各个环节。例如，在制造端，上汽集团推进数字化制造，打造大规模个性化定制 C2B 项目，使千万名用户深度参与汽车制造全过程。在运营端，上汽集团成立数据营销创新中心，通过大数据采集客户的个性数据，使数据与业务相融合，达到辅助决策、降低运营成本、提高运营效率、延长客户生命周期的目的。

在生态数字化层面，上汽集团的业务从围绕车辆本身到“以用户为中心”，延伸到用户出行网状生态的各个方面。一方面，上汽集团积极打造智慧出行，建设移动出行服务平台，实时、双向、高频地触达客户。依托上汽数字化平台，开发了上汽网约车、企业租车、汽车生活服务等业务，在丰富出行生态的同时提升了用户服务体验。另一方面，上汽集团大力推进数字营销建设，打造全渠道的营销场景，与电商企业展开更深入合作，推出了新品云发布、直播带货、虚拟展厅、送车上门等多种在线营销手段，线上销量提升 30% 以上。

◎中国石化

中国石化集团是中国最大的成品油和石化产品供应商，是世界第一大炼油公司、第二大化工公司，在2021年财富世界500强企业中排名第5位。

根据集团的数字化转型战略，中国石化按照“数据+平台+应用”的模式，推出了“432”新基建工程。其中，“4”是指建成覆盖全产业、支撑各领域业务创新的管理、生产、服务、金融“四朵云”；“3”是指构建完善统一的数据治理与信息标准化、信息和数字化管控、网络安全“三大体系”；“2”是要打造敏捷高效、稳定可靠的信息技术支撑和数字化服务“两大平台”。

一方面，中国石化通过盘活数据资产，打造价值创造新高地。中国石化对数据资源进行挖掘与分析，建立了3万多个数据资源模型，开发客户画像、客群分析、采购预测、营销分析等大数据应用，支撑财务、物资、营销、金融等具体领域业务的数据应用需求。

另一方面，中国石化以“石化智云”工业互联网平台为转型升级的重要抓手，构建协同发展新生态。“石化智云”建立了400多个工业机理模型、20多个工业智能算法，连接了75万余台工业设备，形成了大数据、物联网等11类技术服务，实现了研、产、供、销、融等各环节资源的汇集、数据共创共享，全方位、全链条推进产业数智化升级，构建开放的工业互联网生态，支撑公司智能制造和商业新业态发展。

中国石化坚持以客户为中心的经营理念，围绕石化产业链打造了“互联网+商业+金融+*n*”全渠道服务矩阵，综合提升数字化营销服务能力和数字经济发展空间。例如，建成了易派客、石化e贸、易捷新零售等专业电商平台，实现了线上线下渠道融通、一站式服务和精准营销，形成了“互联网+”商业新生态圈。其中，易派客平台业务遍及104个国家和地区，涵盖采购、物流、支付、保险、招标、商旅等系列服务，2016—2020年，该平台累计交易金额突破1.36万亿元。

5. 云计算助力形成产业链生态

信息技术的竞争实质是产业生态的竞争，形成数字化时代的产业链生态就是要与客户形成关系更紧密的、生态化的伙伴关系，从而实现价值共创。

◎西门子

西门子是全球电子电气工程领域的领先企业，专注于为工业、基础设施、交通和医疗等领域提供新技术、卓越的解决方案和产品。在企业理念上，西门子主张“让科技有为，为客户创造价值”，通过融合现实与数字世界，赋能客户推动产业和市场变革。

2020年，伴随新基建政策的推出，企业数字化进程显著加速，尤其是以“工业互联网”为主的制造业数字化转型迎来高潮。然而，传统制造业产业链长，模式重，下游场景分散且不同场景差异较大，互联网技术在制造业领域的应用比其他领域要来得慢，来得苦。除了要满足特定的场景需求，相关解决方案往往还要从单个企业入手，很难在不同企业间复用。

西门子提出建立虚拟数字化世界和现实世界的交互闭环，构建全面的“数字化双胞胎”体系这一制造业数字化转型解决方案，结合人工智能、工业云、边缘计算和工业5G等前沿技术，通过底层数据库，把所有的人、IT系统、自动化系统连接在一起，为工厂在虚拟世界里建立一个“数字化双胞胎”。同时，西门子结合全价值链的数字化企业软件，对整条生产线以及工厂整个生命周期内的所有过程进行优化，使虚拟世界中的生产仿真与现实世界中的生产无缝融合，理想化地控制现实生产的全部过程。“数字化双胞胎”体系体现了一种创新意识，它能够在虚拟平台里融合数据、流程和业务模式，最终达到高效的柔性生产、智能生产，形成规模化效应，实现产品快速创新上市，锻造企业持久竞争力。

西门子利用“数字化双胞胎”体系，为广州明珞汽车装备有限公司提供了全集成自动化解决方案以及虚拟PLC等产品，将其产品工程设计时间缩短了1/3；为北汽新能源青岛产业基地提供了全线数字化解决方案，将工厂产品上市的时间缩短了40%，维护成本降低了30%；为华润水泥、中国石化青岛炼油化工有限责任公司等提供基于机器学习和知识图谱的预测分析（Siemens Predictive Analytics，SiePA），建立了从智能预警到高级诊断的闭环机制，以保证生产的可靠性和安全性。

平台化的运作模式离不开生态圈的构建。2017—2020 年，西门子与各生态伙伴携手构建创新生态圈，共创价值。创新生态圈包含了工业制造、城市及基础设施、交通和物联网等各个领域，形成了一定规模：（1）在中国拥有 21 个研发中心、5 000 多名研发和工程人员，将创新想法转化为产品和解决方案，服务中国和全球客户；（2）已帮助数百家工业企业实施数字化企业解决方案；（3）携手广东省、武汉市和重庆市等全国多个省市协同创新。西门子凭借全新的数字化业务组合和强大的生态圈，实现了贯穿评估、咨询、集成实施与优化服务的端到端数字化解决方案的落地。

五、数字化转型典型案例——中国建设银行的数字化之旅

中国建设银行（以下简称建行）提出数字化转型战略，其核心是在金融科技战略指导下，以技术和数据为驱动，以知识共享为基础，以平台生态为逻辑，构建数字化银行生态体系，为客户和各类合作伙伴提供更便捷、更高效的金融服务，将建行建设为具有“管理智能化、产品定制化、经营协同化、渠道无界化”四大特征的现代商业银行。

科技革命和产业变革深刻改变着人类的生产生活方式，影响着经济社会格局。身处“经营数字”的行业，主动拥抱科技革命、适应产业变革是大型商业银行适应社会发展的必然，也是锻造核心竞争力的不二选择。建行早在 2010 年就拉开了数字化经营实践的序幕，历经了三个主要阶段：首先是通过新一代核心系统的建设，对业务流程进行了企业级再造，打造了建行数字化经营的坚实基座，继而在“新一代核心系统”建设的基础上，开启了金融生态建设，推进平台化、场景化建设，将金融能力和数据以服务的方式向社会开放。2019 年，建行进一步开启了全面数字化经营探索，按照“建生态、搭场景、扩用户”的数字化经营思路，构建业务、数据和技术三大中台，全面提升数据应用能力、场景运营能力和管理决策能力。

1. 启航：启动“新一代核心系统建设工程”，打造数字化经营基座

2010 年前后，中国经济进入换挡期，深化改革、践行新发展的理念促使

传统商业银行主动调整经营管理方式。建行适时提出了“综合性、多功能、集约化、创新型、智慧型”业务转型战略。“新一代核心系统建设工程”（以下简称“新一代”）就是在这一背景下启动的，它是建行应对挑战、突破瓶颈、开启深刻变革、自觉主动推动整体转型的一次积极探索，是一次企业级的业务流程再造。“新一代”不是局限于原有系统的修修补补，而是站在企业级视角，推动业务与技术全面转型。转型前，各业务部门共有几十套系统在运转，流程漫长，数据孤立。转型后，建行打通了系统级、部门级、分行级的壁垒，实现了航母式的企业级能力。这不是简单的能力加总，而是能力的整合、衍生，是企业级价值的最大化。基于此，这一阶段的转型理念有三：以客户为中心，以企业级架构为核心，以企业级业务模型为驱动。

以客户为中心：全面了解、经营、维护客户，打通产品部门、客户部门、业务中台部门在客户层面的流程断点、数据断点，构建完整、及时、一致的客户统一视图，提供统一、准确、唯一、创新的客户识别方式，实现灵活的客户细分及专业化的营销。

以企业级架构为核心：打破系统级、部门级、分行级等画地为牢的观念限制，从全行、全集团的角度去统筹资源、组织布局。

以企业级业务模型为驱动：从顶层设计入手，将建行的战略能力需求和日常操作需求有效地转换成以结构化、标准化方式描述，以银行价值链为主线的业务模型，制定提升业务能力的解决方案，这是保证业务先进性的关键举措。

在建行先后投入 9 500 余人，经过 6 年半的不懈努力后，“新一代”于 2017 年 6 月 24 日顺利上线。“新一代”在业务架构和 IT 架构重构的基础上，依托企业级、组件化、参数化所带来的整体优势，逐步形成具有特色的九大业务能力。

第一，以客户为中心的综合服务能力。建行整合全行客户信息，形成“统一的客户视图”，实现 360° 客户画像，支持个性化服务和精准化营销。对私数字化营销方面，建行建立企业级营销模型管理体系；对公数字化营销方面，建行制定专属营销模型和方案，按照客群特征制定多种营销策略和产品组合套餐，依据套餐不同实现差异化定价和综合化服务，提供金融综合解决方案。

第二，灵活高效的产品创新能力。建行打造产品装配工厂，在企业级范围建立可复用的“积木块”，支持根据客户需求快速灵活地组装产品，响应市场。目前建行95%的可售产品是通过“配置型产品创新”装配的。

第三，完整协同的智慧渠道转型能力。建行以“移动优先”为原则，丰富渠道类型，电子渠道和智慧柜员机对柜面业务的替代率屡创新高；延伸第三方客户渠道以及劳动者港湾、智慧缴费等社会化服务渠道，探索融合服务新模式。渠道智能化方面，在手机、固定电话、自助设备等各类渠道上综合运用语音识别、图像识别等多种人工智能技术，提高自动化处理效率和准确率，提升客户满意度。

第四，集约化的业务运营能力。建行打造集约化运营平台，实施前后台业务作业分离。凭证处理方面，建行采用图像识别和自动验印等技术，实现业务集约、高效，节约了大量工时，并为网点转型创造了条件。现金业务方面，建行采用物流行业的现代配送中心模型，形成一体化运营配送机制，实现金库的智能化管理，创新云生产模式，标准化工作众包，降低人力成本。

第五，全面的风险防控能力。建行建立企业级风险模型实验室，利用大数据集市和人工智能算法构建风险模型，提升风险识别能力；把风险内控机制嵌入业务流程的前、中、后台各个环节，协同管理，及时进行风险监测、预警和处置，实现风险的渠道、产品、客户多层次防控，形成全方位、智能化的风险联防联控能力。

第六，精细化的资源配置能力。建行搭建以“交易核算分离”为特征的会计核算体系，实现利率、汇率、费率等价格参数灵活配置，支持产品的组装生产和快速创新，提供客户维度的差异化定价和在线实时测算，从机构、客户、产品等维度为管理层提供经营情况报告，有效支持财会业务决策。

第七，企业级的数据应用能力。建行打造企业级大数据云平台，实现EB

级分布式海量云存储。具体做法如下：建立数据湖，增强非结构化数据采集和处理能力；利用分布式处理技术，提升海量数据计算能力；构建泛金融数据模型，整合外部数据，形成多元数据体系；建设数据运营平台，动态管理数据运营；提供多种数据应用模式，支持用户自主用数。

第八，境内外、集团一体化的支撑能力。建行支持多语言、多法人、多时区的金融服务，统一母子公司、境内外标准，实现境内外业务处理全流程一体化。“新一代”核心系统在全球29家境外机构推广，覆盖24个国家和地区，真正实现“一个版本、全球部署，一次研发、全行共享”，大幅降低了海外IT系统的开发和运营成本。

第九，便捷高效的员工服务能力。建行整合办公、事务、学习、通信等多项功能，为员工提供一体化协作平台；为客户经理提供客户沟通、自我管理、工作成效、客户营销等的支持，提高营销客户的质量和效率；打造“慧视”系列产品，为总行管理者、分行管理者、条线管理者提供个性化指标数据，赋能数字化经营。

2018年9月，“新一代”荣获“2017年度银行科技发展奖”特等奖，得到业界的广泛认可。通过“新一代”的实施，建行实现了从单个系统竖井式作坊开发到企业级系统工程工厂研发的转变，为后续数字化经营探索奠定了坚实基础。

2. 扬帆：构建金融生态环境，开放金融服务

2018年，建行正式发布《金融科技战略规划》，明确金融科技战略实施方向：建立技术与数据双轮驱动的金融科技基础能力，对内构建协同进化型智慧金融，对外拓展开放共享型智慧生态，努力打造具有“管理智能化、产品定制化、经营协同化、渠道无界化”特征的现代商业银行。

金融科技战略实施，主要依托6个方面工作的推进：（1）深化“新一代”核心系统推广应用，结合应用实施情况定期重检优化；（2）夯实技术创新基础，持续提升金融科技支撑能力；（3）完善数据服务体系，优化数据治理能力；（4）推进智慧金融建设，不断深化九大业务能力；（5）拓展智

慧生态，通过构建平台、连接平台、站在平台连平台，共同构建用户生态；（6）深化体制机制改革，完善科技创新孵化机制，不断强化总分一体化研发体系。建行持续优化经营模式，夯实科技支撑能力，落实新金融理念，推进住房租赁、普惠金融和金融科技三大战略，赋能社会发展，服务实体经济，助力国家治理能力现代化。

推进住房租赁战略，赋能社会发展。建行搭建开放共享的住房租赁服务平台，截至2020年年底，覆盖了全国94%的地级以上城市，累计上线房源超过2 300万套；与广州、杭州、济南等11个试点城市签署《发展政策性租赁住房战略合作协议》，向试点城市提供包括金融产品支持、房源筹集运营、信息系统支撑等在内的“一揽子”综合服务；创新推出“存房业务”，激活存量空置房源，累计签约超过90万套；打造住房租赁产业联盟，合作签约商户1.3万家，培育住房租赁新生态；在2020年抗击突发公共安全事件期间，累计为医护人员等无偿提供住房近2 000套（间）。建行相信，当住房租赁市场有了真正成熟的供给后，人们的消费习惯就会改变，住房难、住房贵的问题将会迎刃而解。

建设“智能、高效、强风控”的普惠金融，服务实体经济。建行打造普惠金融新模式，针对“资信不完整、评价手段差”两大痛点，以大数据画像为基础，以场景切入为手段，构建“小微快贷”信用产品体系，2020年累计切入60余类、300余个场景。建行推出“惠懂你”移动客户端，融合小微快贷、个人经营快贷、裕农快贷、交易快贷等应用，提供一键评估、一键贷款、一键支用、一键还款等功能，大幅提升服务效率和扩大覆盖范围。建行创新智能化风控体系，助力普惠金融高质量发展，“小微快贷”线上贷款不良率低于1%。通过不断优化“惠懂你”移动客户端融资新平台功能，“惠懂你”App的客户访问量突破1亿，认证企业超400万家，授信金额超3 200亿元，并成为建行服务小微企业的重要服务品牌。通过与工商联、商会、企业信息互联互通，建行提供场景化服务，推进普惠金融之“创业者港湾”建设，为创业创新企业提供股权投资、信贷融资、创业成长等综合化服务。2020年3月，建行成为全国首家普惠型小微企业贷款余额突破万亿元的商业银行。

科技慧政，助力国家治理现代化。建行发挥"金融+科技+资本"融合优势，建设智慧政务平台；开放渠道服务资源，推动网点、手机银行、裕农通等成为百姓身边的政务大厅；着力构建"跨地区、跨部门、跨层级"一站式服务体系，真正让"数据多跑路，群众少跑腿"。截至2020年9月，建行与27个省级政府在智慧政务领域签署合作协议，多省市项目落地，实现近40万政务事项的可查询、可预约、可办理。"政融支付"实现与240个省市县政务服务平台对接，上线7 100余个公共服务便民缴费事项，协助政府梳理政务事项近200万件，平台用户数超过6 500万。建行持续推进金融科技战略，夯实科技支撑能力，聚焦"ABCDMIX"，封装技术基础能力，实现技术的平台化、组件化和云服务化，降低技术应用门槛，赋能业务创新，同时，持续推进核心技术的自主可控建设，减少对外部的技术依赖，降低不确定性。

平台化方面，人工智能平台已上线图像识别、视频识别、自然语言处理、知识图谱等6大类、18个人工智能组件，覆盖300多个业务场景。大数据云平台实现了数据以服务方式对外发布，支持智慧政务、住房公积金数据平台等重点客户的大数据服务。区块链服务平台应用于福费廷、国内信用证、再保理、房源信息发布、电子证照等多种业务场景。物联网服务平台实现物联终端的统一接入、统一管理、统一控制及数据共享，支持5G+智能银行、智能金库、智能钞箱等应用。组件化方面，建行部署及时通信、视频直播等公共功能组件，共享公共能力，具有用户认证、客户认证、密码服务、数据安全、基础设施安全、安全策略管理等功能组件，提高安全即服务的能力，满足不同应用场景的安全需求。云服务化方面，建行将应用平台和公共功能组件按照云服务产品的标准进行改进，建立具备云安全、云服务、云运维、云运营能力的"建行云"。目前建行云拥有物理节点26 000多个，云化算力达到90%，拥有端到端解决方案，提供金融级防护。建行云服务实力在国有大行中居领先地位，上云业务应用项目已超过270个，其中包括住房租赁、智慧政务、智慧社区、中银协区块链等。

金融科技战略的实施促进了金融服务的开放，以金融的力量赋能社会，拓展了金融服务领域，也为搭建金融服务场景、扩展客户群奠定了基础。

3. 领航：围绕“生态、场景、用户”，全面开展数字化经营

2020年以来，建行按照“建生态、搭场景、扩用户”的数字化经营理念，全面开启数字化经营探索。

建行全力打造“数字化工厂”，深入推进“数字力工程”，探索建立数据资产管理体系，搭建包括业务中台、数据中台和技术中台在内的大中台体系。

①打造业务中台。按照“用户—客户”进阶经营和端到端运营要求，建行提炼账户、支付、营销等可共享复用的业务能力，形成可快捷调取的通用服务模块，赋能前端场景的高效拓展和产品的敏捷创新。

②打造数据中台。建行构建数据智能中枢和全域数据供应网，强化数据获取、集成整合、挖掘分析、即时赋能等核心功能。

③打造技术中台。技术中台对应用研发、交付、运行所依赖的技术进行平台化、组件化设计，以云服务为主要交付方式，实现人工智能、云计算、区块链、物联网等技术基础能力的快速供给，敏捷赋能业务发展。

此外，建行打造彼此相连、同步迭代、实时互动、共创共享的生态圈，跨界连接多个客群、多类产业和多种生产要素，为生态圈内各方提供共同演进的机会和能力。针对个人用户，建行围绕公共服务、公交出行、生活缴费、商户消费、社区居家等生态场景，全面洞察、精准画像，实现生态数字化连接、产品综合化交付、服务多渠道触达。针对企业用户，建行搭建“惠懂你”普惠信贷服务平台、企业智能撮合平台、供应链金融平台等，致力打造企业全生命周期服务的开放共享生态。针对政府用户，建行围绕“优政、利民、兴企”目标，打造“一网通办”智慧政务的云南模式、山西模式、重庆模式和山东模式，用金融力量助推政府治理体系和治理能力现代化。在经营理念上，建行开启了从以产品销售为中心到以客户体验为中心的转变，实现“客户洞察、双向互动、精准触达、千人千面”。在营销模式上，建行充分应用互联平台，组织构建场景、营造生态的革新，实现了“全链路、全渠道、全天候”的全

域营销。在战略推进上，建行实现跨区域、跨条线、跨部门、跨层级的统筹协同。

第三节　云计算助力提升企业投入产出比

将企业 IT 迁移到云计算是一项重大决定，因为这意味着整个采购和交付的 IT 产品和服务的变革。然而，许多企业都在积极地部署云计算，希望通过迁移到云计算来提升 IT 能力，进一步节省企业的资金，增加利润，以便在关键业务领域进一步创新。投入产出分析中，成本投入包括每计算能力的单位成本、需要重新设计运行在云环境中的应用程序以及对于时间和无形资产的劳动量的权衡。在计算成本投入的同时，云计算所带来的收益也是非常可观的，云计算带来的收益包括但不限于提升业务灵活性、安全性，缩短基础资源部署周期，以及减少运维操作、降低投资成本、提升资源利用率。

一、实现企业经营者价值主张

从某种意义上来讲，迁移到云计算可谓是一种变革性投资。从企业经营者角度来看，安全合规是企业生存的底线，而业务创新是企业“活得好”“活得久”的生命线。云计算的技术特性很好地支撑了企业经营的底线和生命线，一方面，云计算的架构特点保障了业务安全性。另一方面，云计算弹性可伸缩的特性为企业业务创新提供了天然的条件，业务创新驱动了业务灵活性。

1. 提升业务安全性——安全

信息已经成为企业发展成长的血液，因此，信息安全也成为企业必须坚守的底线。近几年，国家接连颁布了网络安全、数据安全等多部信息安全相关的法律法规，可见，信息安全的重要程度在我们国家已经到达了前所未有的高度。只有真正筑起信息安全的防火墙，才能打牢企业长久发展的地基。数据是信息的载体，国家已经明确提出数据作为一种新型生产要素，与土地、劳动力、资本、技术等传统要素同等重要，业务数据是企业业务最直观的体现，但是，其形态的特殊性和多样性给企业业务安全保障工作带来了极大的挑战。业务数据作为企业的核心资产，如何保证业务系统的实时可用性、访问者的合法性、业务数据的完整性是企业经营者必须考虑的问题。云计算技术为这一问题提供了一份参考答案，云计算采用冗余、多副本技术架构，并且云服务商提供了专用企业级防火墙，允许企业自定义安全部署等级。此外，云服务商有完善的监控和防范机制，当出现异常情况时可以提前发出警报，为企业争取挽救的机会。

中国大百科全书出版社是以出版百科全书和其他工具书为主，同时出版各种学术著作和普及读物的国家级大型出版社。2021 年，为庆祝建党 100 周年和适应数字化时代的需求，其升级了整体知识服务系统，包括提高云平台运维服务及时性、保障业务承载安全性、实现 7×24 小时安全监测及响应，让读者享受更为方便优质的服务。

经过多方对比与测试之后，从安全合规、服务响应、应急保障三个维度综合考虑，中国大百科全书出版社选择了信服云托管云解决方案。该方案既具备公有云资源弹性灵活、丰富的服务目录、免运维、服务化交付的特点，又具备私有云数据本地化、资源独享、专业运维服务的优势，可以满足中国大百科全书出版社业务平滑上云、高性能、高安全、免运维等需求。

在实际建设过程中，通过信服云托管云解决方案，《中国大百科全书》知识服务平台使用了托管私有云、全套等保三级组件、信服云数据库资源、安全运营服务、专属代维版托管服务等，顺利完成知识服务平台第三版建设三大升级。

升级一：平滑过渡，服务升级。

信服云托管云解决方案利用专属的计算、存储等资源对《中国大百科全书》知识服务平台进行承接，提供知识查询、图片展示、视频点播等服务，完成业务向专属托管云进行迁移。

同时，信服云托管云解决方案通过专属管家服务机制，为《中国大百科全书》知识服务平台建立了运维服务的标准化流程，避免了由于运维不规范影响业务访问体验的问题，实现了包含基础设施、平台、云资源运维服务的立体化快速响应（5 分钟内）。

升级二：原生组件，安全升级。

通过云上等保解决方案，信服云托管云在云上虚拟 PC（Virtual PC，VPC）内部独立部署了云安全组件，可提供 20G 的抗分布式拒绝服务攻击（Distributed Denial of Service，DDoS）保底防护机制，不仅可以保障云上系统的安全，满足了《中国大百科全书》知识服务平台的等级保护的要求，还保证了面向公众搜索业务的安全、稳定、可靠。

此外，信服云托管云解决方案通过构建大百科专属资源池，实现了云上业务数据的独立存储和物理隔离，做到了云上数据真正的自主可控。

升级三：安全服务托管，应急处置升级。

信服云托管云解决方案提供全天候的安全保障服务，整合了安全组件、运营中心和运营专家，围绕资产、漏洞、威胁和事件四个方面进行全生命周期管理，为《中国大百科全书》知识服务平台建立了网络安全事件应急处置闭环机制，可以有效防止因安全事件造成的业务运行不畅和法律风险。

从上述案例不难看出，中国大百科全书出版社利用信服云托管云解决方案升级了整体知识服务系统，满足了提供全天候的安全保障服务的需求，实现了安全合规、服务响应、应急保障三个核心诉求，对其知识服务平台的安全性形成了有力保障。

2. 提升业务灵活性——弹性

众所周知，企业业务创新的成功率从来都是微乎其微的，而业务创新又是任何一家企业都无法避开的课题，如何快速而又准确地响应业务创新需求是困扰无数企业经营者的难题。值得注意的是，云计算技术的诞生、成长、繁荣的轨迹与业务创新成功企业的发展曲线出奇地吻合，云计算弹性可伸缩的技术特性满足了这些企业随需应变的需求——根据需求“恰到好处”地分配资源，无须担心需求预测的准确性，无须担心突增的业务变化。云计算可以大幅缩短基础资源准备时间，让企业创新工作能够更为迅速地展开，加快新品研发和上市节奏。

深势科技是一家成立于2018年的药物研发算法科技公司，致力运用新一代分子模拟MDaaS（Molecular Dynamics as a Service）技术解决药物研发难题，实现药物分子的理性发现和设计。企业的主要产品Hermite药物研发套件，旨在帮助用户在第一性原理精度力场基础上，实现高通量药物筛选与优化；DP-Cloudserver软件，旨在帮助用户更便捷地创建基于深度学习的原子间势能以及力场模型和运行分子动力学模型，有效解决分子模拟中的准确性和效率性难以兼顾的问题。

深势科技已在力场开发、小分子药物筛选与优化、药物ADMET性质预测、结合自由能微扰、多肽药物设计等领域提出更加高效和准确的解决方案，并与诸多来自学界和工业界的客户展开合作。

1. 基于阿里云的解决方案

深势科技通过阿里云弹性高性能的计算平台（Elastic High Performance Computing，EHPC）调度下层多种算力资源。在选择算力资源时，深势科技选用了具有低成本优势的抢占式实例，同时通过阿里云弹性供应解决方案，深势科技可以一次性获取所需的算力资源，无须关注底层实例。深势科技通过计算每个用户、作业所用资源费用来统计成本；利用阿里云EHPC的作业详情导出功能，可以查看每个作业的资源使用量；同时，结合费用中心账单，可以统计每个作业的计算费用。

阿里云采用快速部署实例集群的方案，支持一键部署跨计费方式、跨可用区、跨实例规格族的实例集群，可以稳定提供计算力，在缓解抢占式实例的回收机制带来的不稳定因素的同时，免去重复手动创建实例的烦琐操作。

由于客户需求多跟着项目周期走，深势科技的业务有不稳定的周期性。然而，阿里云弹性高性能计算平台（EHPC）的自动伸缩功能有助于利用云上的弹性，根据作业负载自动管理计算资源，如此一来，深势科技就不需要自行管理资源规模，从而降低了运维成本。

2. 云解决方案产生的效益

阿里云EHPC的作业详情导出功能便于用户查看每个作业的资源使用量，并根据需要计算每个用户、作业所用资源费用，实现高效成本统计。

阿里云满足了用户低成本构建高可用算力集群的需求，可以用30%的成本实现海量算力交付。深势科技利用弹性供应的成本优化策略，结合Spot实例的价格巡检，以30%的成本完成日均3w+vCPU资源的交付。

EHPC自动运维的易用特性，降低了深势科技的运维成本，提升了集群管理效率。

3. 研发范式

分子模拟为我们提供了认识世界的重要工具，而具体实现这一过程，一方面需要优质的算法，另一方面需要海量的计算资源。深势科技采用的“AI+物理建模+HPC”的研发范式，在算法层面取得了重大突破；而在资源层面，阿里云的弹性高性能计算平台在较低成本的基础上提供了海量的计算资源。接下来，深势科技会与阿里云进一步紧密合作，将“AI+物理建模+HPC+云计算”的MDaaS模式推及更多有需求的朋友们。

通过上述案例我们可以看出，EHPC集群的自动伸缩功能不但完美匹配了深势科技独特的业务模式，而且超越传统超算的“静态”资源分配，用户可根据负载实现按需扩容缩容。用户自定义设置，能够有效提升作业的吞吐量，加快作业处理速度，极大提升集群的利用率。EHPC还具有集群管理、作业管理、用户管理和可视化等功能，帮助用户提升其业务灵活性。

二、缩短部署周期，控制运维风险，为企业减负

随着信息科学技术的迭代变迁，云逐渐成为数据中心的新IT形态，与传统数据中心相比，二者的目标是相同的，都是支撑企业业务高效运转。相比传统数据中心，云计算更加符合当前企业发展的需要，它可以将IaaS、PaaS甚至SaaS分层打包，提供给企业使用。无论企业需要哪一层服务，只需按需付费，在数分钟内即可完成云资源的

部署和交付。在传统数据中心，运维人员需要执行 IT 资源的变更和部署，无形中增加了运维风险；而在云模式下，云服务提供商不但要关注基础设施本身，也会关注业务运行状态，这样就将运维风险控制的工作转交给了更加专业的云服务提供商。一言以蔽之，云服务模式缩短了部署周期，为运维人员减轻了负担。

1. 缩短了部署周期—— 敏捷

众所周知，传统数据中心模式需要花费大量时间来设计、采购、部署。相比之下，云服务模式更引人注目的是其速度与敏捷性。更短的部署周期、更灵活的服务方式显著提高了新业务上线的速度，使得企业能够更加迅速地对变幻莫测的市场做出反应，以增强其市场竞争力。云的扩展性十足，可以根据业务需要对计算资源进行适时适度的调整分配，真正做到了“招之即来，挥之即去”。

全球领先的企业软件创新者 VMware（NYSE： VMW）近期通过提供企业云解决方案，凭借 VMware vCloud Suite、vSphere、vCenter 等业界领先产品和服务，帮助协鑫集团实现了云平台精细化管理，为集团稳步发展注入了强劲动力。

协鑫集团是一家以新能源、清洁能源为主，相关产业多元化发展的科技引领型综合能源龙头企业。集团主营业务涉及电力、光伏制造、天然气、产业园、集成电路材料、移动能源及电动产业新生态等领域，连续多年位列全球新能源 500 强企业前三位、中国企业 500 强新能源行业首位。随着集团规模的不断扩大，传统的信息管理方式已经无法匹配其多元化发展的需要，带来了以下三个方面的主要难题：

第一，应用系统繁多，部分应用系统甚至是多版本并存，难以快速实现内部信息共享；

第二，各板块的信息化建设水平各有差异，管理难；

第三，如何高效利用 2000 年至今规模增长约千倍的软件资产，成为信息管理部门面临的一大考验。

为此，集团亟须依托高可扩展性、高弹性、敏捷的企业云平台技术架构来实现敏捷管理，为各项业务发展乃至集团的整体战略转型提供有力支撑。

VMware作为协鑫集团信息化建设道路上的老朋友，已凭借VMware vSphere的虚拟化技术，帮助其构建了平稳、灵活、高效且极具成本效益优势的云计算基础架构。通过为协鑫集团提供以云管理套件为核心的企业云平台解决方案，VMware帮助协鑫集团直面新挑战，实现了对业务的敏捷和数字化管理，充分利用和共享现有业务单元能力，提升集团公司和上市公司的合规水平，并为业务团队提供有效的决策依据。

VMware为协鑫集团提供的解决方案主要有两项：

第一，采用最新的vSphere Enterprise Plus对原有的vSphere环境进行升级，逐一优化集团数据中心的ESXi主机、存储空间、计算资源池等，提高资源整体利用率；

第二，采用vRealize Operations、vRealize Automation及vRealize Business for Cloud系统，让集团企业云平台实现监控管理、自动运维和按需计费。

在VMware的帮助下，协鑫集团企业云服务平台正式建成，让集团数据中心从一个传统信息架构的平台跨越成为一个真正的私有云平台，并具备了向多云及混合云架构过渡的能力。显著收益如下。

第一，信息资源费用一目了然，相关成本尽在掌握。最终用户得以了解每台虚拟机的预期和使用中的成本并进行动态调整；云平台管理员可以了解云平台的实际容量，为扩容做好准备。此外，最终用户可以选择按照项目或系统粒度，或者按虚机所使用的CPU、内存、磁盘、软件授权成本、人工等建立成本核算模型。

第二，基于自动化工作流，缩短业务交付时间。用户可自主申请资源、按需创建流程，推进工作进展、集中管控资源。整个业务所需资源的交付时间从原先的两三天降至一两个小时。

第三，资源分配更合理，提高资源使用率。审批者可根据成本预测和预算现状进行审批，并更改配置生成新申请。这不仅简化了审批流程，而且使资源分配更合理，节约了资源成本。同时，新的资源管理模式积极有效地改善了最终用户对计算资源占而不用或超量申请的问题，有助于提升资源使用率。

第四，实现运维可视化，提高运维管理效率。利用 vRealize Operations 系统可轻松对企业平台进行运维，实现基于目标的持续性能优化、高效的容量管理、主动资源规划和智能故障诊断。运维人员得以掌握企业云平台整体资源的使用情况，并有效管控风险。

第五，降低服务器硬件投资成本，减少数据中心运营成本。VMware 的服务器虚拟化产品经过升级，功能得到更全面的发挥，能够帮助减少运维和人力成本，并根据业务变化快速扩容，响应业务弹性需求。

协鑫集团大数据云平台公司副总经理荣兴华表示："协鑫集团作为一家多元化集团，三十多年来经历大风大雨，依然坚挺如松。数字化转型是协鑫战略转型的重要目标之一。VMware 从 2017 年开始，到今天帮助协鑫建成颇具规模的企业私有云平台，不仅实现了资源调配的流程化、标准化，优化了资源调配能力，大幅降低了资源投入成本，也显著提高了运维管理效率，加快新业务上线的速度，从而使得信息系统基础服务更加贴近业务、赋能业务。"

VMware 公司大中华区前高级技术总监李刚表示："作为全球领先的软件创新者，VMware 致力为客户提供最先进的解决方案，为其业务发展打造坚实的'数字基石'。我们很高兴能帮助协鑫集团打造企业云平台，实现精细化和数字化管理。未来，VMware 计划与协鑫集团携手并肩，助力其跨板块打通、优化业务流程，强化信息资源的统筹管理能力，实现基础数据共享和大数据的应用。"

从上述案例可以看出，协鑫集团依托高可扩展性、高弹性、敏捷的企业云平台技术架构实现信息资源的敏捷管理，为各项业务发展乃至集团的整体战略转型提供有力支撑，提升了运维管理效率，加快了新业务上线的速度，从而使得信息系统基础服务更加贴近业务，赋能业务。

2. 为运维人员减轻了负担——轻松

一直以来，运维人员的职责都是保障 IT 服务的质量，为了达成服务等级协议

（Service Level Agreement，SLA）各运维条线分别展开着各项运维活动，执行着变更管理、事件管理、问题管理、作业管理等各种管理流程，以控制来自机房基础设施、网络设备、基础软件、应用系统等各个方面的风险，使得传统数据中心“部门墙”现象凸显。在云计算日益成熟的当下，企业可以选择建设私有云，将传统的运行维护工作进行整合优化，并借助自动化工具替代人工运维操作。企业也可以选择公有云，云服务商往往具备成熟度更高的运维服务管理体系，企业一旦选择公有云，就不必再关心部署在公有云上的业务所依赖的基础设施，使企业运维人员可以投入更多的精力去设计或优化企业 IT 服务架构，这是更有意义的事情。

苏州科达科技股份有限公司（以下简称科达）是领先的视讯与安防产品及解决方案供应商，致力以视频会议、视频监控及丰富的视频应用解决方案，帮助政府及各类企业解决可视化沟通与管理难题。

科达“多品种、小批量”的制造特点，造成物料管理的复杂度高，从而对工程数据管理、计划管理、采购与委外管理、库存管理及成本核算、财务管理诸业务环节有了更高要求，这使得传统 ERP 等信息系统面临着诸多挑战。

（1）组织形态从单一组织向集团化转变。科达从单一组织发展为集团组织，须采用集中化的管理，包括财务集中核算、资产统一管理、统一采购、统一生产、分散销售，这就要求 ERP 系统必须统一集团基础数据、财务政策、业务流程以及便利的组织间交易处理。然而，传统的 ERP 系统只能为每个组织建立不同的账套，进行系统管理。虽然 ERP 通过开发升级基本解决了业务主数据多账套的同步问题，但是财务政策、资产政策、组织间业务协同等业务仍只能通过财务人员在多账套之间进行重复录入来处理，不但效率低，且容易出错。

（2）运营管理从粗放型向精细化转变。科达的运营管理重心是对物料的全程管理，已走过了“账实一致、弄清家底”的物料管理初级阶段，现在更是要借助信息系统向管理要效益，在研发、计划、采购、制造及成本控制环节实施对物料的精细化管理，优化库存水平，降低物料采购成本，精准核算工单成本，而传统 ERP 系统无法满足这些诉求，需要进一步完善与优化。

（3）IT 从被动运维向高效服务转变。随着科达业务的不断扩展，传统 ERP 系统数据规模日趋庞大，IT 运维压力逐渐凸显。一方面，受到 SQL Server 数据库性能影响，系统的性能逐渐影响业务运行的效率，须定期重启数据库服务器，方能缓解系统压力；另一方面，一旦需要安装补丁程序，就要对很多客户端同步安装补丁，IT 运维的效率很低，运维成本很高。不仅如此，随着管理的精进，业务部门对 IT 部门提出了更高的要求，需要借助 IT 能力来改善业务管理，降本增效，迫使 IT 部门从系统的被动运维向业务的主动服务转变。

（4）系统集成从点对点向规范化转变。科达已经进行了传统 ERP 系统与多个异构系统之间的集成，集成接口有几十个之多，集成多采用点对点、文件式、数据库对接等方式，不规范。集成接口的问题比较多，如为系统的平稳运行带来一定风险，制约 ERP 系统的旧版本迁移。如何既能实现系统间集成，又不影响各系统的后续的升级？

为此，科达在云计算技术的帮助下提出以下解决方案。

（1）集团基础数据与财务政策统一管理。借助云解决方案，科达建立起统一的集团数据中心，对集团的基础资料控制策略进行规范，对物料、客户、供应商、组织架构、物料清单等数据及时记录；对会计科目、会计核算体系、资产政策、成本政策、报表样式等财务政策实行统一设定、集团共享，为集团信息共享、业务协同、财务共享、集团数据分析夯实了基础，彻底解决了财务人员重复录入的问题。

（2）集团组织间业务高效协同。云解决方案的跨组织销售、组织间结算功能，可以高效处理组织间业务协同，减少手工重复业务处理。

（3）物料替代与 ECO 延迟切入，用完旧料，防止呆料。云解决方案借助直观的物料替代、取代与设计变更延迟切入功能，结合 MRP 运算，实现了研发设计环节对物料的有效管理，从而更好地防止呆料产生。

（4）面向预测备料，面向出货生产，以生产缺料进行采购追料。科达借助云解决方案，结合自主开发的报表，进行未来 12 周的生产缺货与采购缺料的计划运算，并投放未来6周的生产订单与12周的采购申请。结合开发的生产缺料分析表，科达可以跟踪生产订单的缺料状况，进而与采购订单结合，形成追料计划，进行物料来料的通知与跟踪。

（5）采购自动匹配价格优先策略、累计数量取价，强化采购成本管控。科达借助采购配额中的价格优先策略，采购订单中的累计数量取价功能更省心省时。

云计算的集团化管理、精细化运营、高效运维，以及底层的系统集成等整体解决方案的实施应用，全方位地支撑了科达的业务生态。强有力的数字系统不但解决了快速发展的后顾之忧，而且已经成为科达提高数字战斗力的有力支撑，能够改善流程、提升效率、精益生产、创造效益，具体体现如下。

（1）管理集团化。科达实现了集团化管理，统一了基础数据与财务政策，减少了数据重复录入，实现了跨组织业务协同，提高了业务效率。

（2）运营精细化。科达进一步加强了研发、计划、采购、生产与财务环节的精细化管理，加强了对物料库存、成本的管控，实现了降本增效。

（3）运维高效化。技术架构的优化使系统性能得到很大的改善，自动化工具的应用使IT的运维能力得到提升，提高了响应业务需求的效率，强化了IT运维综合管理能力。

（4）集成规范化。系统集成的方式优化与规范，满足了系统不断平滑升级的需要，让业务管理能够享受ERP系统快速迭代带来的好处。

通过上述案例可以看出，科达借助云解决方案完成ERP等信息系统的迭代升级，实现了管理集团化、运营精细化、运维高效化、集成规范化。尤其是在运维管理方面，系统集成的方式更加规范，使得系统升级更加敏捷，自动化工具的应用使运维工作更加轻松。

三、实现资源优化，“少花钱，多办事”

无论是传统劳动密集型企业还是新兴技术密集型企业，充沛的资源都是它们在竞争日益激烈的市场中存活下来的基础。尤其是IT资源，对企业决策效率和运营效率的影响越来越明显。通常云应用最初的驱动力是成本较低，通过分享计算资源，云应用能帮助节约超额的硬件、电力、冷却设备等成本。云计算的高性价比，也是初创企业或者“再次创业”的老牌企业选择应用云计算技术的原因。

1. 更低的试错成本——节约

“科学技术是第一生产力”，这是至理名言。企业IT资源可以直接加速业务变革，已成为毋庸置疑的事实，然而传统数据中心模式下的高额硬件投资也是企业决策时思前想后的重要原因之一，因为业务在创新过程的任何阶段都有失败的可能，但在创新的初期就要进行硬件投资，一旦失败，前期的投资都无法收回。云计算作为新型IT基础设施，其可扩展和可随时随地增减资源的优势使企业的试错成本极大地降低。

华新水泥是中国水泥行业的鼻祖，成立于1907年，是名副其实的百年企业。中华人民共和国成立以来，华新水泥为很多中国著名的建筑工程提供了水泥，包括葛洲坝、三峡大坝、武汉长江大桥、北京十大建筑等著名工程。随着国家“一带一路”倡议的实施，华新水泥已走出国门。目前，华新水泥在全球拥有150多个生产基地，业务已经从单纯的水泥拓展到混凝土、装备制造、环保、新材料等多种业务。

华新水泥一直坚持走自主研发这条道路，在中国水泥行业是首屈一指的，华新水泥有独立研发、设计、制造各种水泥生产设备的能力。在企业管理方面，华新很早就采用了国外先进的管理方式，并始终朝着企业规范化、员工职业化的道路发展。在利用信息化手段提升企业管理水平方面华新水泥也走在了行业前沿，不仅很早就用上了ERP系统，还推出了华新网上商城。

近年来，华新水泥的规模不断发展壮大，业务分布越来越广，给企业经营管理带来了很大的挑战。对于华新水泥来说，目前碰到的最大的困难就是如何统筹管理国内外的众多工厂。目前，扁平化的管理方式越来越成为行业主流，要实现快捷的响应速度、贴近客户，就需要有智能化的信息系统作为支撑。随着互联网时代手机、平板电脑等移动终端的普及，移动化办公成为趋势，也给华新水泥的信息化管理提出了更高的要求。华新水泥很早就开始探索如何采用新的数字化和智能化技术实现企业转型。

在数字化转型方面，华新领导人有一个很全面的构想，即要通过工业智能化和商业智能化，帮助企业实现业务上的转型。工业智能化是指在生产环节，提高自动化程度，运用智能化的技术；在商业智能化方面，打通各个业务环节之间的壁垒，比如从财务、营销、采购、物流各个环节实现数据的互联互通以及工厂管理的闭环。未来，华新水泥还将利用人工智能的手段进行市场预测、调节工厂产能。

对于华新水泥来说，数字化转型的主要目的是降低成本、能耗，降低工人的劳动强度，通过人工智能实现生产效率最大化，满足环保以及安全生产的要求。华新水泥摸索出一套行之有效的办法，通过数字化转型带来的成效展示，对水泥行业起到明显的示范作用。

传统的集中式的数据中心，已经很难满足华新水泥数字化转型的需求，所以上云对于华新水泥来说是很自然的选择，华新水泥也将上云作为企业数字化转型的一个重要切入点。

一般的生产制造型企业，尤其是已经有数据中心的企业，在上云的选择过程中都会有很多顾虑，比如数据的安全性、响应速度，以及对网络的影响。华新水泥通过谨慎调研，最终选择华为云作为华新云平台的提供商，华为云在保障数据安全性、品牌以及团队实力方面得到了华新水泥的认可。

华新水泥的上云迁移涉及数据中心、IaaS 层以及 ERP、CRM 等全核心业务系统上云。华新数字化创新中心系统运维部部长刘哲松谈到，未来在华为云全部上线之后，华新水泥将会有以下几个方面的改善。

第一，提升资源的利用率。过去信息系统存在一些烟囱式结构，这种结构下 CPU、内存等资源的利用率不高，使用华为云以后，可以大幅提升资源的利用率。

第二，降低成本。企业上云后，每年的运维成本至少节约 30%，机房设备、网络专线、维保以及用电费用可节约近 300 万元。

第三，提升网络效率。由过去机房的数据中心（二级网络资质）转变为华为云（一级网络资质），在网络上会有更大的效率提升。

第四，满足移动化办公场景需求。以前要通过 VPN、专线访问系统，现在可以实现直接通过互联网移动化办公。

第五，运维的可靠性获得提升。随着企业业务量的增加，IT 人员的运维压力越来越大。上云以后，可以利用华为云平台背后强大的资源，增强运维实力。

企业上云最大的困难是观念上的改变，企业管理人员对于上云的认识还不充分，对云的安全性还存在顾虑，已有的 IT 重资产反而成了前行的包袱。此外，制造企业相关的信息化人才还比较缺乏。为此，华新水泥积极进行数字化转型，上云就是数字化转型的基座。此外，华新水泥的数字化转型得益于管理层推动改革的魄力和不断进取的精神。华新水泥管理层将传统工业与数字化的融合定义为公司的四大战略之一，在企业数字化创新上表现出了很大的决心与支持力度。

从上述案例不难看出，华新水泥作为老牌的水泥提供商，其已有的 IT 重资产已经成了前行的包袱，但华新水泥做到了因势而变。在华为云的助力下，其 ERP、CRM 等全核心业务系统上云后，运维成本直接下降三成，运维可靠性得到大幅提升，这推动华新水泥在探索采用新的数字化和智能化技术，实现企业转型过程中迈出了一大步。

2. 提高资源使用效率——高效

“精益生产”似乎是生产制造行业的专用术语，其核心理念是通过减少浪费，实现价值最大化。正如 Devops、敏捷等方法论所倡导的那样，不但要在软件开发过程中减少浪费，在 IT 资源管理方面亦应如此。传统数据中心 IT 架构表现出“烟囱”式、紧耦合等特点，很多业务系统使用率并不高，却霸占着许多硬件资源，这给 IT 资源的统一分配、回收、归档带来很大挑战。采用云模式，在资源管理方面，允许多业务共享资源且不用时可随时回收，大大提升了资源利用率；在运维管理方面，过去千台规模的 IT 系统需要 10 人维护，云模式下可能只需一两个人，大大提升了运维效率。

驰田汽车股份有限公司（以下简称驰田），成立于2002年，是工信部授权的大型专用车骨干企业。驰田致力打造“中国高轻自卸名牌企业”，开发高强度减重新工艺，拓展专用货车公告型谱，创新引领轻量化技术标准完成行业突破。驰田连续多年荣获中国机械500强、中国城市生态环境建设突出贡献企业、中国专用汽车领军企业等全国大奖，是中国具有竞争力和市场影响力的专用车品牌。

驰田信息化建设起步较早，早在15年前就开始上线财务管理软件，随后上线了制造执行系统（Manufacturing Execution System，MES）对财务和生产进行管控，但是随着企业的发展，业务越来越复杂，以前半自动化、孤岛式的信息系统管理模式已不能支撑企业战略发展。尤其是随着用户与制造企业间信息不对称的逐步消失，客户要求的交期越来越短，质量要求越来越高，快速、小批量、定制化地满足用户需求的能力对企业来说显得尤为重要。驰田深刻认识到成熟的管理体系有助于规范、优化企业的内部管理，提升灵活应对市场及客户需求变化的能力，而成熟的信息系统是帮助企业构建成熟管理体系、解决管理问题的重要手段。

驰田通过云解决方案构建了同一套基础数据，避免了多部门重复填报同样的数据引起的数据冗余。数据资源在平台上被有效整合和优化，实现了物料清单（Bill of Material，BOM）、订单、库存、计划、生产、质量等数据的高效互动和共享，减少了各部门间因信息不对称引起的业务流程不畅、工作效率不高的问题，杜绝了因库存数据不透明、缺料、供应不足导致的生产中断，解决了质量数据不透明引起的质量追溯困难等问题。统一平台帮助驰田重塑了生产组织方式，实现了各业务部门高效协同。

1. 销售与研发协同，提升订单转化效率

驰田的产品个性化强，几乎一个订单一种配置，且客户要求经常变化，从销售下单到转化成技术方案需要多次沟通，一般需要2~3天。云解决方案将销售合同配置信息采用标准且统一的描述方式并固化在系统中，建立了菜单化的销售合同。销售人员进行合同录单时，通过菜单栏便捷地选择配置项

即可，大大提升了销售人员的录单效率，减少了因文字描述的随意性导致的认知差异，避免了多次沟通造成的时间浪费。同时在云解决方案中设置了相应的工作流，根据设定的节点能快速将配置变化信息流转至技术部门，以便技术部门及时做出响应，实现销售和技术的高效协同，帮助驰田极大地缩短了订单转化时间，效率得到大幅提升。

2. 研发与生产高效协同，减少浪费

专用车生产个性化定制、配置频繁变更特点非常强，驰田在采用云解决方案之前，主要以 Excel 方式手工编制 BOM，再导入系统中，存在资料不全、结构不完整等情况，对生产影响较大。云解决方案结合专用车生产零部件复用率高的特点，在系统中建立历史 BOM 资料库。技术人员在进行 BOM 编制时，直接调用类似车型 BOM 进行复用，极大提高了 BOM 编制效率，单车 BOM 编制时间由两三个小时缩短至 20 分钟。而当发生设计变更时，通过 BOM 同步功能，可以一键快速地将变更信息同步至车间，车间及时根据 BOM 变更信息进行生产调度，减少了因变更信息不同步引起的生产浪费，提升了生产协同效率。

BOM 搭建和传递更是很好地控制了原材料的使用。生产部门严格按照技术部门出具的 BOM 清单来完成原材料的调拨和使用，加强了车间的管理，减少了原材料的浪费和标准件的损耗，提高了原材料和辅助材料的利用率。

3. 生产现场数字化，提质增效降成本

基于云解决方案开发的移动业务化运营系统（Business Operational System，BOS）平台，结合驰田生产工艺流程，驰田采用了金蝶为其研制开发的移动条码应用，并将其成功引入各个车间，在底盘入库、质量检验、工序汇报、总装出库等各个关键环节，通过二维码扫描，实现过点信息、质量信息的快速采集，解决了上系统前生产汇报信息、质检信息通过纸张进行记录，再根据纸张记录将数据手工录入系统带来的数据滞后、效率低下等问题，数倍提升了现场数据采集效率，把多点工作简易化，让工作更加轻松。

成本管理是企业管理的核心内容之一，财务的管控重点体现在成本管控

上。云解决方案的应用，帮助驰田将成本核算方法标准化，构建了完整的成本核算体系，通过材料成本、生产制造成本、人力投入成本等数据资源的实时共享，实现了单车成本的精细化核算，成本计算效率也由原来的一个星期缩短至一天，大幅提高了成本核算速度。

4. 售后协同，提升客户体验

高效高质的售后服务是提升客户信任度、增加客户黏性的重要一环。驰田有几百家服务站，遍布全国各地，但是与服务站的衔接效率不高，客户问题处理效率以及与服务站结算效率有待提升。售后服务模块的应用，将服务信息录入系统，通过服务鉴定单，客户问题、产品信息、费用信息一目了然，问题处理的审批流程高效流转，处理方案快速传达至各个服务节点，使售后服务问题高效快速地得到处理。高效的技术服务和原厂的技术支持大幅提高了客户的满意度，提升了客户体验。

通过上述案例可以看出，驰田借助云解决方案对内部管理流程进行梳理、优化，结合驰田的生产组织特点，打造了贯通销售、设计、采购、生产制造、售后服务各个环节的一体化业务平台，精、准、快地解决“内控管理过于松散、基本数据管理不规范、采购业务过于分散、生产和质量追溯困难”等核心问题，助力驰田提升管理效率，提高业务能力和核心竞争力。

第四节　云计算支撑技术制胜

一、云计算为技术制胜提供一切可能

荀子的《劝学》有言：“假舆马者，非利足也，而致千里；假舟楫者，非能水也，而绝江河。君子生非异也，善假于物也。”词句的落点在于表达君子的资质、秉性跟一般人没有不同，只是善于借助外物。君子如此，做企业亦如此。

数字化时代，科学技术的发展是业务发展的基础，“科学技术是第一生产力”的意义不仅在于科技对当前业务的影响，更在于科技的发展是组织的未来，技术制胜成为云战略的目标之一。何为技术制胜？简单而言，我们可以总结为两层含义：一是“没它不行”，在数字化时代，要想在瞬息万变的市场中赢得一席之地，组织必须快速响应时代的变化，技术创新不但能全方位地重构各行各业，还能通过技术与业务融合为组织带来巨大的商业发展机会，新兴技术为组织赋能，也因此而成为组织未来业务发展的关键基础；二是“唯快不破”，新兴技术更新迭代的速度非常快，能将这些新兴技术迅速、巧妙地应用在业务之中就是另一个跨越。云可以完美地解决这个问题，云的理念蕴含着敏捷、开放、弹性、共享。云是各种资源和能力的载体，云可以将各种资源和能力按需、快速地输出到业务创新和业务运营中，唯快不破！新兴技术作为钥匙，云作为载体，技术制胜作为战略方向，自下而上全面赋能组织，共同迎接组织发展的未来。

新一轮的科技革命以前所未有之势对各行各业产生影响，自 2019 年以来，随着云计算、大数据、区块链、人工智能等信息技术的发展，衍生出了各种新兴业务模式、技术应用、产品服务等。只有坚持利用和推动科技创新，将科技作为我们发展的基础，才能先发制人，技术制胜。

以金融行业为例，2020 年突发公共安全事件期间，多家银行的传统线下业务面临着停滞的危险，银行通过人工智能、线上服务、移动办公等科技手段优化金融服务，既实现了各项业务平稳、高效运转，又推动了业务线上发展，增加了客户黏性。

二、基于云的技术创新和发展

相对于传统 IT 架构，云计算不仅可以承载企业的信息系统，还可以为企业提供以消费为目的、以服务为形式、以数字化技术为手段的基础设施，同时其作为推动信息资源实现按需供给的技术手段和其他技术的核心基础，为其他技术提供重要的技术支撑，有助于促进科技和数据资源的充分利用，成为数字化时代下各个行业实现可持续发展的必然选择。

在《中华人民共和国国民经济和社会发展第十四个五年规划和2035年远景目标纲要》（以下简称《纲要》）中提出“实施‘上云用数赋智’行动，推动数据赋能全产业链协同转型”。云计算方面，《纲要》提出“加强通用处理器、云计算系统和软件核心技术一体化研发”。

由此可见，我国对云计算非常重视，企业需要“善假于物也”，利用云计算的基础支撑性、人员能力先进性、应用实现多样性和云计算的技术领先性，在以下四个方面实现技术创新和发展。

1. 为技术制胜提供底座

我们在前文介绍过云计算的三种服务模式：IaaS模式、PaaS模式及SaaS模式。在这三种模式下，云计算分别将硬件设备等基础资源、各种开发和分发应用的解决方案、某些特定应用软件功能封装成服务供用户使用。依托资源池化和虚拟化的特性，云计算作为资源与技术的底座，推动技术制胜。为了便于大家理解，我们选取SaaS模式作简单阐述。在SaaS服务模式下，客户省去了购买、构建以及维护基础设施和应用程序的麻烦，只需要向厂商订购所需的软件。厂商将软件布局到云上，这时的云便是技术制胜的底座，承载着各类软件，客户只需连上网络，便可以在云端运行应用软件。

作为新型基础设施建设的重要组成，云计算在产业数字化转型中起着关键作用，不仅提供了算力、存储、网络等资源，还可以利用以微服务、容器、DevOps为主的云原生技术，对传统IT架构进行优化改造，提供安全可靠的云平台、多样精准的大数据、互联互通的智联网和便捷高效的移动协同，快速响应场景化的业务需求。

云计算与其他技术协同创新，可创造出革命性的新服务、新应用和部署工具，或是利用数字化技术结合数据洞察，快速提高数据的流通、收集、处理和价值挖掘效率，实现降本增效，为企业的数字化转型提供支撑，为业务的长期发展做好技术储备。

2. 助力生态化人才圈发展

面对云以及相关领域的“井喷式”发展，构建云计算技术平台也就成了不可或缺的环节。从规划到实施再到部署，包括后续的规范和改进，都是一个长期且专业的过程。根据《中国云计算人才洞察白皮书》的研究，云计算更侧重于具有技术应用能力和项目经验的相关人才，如企业中的开发人员、业务分析师、系统工程师、网络架构师等。一方面，在云平台建设或引入云服务时，这类人员能够更多地接触云计算技术，从实践方面理解云计算技术的应用，更好地赋能组织。另一方面，有望成为云计算专家的人员也会持续接受云计算技术方面的培训和学习，以提升自身的综合技术能力，从而确保有能力支持业务的发展需要，逐步掌握核心技术，持续提高技术发展洞察力。从这两个方面，云计算能够更好地从人才方面赋能企业发展，为组织构造强大的人才生态圈。

3. 共创一体化 IT 管理平台

云计算具有资源池化的特性，资源被汇集到资源池中，云计算帮助组织实现以客户为中心价值链的最短路径，深度融合技术、业务、决策，建成一体化的 IT 管理平台。一体化的 IT 管理平台可以提高信息技术资源的使用效率，加强各团队间的沟通协作，为企业提供清晰统一的视图、产品与服务交付的可靠 IT 支持，更好地赋能组织未来业务的发展。以下是四类 IT 支持的统一化。

第一，管理标准统一化。通过对云端资源进行统一命名和添加标签，进行快速定位和处理，实现资源管理规范化、标准化。

第二，采购管理统一化。基于云应用资源和云生态合作伙伴资源汇聚的庞大云资源池，在兼顾成本、适用性和可拓展性的同时，提供自动化和自助化的服务交付。

第三，资源管理统一化。通过资源池，实现软硬件、数据等资源的统一调配和管理。

第四，运营管理统一化。多种网上应用系统的部署和运行，以及资源集中管理，有利于形成以统一化、标准化和自动化为特征的运营管理体系，并实现精细化和可视化的成本运营分析。

4. 提高智能化运维能力

随着数字化时代的到来，数字化转型也产生了许多“不匹配”的问题，运维系统是业务健康发展的基本保障，然而传统的运维技术和解决方案早已不能满足业务需求和 IT 自身的管理需求。在云计算技术发展与运维工作的“不匹配”问题的驱动下，运维工作从传统的人工运维逐渐发展为数字化（运维数据采集数字化、运维流程电子化）、自动化运维，正向着智能化运维的方向发展。智能化运维通常也以流程引擎、作业编排、云计算平台为基础支持。借助云计算的自动发现、可见性和自动扩展功能，运维工作能够实现资源的弹性变化，更好地适应不同的需求和业务负载，进而有效提升业务运行效率和能力。云计算对于智能化运维既是驱动力，也是创造力。

三、云计算助力技术制胜的典型案例

1. 云计算助力实现智慧政务

国家深化“放管服”改革和推行“互联网＋政务服务”建设成为当前加快政府职能转变的关键所在，如何改善营商环境和提高治理能力是政府面临的两大痛点。建行积极参与到“放管服”改革中，在助力解决政府难点、社会热点、民生痛点等方面成为主力军，发挥了积极作用。

（1）云平台赋能政务服务，全面助力“互联网＋政务”

当前，中国经济和金融体制正处于改革的不断发展和深化过程中，金融监管日趋从严，互联网金融体量增大，利率和汇率市场化不断推进以及金融去中间化持续加剧，成为新常态经济环境下银行业所面临的挑战与机遇。为成功实现银行业战略转型，有效应对这些挑战，金融科技起到了核心驱动力的关键作用。

通过云计算、大数据、区块链、人工智能等新兴信息技术，金融科技创造出了新的技术应用、业务模式和产品服务，对金融市场和服务产生了深远影响。技术驱动金融创新的过程需要科技落地并转化为生产力的支撑平台。

为服务国家发展战略，建行建设了以云计算、大数据、人工智能等前沿科技为支撑的云平台，面向集团、机构客户、企业客户、合作伙伴和社会大众，以可计量计费的产品化方式，敏捷快速地提供包括云基础设施、云应用、云金融在内的服务。

在助力“互联网＋政务”方面，建行依托自身资源优势、技术能力及丰富的金融场景，在云上建设部署了众多智能化平台，智慧政务平台便是其中的一种。

2019 年 1 月 10 日，云南省智慧政务平台“一部手机办事通”的成功上线，标志着国内首个全省统筹、政府主导、银行参与、银行金融科技公司开发的政务 App 成功走向社会、走进市场，成为建行系统内首个与省级政府全面合作的范例，被云南省人民政府列为 2019 年十大惠民实事之一，是云南省“营商环境提升年”的第一大行动。

如图 3-2 所示，云南智慧政务平台是建行发挥金融、科技、线上、安全、渠道和

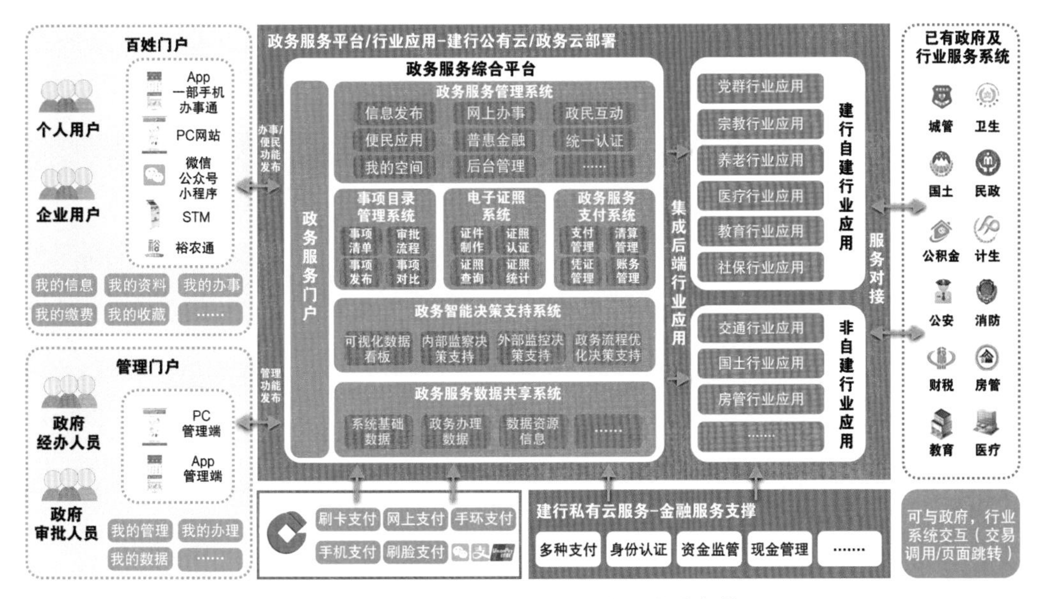

图 3-2 云南省智慧政务平台的整体架构

服务六大优势开发的重大科技应用平台，通过将金融与政府治理和人们日常生活相融合，主动提供优质服务，切实增进了民生福祉。

（2）云南智慧政务平台的功能特点

①全省通办事项全国领先，办事更直达。

现有系统采用“整体规划、统一开发、集中部署和多级共用”建设模式，连通“省、州、县、乡、村”五级，政务办理可以直接由省级纵向垂直到底。

②办理类事项占比居全国前列，办事更简便。

不同于传统业务办理复杂的流程和烦琐的制度、办法与规定，云南省智慧政务平台以便捷易用为首要目标，致力减少不必要的审批，优化办理流程，提升要件的使用率和业务办理效率，从而实现民众和企业办事“最多跑一次”。

③主题化事项全国首创，办事更人性化。

该平台在全国首创“主题化办事”引擎，从民众生活最直接、最现实的问题做起，针对民众的生命周期需求，打造多样化主题，全方位提供身份证补办、社保办理、看病服务、养老服务、医保办理等 15 项办事服务，用心做好服务。

④银行渠道办政务全国独创，办事更方便。

该平台通过手机 App、网点智慧柜员机（Smart Teller Machine，STM）、普惠金融服务终端或 App，以线上和线下的形式，为民众提供全方位、全渠道和全区域的政务服务，提高政务服务的覆盖范围，让服务无死角。

截至 2019 年，云南省的 319 个营业网点 1 587 台 STM 已实现政务功能的全面部署，民众可选择就近的营业网点去办理政务，真正做到了将政务办事大厅延伸至“无处不在”，成为“百姓身边的政务便民中心”。

该平台打通了普惠金融服务终端或 App，农村、山区的民众可以通过线上办理政务，解决了惠农服务“最后一公里”，助力村民享受一站式服务。

⑤新技术应用全国领先，办事更亲民。

该平台在全国政务 App 中首次实现语音办事功能，以自然语言处理、人机交互等为基础，帮助用户快速获取信息，实现开口办事。

该平台全国首创政务功能智能推荐，做到因人而异，提供智能式、个性化服务。

由此可见，利用大数据赋能政务服务，能准确分析和挖掘数据价值，助力政府决策。

⑥数据安全等保三级、四级，系统更安全。

“一部手机办事通”运用金融级运维指标做好云南政务服务系统支持，项目系统开发和硬件部署完成了系统应用测试、三级等保测评、压力测试和第三方路演、整体安全评估、社会稳定风险评估、用户体验测试、专家论证等工作，整体系统达到等保三级，关键核心技术达到等保四级。

⑦突出数字经济，打造诚信云南。

该平台抓住发展“数字经济”中“金融+科技”的核心要素，满足建设“数字云南”“诚信云南”对合作伙伴在安全、信誉、实力等方面的客观诉求，是我国建设“数字政府”方式的一大创举。

该平台首创省级“数字政府”建设政银合作新模式，体现了政务服务平台运营市场化、专业化的科学发展方向。

（3）智慧政务平台取得的成效和收获

①智慧政务平台在参与国家经济社会治理，打造新一轮数字经济、信用经济，帮

助政府提升治理能力、打造营商诚信环境过程中进行了积极尝试。

②智慧政务平台改变了传统经营逻辑，对应对跨界竞争、进军“蓝海”和开启第二曲线进行了有益的探索。

③智慧政务平台嵌入场景和系统，巧妙搭建起新的获客入口，对探索新的盈利模式、促进效益增长产生深刻影响。

④智慧政务平台的市场地位和品牌影响力进一步提升，通过项目得到了政府的信任、收获了社会的尊重，带来了极强的外溢效应。

⑤通过智慧政务战略实践，全行员工的自信心、自豪感有了很大提升，也造就了一大批实战接地气的人才队伍。

（4）探索G端带动B端和C端发展的新模式

①智慧政务实践有助于初步探索借助G端巧妙带动B端和C端的“第二曲线”发展的新模式。

②智慧政务与G端的深度互联合作，有助于加快金融服务的横向和纵向延伸，推动政府职能转变，构建社会治理新体系。

③智慧政务依托政府部门（G端）提供的公共产品、公共服务，为B端客户搭建开放平台，帮助政府开展海量公共数据整理，将平台数据分析成果运用于客户经营场景，加快客户金融行为数据和社会行为数据的共享和积累，有助于银行精准绘制企业画像，进行信用级别的评定，推送小微企业贷款、对公撮合等金融服务，实现商机有效整合，更好地服务客户，拓展业务，防控风险。

④智慧政务深挖政府、企业客户的需求，切入民生场景、服务和产品，以生态圈思维把G端、B端与C端的消费者联系起来，让金融消费者切实地参与到金融产品活动中。

⑤“一部手机办事通”App能获得B端资源，同步延伸对B端下游和C端客户的综合金融服务，打开C端市场不断做大流量入口，拉近或倒逼B端加大场景建设，促进B端深化合作新入口建设。

⑥智慧政务抢抓G端，在助力社会治理过程中深化与政府的合作，主动对接各级政府客户，通过解决政府部门的难点、痛点问题加深合作，围绕公共服务、普惠金融、

消费金融等领域加快新功能的嵌入和新场景的搭建，争取更多厅局事项接入系统，将银行金融功能自然融入政务服务全过程；探索和建设以智慧政务为核心的公共服务生态体系，推进“政务云＋数据”“大数据＋监管治理”“互联网＋监管”等建设，帮助云南省政府进行大数据挖掘和应用，加快获取和汇集客户的金融行为数据和社会行为数据，开启、引领、拉动“数字云南”和“信用云南”建设。

⑦智慧政务由 G 端连接 B 端，搭建平台，批量获客、活客；带动普惠金融业务，结合“信用云南”建设，加大对公共资源、公安、社保、民政、工商、税务等政府数据的积累，推动海量公共数据和银行数据的连接，对客户进行精准画像和全维度信用评分，以及平台化、场景化批量营销；带动住房租赁业务，加快住房租赁综合服务平台与“一部手机办事通”的互联互通，共同打造租赁商圈、房屋交易、资金监管平台，实现批量获客、活客，从供给后端形成产业联盟，联合打造一站式标准化租赁服务，满足企业的业务发展需求；带动公司机构业务，对接各级政府、金融办、园区、行业协会等 B 端平台，通过开放智能撮合等综合金融服务，撬动 B 端客户使用银行产品和服务，从“资端”转向“智端”。

⑧智慧政务由 G 端连接 C 端，打造生态场景，突围零售市场。智慧政务提供客户在住房、教育、交通、社保等方面的非金融及行为信息，实现以“客户需求”为细分标准的群体划分，完善个人客户画像分析并制定综合服务套餐，建立综合授信模型，实现客户精准营销和分层维护；提供公共服务，借助“一部手机办事通”App，为 C 端提供水、电、燃气费用缴纳，以及公交、地铁出行等服务，在助力政府为百姓办政务的同时，打造就医、就业、就学、租房等场景，获取 C 端流量；线上、线下丰富获客渠道，做好智慧政务服务下沉营业网点工作，通过政务服务引流网点客户，复制丽江玉龙模式批量推广普惠金融服务点，推动智慧政务 App 与手机银行功能互嵌，建立场景式获客模式。

2. 轻视技术发展导致业务受阻

不是所有的组织都在最开始就接触到云战略，某科技企业在数字化时代之初并没有抓住机会，因而陷入了业绩下滑的危局。例如，某科技企业成立于 20 世纪 80 年代，根据 2015—2016 年该企业年报显示，年度净利润已经转向亏损状态，从第三方业务数据可以观察到，该企业的手机业务部分也因激烈的市场竞争而造成业绩剧烈下滑。其根本原因是该企业所采用的传统模式已经不能匹配当前时代的商业模式。

我们从知识与技术、用户、产品与服务，以及生态圈四个层面与其他组织进行对比来分析该企业所存在的问题。

（1）在知识与技术层面，数字化转型后的组织在知识与技术层面更倾向于颠覆性的创新，对于新兴技术研究大量投入，基于云计算完成技术制胜，而该企业在这个方面没有获得较大的突破。

（2）在用户层面，进行数字化转型的其他组织已经开始通过社交媒体等数字化平台吸引流量，运用自己的生态平台会员制度形成固有的社群，以此拉近客户关系，增加客户黏性，而该企业的布局与战略落后于时代的发展。

（3）在产品与服务层面，数字时代下的产品分为技术支撑和整体服务设计。技术支撑来源于云计算等一系列的数字化技术；而在整体服务设计上，数字化转型后的组织倾向于实现以客户为中心价值链的最佳路径，而这两点，该企业都没有做好。

（4）在生态圈层面，该企业还在沿用产业链式思维，而数字化转型后的企业倾向于采用生态化、一体化的商业模式。企业如果没有以云计算等技术为底座建立起的生态圈赋能，在生产、运营以及业务发展方面就显得有些后劲不足。

第五节　云计算保障安全合规

一、应对传统网络安全面临的风险和挑战

随着时代的发展和大数据的普及，数据安全、隐私安全乃至平台的安全都成为组织最重视的问题。安全合规也是组织的战略目标之一。何谓安全合规？简言之，安全是使用有效的技术手段保护组织以及客户的隐私和数据免受攻击；合规是确保组织满足不同监管单位的政策、法律、法规等要求，从而正常开展业务。在安全方面，一旦

出现数据泄露、系统被侵入等问题，将对组织声誉及品牌产生极大的影响，也会进一步影响组织业务的未来发展；在合规方面，合规对组织数据的存储、备份、使用、检索、传输和访问提出了严格的要求，合规的缺失可能导致监管罚款、诉讼、网络安全事件，以及声誉损害等问题，对组织产生严重影响。

传统架构中，在安全合规方面仍然存在着诸多问题，云计算的出现重新定义了安全合规。在安全方面，云计算可在信息的完整性、保密性、可用性和可控性方面提供安全保障，有效应对传统网络安全面临的风险和挑战，保障组织数字化时代的安全；在合规方面，云计算能进行监管，这对云计算供应商以及组织都至关重要。

二、云计算实现安全合规

对于安全合规是如何在云计算上实现的，下面结合业界多年的安全建设经验为广大读者开展云计算安全合规建设相关工作提供参考和指引。

1. 保密性

保密性又称机密性，是确保目标信息仅可以被已经获得授权的用户、进程或实体访问，不被未授权的用户、进程或实体所获得，即使数据被拦截，其中所表达的信息也不会被非授权访问者所理解。

云平台保障数据机密性的方法通常有两种：一种是实体隔离技术，另一种是数据加密技术。我们可采用虚拟局域网或网络隔离等技术进行实体隔离。现有的存储服务均能提供数据保密性，支持用户将数据发送到云端之前在客户端进行加密。

2. 完整性

完整性是指在存储和传输信息的过程中，确保信息不被篡改、删除、伪造或破坏等，保持信息不丢失的特性，目的是保证计算机系统上的数据处于完整和未被更改的状态。完整性直接影响数据的可用性。

云平台可以通过建立隐蔽、加密的信道解决这一安全威胁。云平台具有身份鉴别和认证功能，当用户与提供商建立连接时，双方须进行身份认证，并协商会话口令，经过鉴别和加密的数据可有效防止被窃听和被篡改。

3. 可用性

可用性是指得到授权的进程或实体的正常请求能正确、及时地得到服务和响应。

云平台的核心功能是提供满足不同用户需求的按需服务，对于授权的访问实体保持可服务状态，即使受到外部环境威胁、网络攻击或发生硬件故障，依然可以持续服务。

4. 可控性

可控性是指信息在网络传输范围和存放空间之内的可控制程度，是对信息在网络中传输的控制能力。

云平台可提供云服务基线，实现资源操作、业务操作等操作的全程可管控，用户可查看各项风险的详细信息和指导建议，实现以下目的。

①风险可识别。

云平台具备访问控制、身份认证、数据安全、基础防护、日志审计等方面的风险防范功能，可预先定义风险高危操作行为，并对此类行为进行权限控制，限制低权限人员执行高危操作。

②操作可审计。

云平台具备审计功能，可通过配置追踪器记录操作人员的字符、图形化操作，操作过程可回放，实现事后追溯和举证。

③安全策略。

通过严格的策略限制可以访问业务资源环境的人员，杜绝越权访问，在保证数据安全的同时，通过磁盘加密、文件加密、数据库服务端和客户端加密等手段，确保数据保密不扩散。

云安全与传统的信息安全所涉及的安全层次基本相同，已逐步成为保护企业抵御外部威胁的有效方式，可在统一的安全策略、抵御分布式拒绝服务攻击、恶意软件防御、实时监控、数据防泄漏和节省成本六个方面体现其价值。

①统一的安全策略。

集中管理计算资源更有助于便捷高效地部署边界防护，包括数据安全、补丁安全等安全管理措施的实施，对计算资源进行安全保护。

②抵御分布式拒绝服务攻击。

在 DDoS 中，黑客将来自不同设备的请求定向发送到目标网站服务器，使流量达到网络负载极限，能够在几个小时甚至几天内停止运营网站；云安全可进行实时扫描和监视，识别并分析出完整的 DDoS 攻击，一旦发现此类攻击，便向网站管理员发出警报，并将攻击分散到不同的存在点。

③恶意软件防御。

云计算中的大数据安全智能感知，能够及时阻止恶意软件潜入 IT 系统，加快发现恶意软件的速度，并对已经造成的破坏进行修复。

④实时监控。

云安全为用户提供 7×24 小时实时监控，能够精准获取互联网数据，提前感知恶意软件和网络入侵意图，借助云计算，快速锁定威胁的位置和范围，改变基础设施的部署，以抵御攻击。

⑤数据防泄露。

云安全具有各种安全协议以及不同的控件，可以自由选择允许访问数据的用户，同时可以实现数据防篡改以及数据恢复，帮助解决数据泄露问题。

⑥节省成本。

相较于通过安装物理基础架构来避免云攻击，将其外包给云服务商能够大大降低组织的成本。云租户可按需定制，定期支付订阅费用，在减少安全基础设施建设和维护支出的同时，也能享受到同样安全的保护服务。

三、云计算保障安全合规典型案例

2016 年 4 月 19 日，习近平总书记在网络安全和信息化工作座谈会上发表谈话，指出“安全是发展的前提，发展是安全的保障，安全和发展要同步推进”。此谈话强调，安全要与技术需求匹配，企业要在可靠安全的基础上进行技术的创新，实现业务发展。

对于组织来说，组织的安全合规性是发展的前提，如果在安全合规性方面遭遇失败，将会引发一系列如数据泄露等网络安全事件。

某科技公司曾有 5 000 万用户信息泄露的事件发生，主要原因是第三方软件开发商开发的应用程序可以在该科技公司网站运行，而用户可通过该科技公司网站平台在线使用相关应用程序并进行互动。当用户访问该科技公司网站平台时，第三方软件开发商也可以访问用户的个人信息，而当时该科技公司并没有对平台数据的交叉使用与共享进行严格的区分与管理，使第三方软件开发商可以任意使用用户数据，这样的漏洞导致了 5 000 万用户数据的泄露。

这个事件直接反映出合规性方面的漏洞——缺少数据传输过程中的监管和审计，在网络安全事件的应急预案和信息披露方面也有所欠缺。云计算在合规性上对几大关键因素作出了要求和规范，以保障云计算技术的安全合规。

下面介绍两个基于云计算技术的安全合规性方面的实例。

1. 云计算保障阿里云的安全合规性

阿里云安全产品和服务是阿里巴巴集团基于互联网、物联网、数据库等技术创新出的安全技术研究成果，结合阿里云云计算平台强大的数据分析能力，为用户提供基础安全、应用安全、数据安全、账户安全、业务安全、安全监控和运营等全面的安全产品。

阿里云服务从对内实现对外输出，云服务规模化发展，在全球 200 多个国家和地区为云服务客户提供计算、存储、网络、数据处理和安全防护等多种服务，成为全球市场前三大公有云服务商之一，并在智能云的转型过程中为数字经济时代企业数字化转型提供了基础设施。

阿里云将基于互联网安全威胁的长期对抗经验融入云平台的安全防护，积极贯彻相关政策，推动企业利用云计算技术加快数字化、网络化、智能化转型，按照《中华人民共和国网络安全法》相关要求，在企业内部建立云计算服务相关安全管理流程和制度，系统化地确保合规要求内部落地。

打造安全、开放、公共的云计算服务平台是阿里云所追求的目标。秉承着守护用户隐私和数据安全的理念，阿里云坚持为客户持续创造价值，以提供更安全、更合规、更稳定的云计算基础服务，保护客户系统和数据的完整性、保密性和可用性。阿里云进行技术创新，不断提高计算能力，为云计算未来的无限扩展打下了坚实的基础。

2. 云计算保障腾讯云的安全合规性

“安全是云计算的基石。为客户提供值得信赖的云服务是腾讯云不懈努力的目标。腾讯公司在过去10多年和黑产对抗的过程中积累了丰富的经验，无论是技术的硬实力，还是服务的软实力，在行业都是遥遥领先的，我们有责任也有义务为中国互联网安全做出应有的贡献。”腾讯云安全总监周斌说。

随着数字化转型时代下各大企业对安全的需求日益增加，云端安全发挥了至关重要的作用。作为智慧安全云端的领路人，腾讯云凭借着多项安全合规资质，不断对外提供安全保障。在“云管端”智慧安全体系建设完成后，腾讯云持续探索营造安全稳定的环境，并以此形成了主机安全、服务安全、流量安全、数据安全、网络安全、风控安全、终端安全、内容安全的全方位部署。此外，腾讯云还联手合作伙伴实现多纬度、多领域合作，共同加强云安全，为用户提供世界领先的防御产品和解决方案。

在数字化经济时代，伴随着科学技术的迅猛发展和居民消费水平与消费结构的不断变化，如何突破发展瓶颈，创造出新的、可持续的增长点，是各行各业都在面临的未知挑战。要想抓住时代的机遇实现一跃而上，必须顺应时代潮流，制定安全解决方案。腾讯意识到这一点，利用20年的安全运营经验，为构建云平台夯实了基础，从而进一步为用户提供不同场景下的多样化解决方案。

第六节　企业上云的方法论

现今，云计算已经被越来越多的企业认可和采用。如何能够全面释放出“云”的价值是目前众多组织和IT人员都在思考的问题。企业需要一套上云的方法论，以提供策略和技术的指导原则，帮助企业上好云、用好云、管好云，并成功实现业务目标。以阿里云、亚马逊、微软等为代表的云服务商纷纷发布了各自的上云方法论，它能够帮助企业更懂“云”，告诉企业如何拥抱“云”。

一、高层支持

高层管理人员的支持是企业上云的关键成功因素，这一点在很多企业中已得到充分验证，特别是在规划的早期，没有哪个因素能像高层管理人员的大力支持一样预见其成功。企业需要思考上云能为业务带来哪些价值，以明确上云动机，这是企业制定上云战略的第一步。企业应确定上云的动机和期望的业务结果，充分评估论证企业上云的收益和风险。企业高层应对评估结果予以评价和决策。尤其是在确定云战略后，企业高层管理人员应充分调动云战略实施的相关方，以确保有充足的资源保障云战略的落地。高层管理人员要开展对当前企业 IT 能力和局限性的探讨，为提高企业 IT 能力、建立合理的目标，向所有员工传达公司的云战略对实现 IT 能力目标的重要性。简言之，高层管理人员的支持对于云战略的成功实施至关重要。

华夏航空自 2006 年 4 月 18 日于贵阳市注册成立，到 2018 年 IPO 上市，10 多年来，华夏航空一路快速发展，机队规模、航线数量、营业收入都不断增长。2013 年 1 月，华夏航空的机队规模还只有 8 架，到 2019 年 1 月，机队规模已经达到 45 架。华夏航空的快速发展对信息化建设提出了很高的要求。尤其 2016 年，是公司的机队规模从当时的 20 架向现在的 45 架猛增的关键节点，华夏航空通过购买和自研的方式增加了很多应用系统，包括 ERP 系统、维修管理系统、运营保障系统、运行控制系统等，经过 IT 团队梳理和评估发现，传统的技术架构难以迅速响应业务创新的需求。

1. 高层管理立意高远：快速适应业务创新需求

华夏航空的高远之处在于高层管理团队意识到云计算技术是快速突破困局的切入点，并且上云不仅是解决 IT 系统的维护问题，还能给企业带来全新的 DevOps 模式，为华夏航空 IT 系统快速适应业务需求打下基础。

华夏航空运用公有云的过程，也是业务数字化转型的过程。公有云平台自身的能力和 PaaS 功能，可以让企业在业务迁移上云的同时，实现系统改造和业务的数字化转型。这与华夏航空正在探索的“通航＋运输网络”新模式不谋而合，通过“干 - 支 - 通”三网融合，将“干 - 支 - 通”联系起来，实现其与其他航空公司的差异化竞争。这种模式需要 IT 系统强有力的支撑，公有云服务能为此提供支持。

在华夏航空高层管理者的指导下，2018 年华夏航空开始具体的实施工作。按照规划，华夏航空将全面采用由西云数据运营的 AWS 中国（宁夏）区域构建云基础架构，到 2020 年把绝大部分应用都迁移上云。

这是华夏航空高层管理团队区别于很多企业上云的高远之处。

在中转系统 2.0 之前，华夏航空的通程航班产品销售主要依靠中航信的 eTerm 系统（俗称黑屏系统），加上自己开发的一些辅助应用，整个过程没有自动化，销售人员工作负荷很大，难免会有遗漏。中转系统 2.0 刚做好的时候，华夏航空使用的是本地部署的虚拟化环境，因硬件设备老旧以及网络出口带宽不足，频繁地出现假死机、运行缓慢等情况，严重影响了 OTA 的业务对接成功率和客户购票体验。中转系统 2.0 是华夏航空应用的一个重要系统，它把华夏航空的支线航班跟国内其他干线航空公司的航班组合成通程航班产品，为旅客提供一站式解决方案。针对一条需要中转的路线，中转系统生成一个虚拟的航班号，形成一个通程航班。旅客在华夏航空的官网平台或 OTA（在线旅行网站）预订通程航班，系统会自动拆分到两个航班，自动出票。中转系统实时跟踪售出的中转航班运行状态，是否有取消、会不会延误，动态地监控航班的衔接。作为一家支线航空公司，中转系统 2.0 的重要性可想而知。

2. 上云步骤安全有序：从中转系统 2.0 开始分步骤实施

华夏航空的上云顺序是这样规划的：第一步，让华夏航空的中转系统 2.0 上云；第二步，迁移营销、内部管理以及相关的业务系统，2018 年共完成十几个这样的系统上云；第三步，核心业务运行和保障系统上云，这一步工作量比较庞大，计划在 2019 年做迁移；第四步，到 2020 年，把飞行管理、安保管理、安全管理以及一些周边的业务管理，尽可能都迁移上云。

华夏航空决定首先对中转系统 2.0 加以改造，让它能够发挥云的优势，然后再迁移上云。改造工作主要有两个方面：一是把原来的 Oracle 数据库改成 MySQL 数据库，省去商业数据库软件昂贵的授权及持续的高额服务费用；二是把架构做一些微调，做好负载均衡。整个改造和迁移过程用了不到两个月。2018 年 2 月，中转系统 2.0 成功迁移到 AWS 云。上云之后，再也没出现过假死机、运行缓慢的现象。其间，AWS 顾问与华夏航空 IT 团队联合办公，有效保障了迁移过程的平稳过渡。

中转系统 2.0 上云后，华夏航空的上云之旅渐入佳境。2018 年，共有 17 个业务系统顺利迁移到由西云数据运营的 AWS 中国（宁夏）区域，包括门户网站、业务流程处理系统、移动端应用等。

2019 年，华夏航空的重要任务是运行和保障系统迁移上云。运行和保障业务系统是航空公司所有系统中的“发动机”，航班的运行信息都通过这个平台来交互，所有的业务部门都要依靠这个平台开展工作，需要 24 小时不间断运行。为了保障业务连续性，华夏航空进行了很久的思考和评估，并在 2018 年实践经验的基础上，与 AWS 专家一起做出了可行方案，目前正在进行应用重构和优化。

3. 上云是冲击，更是学习

“公有云对我们技术人员的冲击很大。因为民航业本身就是一个传统行业，这个行业里的 IT 组织也会非常传统。而上公有云以后，这种观念全部调整过来了，我们学会了 DevOps 运维研发一体化的模式，也开始慢慢使用持续集成、持续部署的方式工作。我们把原来的瀑布式开发转向了敏捷的迭代式开发，IT 团队的思路发生了显著的变化。”华夏航空有 18 位工程师通过 AWS 架构师认证。员工学习热情之高，出乎蒋涵如的意料。现在，整个团队拥有了云计算替代传统 IT 架构的相应知识，团队能力得到大幅提升。

从上述案例中不难看出，华夏航空高层立意高远、着眼未来，为了解决 IT 系统维护困难以及无法快速响应业务创新的痛点，引入公有云，成功实现了中转系统、营销系统、内部管理系统以及其他相关系统的技术架构改造，提升了 IT 团队的敏捷迭代的开发运维思路，有效提高了 OTA 的业务对接成功率和客户购票体验。

二、优先策略

在确定云采用框架之后，最重要的是在企业内部进行充分传达和教育，确保企业高层、业务、研发、运维、财务、人力资源等各个相关团队统一认识，理解云采用框架，各团队能够配合做出相应的计划和调整。企业高层管理人员应指导制订企业上云计划，包括业务范围、上云的计划策略和原则、财务预算、组织架构调整、配套文化宣贯、里程碑目标及最终结果。

美的董事长方洪波说："变更和创新，是存量时代最大的增量。"这句话成为美的集团内部一系列变革的开始，也为美的的改革之路指明了方向。

美的在推进"产品领先、效率驱动、全球经营"三大战略转型和经营变革的初期，面临巨大的挑战——企业经营粗放，标准化程度低，熵增严重，信息孤岛效应严重。为此，美的以云计算、大数据等一系列先进技术为基座，开启了数字化之旅，以解决所面临的巨大挑战。

首先，引入"互联网+"技术，布局数字化转型2.0。

2015—2016年，美的引入"互联网+"技术，进行数字化转型。美的打造"双智"战略——智能产品和智能制造，建立以云计算为基础的大数据和移动化平台，把所有系统移动化，形成云端数字化产业链，实现全价值链透明化运营。数字化2.0将结果管理型的系统变成了过程支撑型的系统。只有过程支持，才能够把数据的效益最大化地释放出来，也就是用数据来驱动运营。为实现快速响应需求的柔性供应链，美的发展出了"T+3"卓越运营模式，即以客户为中心，牵引包括营销、制造、物流、服务四个周期在内的整个体系，实现一体化运营。

美的集团旗下的小天鹅推动了T+3模式，将传统的产销模式转为直接汇总零售商的订单模式，打造多批次、小批量的柔性生产体系，共分四个步骤：搜集客户订单，交付工厂（T）；工厂采购原料（T+1）；生产（T+2）；发货上门（T+3）。

T+3 模式实施后，小天鹅的供货周期从原来的 23 天压缩到 12 天，减少了库存积压现象，提升了周转率，使美的能够在更短的时间内以更低的成本生产更多的洗衣机。凭借着数字化的 T+3 模式，小天鹅在 2015 年营收 131.3 亿元，打败了当时的洗衣机巨头海尔。

T+3 通过在终端所呈现出来的用户需求信息来指引上端供应商、工厂生产、流通资源分配，减少货物流转等中间环节，从而将原来的备货式生产转变为订单式生产。

其次，在组织上进行优化整合，以配称战略转型。

横向由 18 个事业部整合成 9 个事业部，纵向由 5 个管理层级减少至 4 个管理层级，在管理上推进一个美的、一个体系、一个标准，以确保管理制度、流程、工具、经营数据、管理语言、IT 系统的一致性。基于此，美的生成了“632”项目（在集团层面打造 6 大运营系统、3 大管理平台、2 大门户网站和集成技术平台）。“632”项目将美的 40 多年发展过程中所形成的治理机制、管理制度、营运流程、经营体制、业务模板进行了系统的总结、分析、提炼，实现了标准化、制度化、流程化、治理化，为美的进一步数字化转型奠定了关键基础。

这个阶段称为数字化转型 1.0，历时 3 年，最终实现了一个美的、一个标准、一个体系、一个数据、一个管理语言、一个管理文化、一个 IT 系统。

再次，进行战略升级，实施“全面数字化和全面智能化”，进入数字化转型 3.0 时代。

2017 年，美的开始不断深耕工业互联网，以 IoT 驱动业务价值链的拉通。2020 年战略升级为“全面数字化和全面智能化”，实现 100% 业务运行数字化。

最后，从智能制造到以销定产，到全价值链数字运营，再到数字化平台。

智能制造不仅是工厂里的智能制造，还包含从用户洞察开始，从产品研发创新、计划采购一体化、供应商协同到柔性制造。产销协同（T+3 变革）通过零售模式变革，实现订单驱动、端到端可视，提升研发、生产、分销效率；供应链计划一体化平台在订单计划、计划排产、生产备料、车间排程、生产执行、订单发运等方面实现从计划到交付的闭环。

大数据主要有两块：一块是来自互联网的大数据，比如通过对市场大数据的分析，发现小型豆浆机、3L 以下小容量的电饭煲等小家电，正在被很多单身人士购买、使用，美的基于互联网大数据，捕捉到新的商业机会；另一块是企业内部的大数据，它是多层级、多维度的数据分析能力的支撑，美的 90% 以上的经营分析指标线上化，70% 的决策通过系统来产生。

数字化营销，旨在构建出一套以用户为中心的数字化营销体系，采用渠道云、用户云、新零售的整合解决方案，利用数字化手段连接用户、渠道商、零售门店和导购等工作人员，最终实现用户直达、效率驱动、全域融合，为传统渠道商、供应商伙伴赋能，帮助其转变经营模式、提升运营效率。

组织保障是指将数字化贯穿经营全链路。数字化如果要单独靠技术部门来推动，或者靠 IT 来做，实际上是产生不了效益的。对于任何一个重大的转型，推进人都是业务的领导。作为推进人，在业务上是一把手，再加上 IT 数字化的团队，业务设计在前，数字化技术紧随其后。因此，数字化转型是“一把手工程”。美的集团数字化转型由董事长方洪波带队，自上而下整体推动。

“632”项目也是业务一把手作为推进人。“632”项目分三个项目小组：第一个为业务小组，由当时管理最规范的家用空调事业部总裁担任，负责业务标准化、管理制度化、数据一致化；第二个为流程小组，由战略经营部一把手负责，负责经营模板化、制度流程化、信息 IT 化；第三个由 IT 部负责人负责，负责所有结果 IT 化、所有信息系统集成化，由一体化形成智能化。

在变革推行过程中，打破内部的平衡，敢于破局，克服人性中害怕变化的一面，加大人才洗练力度，增加人才密度和储备。美的在进行重大变革时，一般会提前加大人才梯队建设和人才储备。

在资源保障层面上，美的董事长方洪波带队，自上而下整体推动。在技术层面上，美的通过建立以云计算为基础的大数据和移动化平台，把所有系统移动化，形成云端数字化产业链，实现全价值链透明化运营；在组织机构层面上，整合事业部，优化管理层级，极大提升了内部管理效率。正是在数字化战略的指导下，业务、研发、财务、人力资源等业务条线密切配合，才有了美的的成绩。

三、蓝图规划

随着企业信息系统的持续建设以及IT与业务的不断融合，企业应用类型不断发展，怎么从企业大量应用系统中筛选需要上云的应用、确定应用上云的策略及优先级，以及如何用好云、管好云是上云实施前需要做的事情。因此，企业进行上云迁移实施前，应该对企业总体应用进行蓝图规划，包括云建设规划和云运营规划，旨在调研业务数字化需求和信息技术需求，以及明确上云之后的运营治理方法。

1. 云建设规划

应用上云首先需要确认企业上云的原始驱动力是什么，分析企业上云的业务数字化需求、信息技术管理需求，确定要通过云计算完成何种目标。对于企业而言，应用上云是一个长期的过程，并且需要投入人力、物力及财力进行云平台建设。为了规避企业上云过程中的各种风险，提前进行云建设的规划是必要的。云建设规划应遵循聚焦价值、从当前开始、迭代推进、保证简单实用等原则。

（1）聚焦价值

企业为云平台建设所做的一切需要直接或间接反映出对业务的价值，价值点可能来自业务优化需求、业务创新需求、信息技术管理需求等多个价值视角。

（2）从当前开始

企业云平台建设不需要否定过去，而应该从当前开始，考虑在利用已有资源的基础上构建云平台。现有的技术、项目和人员都可用于企业云平台建设，应确保在充分观察和理解现状的基础上，充分发挥现有资源的价值。

（3）迭代推进

企业云平台建设是一项长期的复杂工程。企业不能期望一次完成所有事项，而应将上云过程分解为可以及时执行和完成的、较小的可管理模块，并持续关注每个模块。即使发生计划外事项，也可以通过迭代推进的方式确保整体目标的达成。

（4）保证简单实用

企业云平台的建设规模应源自对业务应用功能性需求和非功能性需求的分析，基于价值思维来确定云建设方案是科学的。如果云平台建设完成后未能充分发挥其价值或无法有效支撑业务，显然云建设规划是不合理的。

2. 云运营规划

云平台建设是企业上云的第一步。然而，打江山容易，守江山难，要想用好云、管好云更需要提前策划和准备，包括技术、组织、流程、人员、供应商等多方面适配，这是对企业 IT 进行深度变革的机会。云运营规划应遵循通盘思考、整体协作、可视化、自动化等原则。

（1）通盘思考

云平台或用于支撑云平台的要素都不是孤立存在的，企业为了用好云、管好云，应通过高效的管理以及对信息、技术、组织、人员、实践动态整合，对内提升管理效率，对外实现业务价值。

（2）整体协作

识别和管理企业云运营相关方十分重要，因为云运营所需的资源、需求都可能来自相关方。企业应了解每个相关方的需求，并确定与之沟通协作的方法来满足相关方的期望，企业必须在运营成本和预期目标之间取得平衡，这样有助于企业业务目标的实现。

（3）可视化

所有资源的优化配置应可视化，这样一来，业务价值链上各个环节的资源利用率更加透明，企业在制定业务策略或调整价值链中的分工时则离业务目标更近。总而言之，一套可视化“看板”不仅能帮助企业在器物层调配更加顺畅，而且能提升组织的运营效率。

（4）自动化

云平台的技术特点使组织内部以及组织和环境之间灵活进行运营策略配置成为可能。云计算允许组织运营活动实现自动化，使得组织内部信息互动更加高效，也实现了组织和外部环境之间的信息联通。

四、探索尝试

传统组织采用云计算战略之后可能会出现新的特点，甚至新的组织。新的组织利用云计算以及其他相关的最新科学技术，在整合资源和相互协调的基础上形成一种组织边界相对动态的全新组织。在这种组织当中，管理的计划、组织、指挥、协调和控制职能都得到信息技术的支持，并且实现了智能化和高效化。简言之，云战略带来的这些改变可能体现在价值导向、决策效率、对待失败的方式、创新模式等方面，这就要求企业在奔跑的过程中逐渐调整姿态。

1. 价值导向

云计算战略帮助企业聚焦业务价值，直击客户的痛点，快速开发创新，为客户提供有意义的解决方案。尤其是在业务增长阶段，只要可以为客户带来重大利益，企业就应鼓励团队和员工立即行动，而不是等待所有的数据齐备才有所行动。

2. 拥抱外部趋势

我们生活在技术创新推动下的快速变化的时代，政府监管和治理需求持续变化，更有突发公共安全事件发生，我们所在世界的复杂性有增无减，但比以往任何时候都更加重要的是，企业绝不能以牺牲业务价值为代价，更不能停滞不前。云战略可以支撑企业反复创新和实践，大胆拥抱外部趋势，鼓励团队和员工去冒险，并包容创新过程中的失败。

3. 鼓励创新

凡是有利于企业发展的变化都可以称为创新，对于一个企业来说，唯有不断创新，才能满足客户“永不满足”的需求。创新也逐渐成为企业的一项无形资产，是提高公司核心竞争力的基础，而云计算战略更像一块富含养料的土壤，滋养着技术创新和管理创新。

随着云战略在企业内部的发酵，云思维的前瞻性与指导性作用更加凸显。企业应培养云心态，利用云计算的敏捷与快速部署的特性在供应链、产品、平台、营销、法务、财务等各个业务领域尝试改变固有思维，敢于探索。此外，企业应参考最佳实践，勇于创新，消除运营管理中的痛点。由此，云思维可以在企业内部多点开花，以点带面地实现企业云战略的落地。

“管理是最大的高科技，而IT是管理的灵魂和抓手，是数字化转型的基础和核心。IT做不好，企业做不强，人才留不住。”2017年8月17日，郑坚江在奥克斯IT大会上发出的动员令意味深长。

2017年的奥克斯三星电表在国内市场风生水起，是国家电网的主力供应商，销量居行业第一。然而，在海外市场，虽然经过10年的探索，但始终没有像国内市场那样形成规模优势。从数字上看，业务人员承接了很多项目，研发人员也忙得不可开交，但实际上，大部分项目的成功率并不高，造成业务和研发人员的付出和产出不成正比。

在奥克斯电力板块点燃的这把火，理所当然地从“智管”入手——项目成功率为何这么低？董事长郑坚江给电力板块下的第一个指令就是不搞清楚问题，绝不接新单！

细致梳理，水落石出——一切问题都出在管理流程上。

当时由于业务端没有规范的流程及系统，仅凭业务员人为判断接单，导致流入很多金额小或复杂度高的项目，占用了“后台”的大部分资源。“当时平均1个研发人员就有3~4个项目同时开展。”另外，项目多且差异大，导致研发、生产和采购等环节的管理难度、复杂度大大增加，支撑销售的后台系统不堪重负。

恰逢2017年，奥克斯启动了包括人才、流程、IT、品质创新等在内的八大举措，以新进云计算技术为基础，全面开启系统重塑，进一步“苦练内功”，以提高竞争力。

“复杂问题简单化，简单问题流程化，流程问题IT化。”2018年5月，一套为海外电力设备销售量身定制的商机管理系统应运而生。这套数字化商机管理系统打通了从市场、客户、线索、商机到应标的销售前端完整的业务流程，植入了前置动作、流程权限等一整套的规范体系。其中，市场准入系统解决市场出现的问题，对海外市场进行精准筛选，舍弃价值不高、潜力不大的市场，集中资源深耕战略市场。客户准入系统解决客户选择的问题，从关系密切度、中标情况等维度挑选优质客户，并在原有客户中淘汰了46%的小客户。需求解析系统解决商机如何高效高质转化为项目的问题。之前对技术文本的解读，要靠人工线下解读，一旦解读者将信息方向解读偏，开发出来的产品就有可能与实际需求不符合。这一系统对技术文本的解读步骤和方法进行了严格的规定，制定了一套技术解析模板，同时将以前开发的产品做成“标准机型库”，新的需求按照解析模板解析后，在系统中与“标准机型库”自动匹配相似度最高的产品作为研发基础……

从 2018 年 5 月启用数字化商机管理系统的 3 年间，奥克斯电力海外板块抢占瑞典市场、获沙特总包公司认可，不断开拓海外影响力大、需求量大的大客户，在一次次自我挑战中实现在国际市场中稳定发展，为奥克斯在电表领域继续保持行业全球领先的地位提供了有力的支撑。

“靠人不如靠 IT！”回首系统上线后带来的“迷人胜景”，奥克斯电力板块海外销管部副总监蒙根深有感触，“没有数字化改革，就没有我们海外市场今天的竞争力。”

奥克斯建立了数字化商机管理系统和品质管理系统（Quality Management System，QMS），有效保证了奥克斯空调的品质，在竞争如此激烈的市场中逐渐崭露头角。

五、适配变革

企业云框架上线后，即进入持续运营治理阶段，为规范与提高云管理水平，满足企业管理要求，企业建立云运营管理体系，制定并更新响应的策略和规范，其目标是不断发现和解决运营过程中的问题和风险。

云计算技术的高速发展将极大地改变企业内部信息的沟通方式和中间管理层的作用，使得企业的管理组织扁平化、信息化，削减了中间层次，使决策层贴近执行层。技术的进步使得管理者与下级的沟通速度提高并减少了误差，管理者有条件和能力提高自身的管理幅度。当前，云上业务的发展迅速且多变，企业的云管理团队只有与业务团队、运维团队紧密合作、充分沟通，才有可能保持对业务风险的充分判断和合理规避。为此，企业通常会设置“云管理团队”负责云相关管理策略的制定和实施，具体而言，“云管理团队”负责云上资源的管理流程建设、资源快速交付、成本控制、安全控制、业务合规等，同时赋能业务部门在安全的前提下进行创新。

作为中国汽车三大集团之一，东风汽车旗下的东风日产乘用车公司（以下简称东风日产）成立于2013年，主要从事NISSAN品牌乘用车的研发、制造、销售和售后业务，是中国汽车行业的全价值链企业之一。

在信息化建设方面，东风日产投入很多，包括业务全价值链信息化建设、私有云建设、车联网建设等。由于信息化管理提升速度落后于信息化投入速度，东风日产在云基础设施管理领域面临两个方面的挑战：一是随着业务的持续扩张，多数据中心的IT管理体系日趋复杂；二是面向内外部用户的资源服务交付主要依靠手工和线下流程实现，资源交付周期过长，用户无法自助获取资源。资源管理与交付的僵化也给业务应用的快速上线与运营带来挑战。

2018年6月，东风日产发布“智行+”车联系统，深度布局车联网、汽车大数据领域。车联网大并发、交互使用频繁、高可靠运营的应用场景，对企业IT基础设施提出了更高的要求。为此，东风日产进一步加快了从传统IT架构向云架构转型的进程，希望通过不断增强IT基础设施的云化和服务化能力，实现企业在数字化转型、业务可持续、安全合规方面的具体目标，有效支撑车联网、汽车大数据等应用场景。

东风日产根据自身在IT基础设施运营中的实际需求，在2018年正式启动云管平台升级建设。基于中国领先的多云管理软件及服务提供商FIT2CLOUD飞致云的多云管理解决方案，构建覆盖公有云和私有云环境、可跨不同物理数据中心进行统一管控与服务交付的云管平台，打造包含多个自有数据中心和公有云的多云资源池。

云管平台还与东风日产现有的IT流程体系进行对接和集成。在资源的交付环节，云管平台替代了原有的管理系统，成为输出主机资源和交付能力的统一入口。此外，对于东风日产来说，云管平台不仅是其从传统IT向云转型进程中的重要支撑平台，还是其面向未来集成更多管理和服务交付能力的核心框架。2019年，东风日产计划进一步扩充云管平台的管理范围，提高服务能力，建设自主可控的云管理集成平台。基于模块化、支持快速扩展的多云管理技术框架，东风日产可通过自主研发或者厂家支持的方式，不断提高云管平台的集成能力。

云管平台升级之后，东风日产达成了其设计规划时在运维机制建设、安全合规、资源管理、资源交付、业务交付等方面的具体目标。

在运维机制建设方面，IT部门根据多数据中心资源状况，针对不同的集群环境（如生产、开发、测试、集团兄弟公司等）定义和配置不同的资源交付流程，这些流程与东风日产现有的ITSM流程相互整合，遵从ITIL服务管理最佳实践。

在安全合规方面，云管平台对接了JumpServer堡垒机等安全服务，满足了企业安全合规需求。

在资源交付方面，云管平台构建了东风日产基础设施环境的统一服务门户，统一纳管东风日产所有的IT基础设施，实现对虚机、容器、公有云等资源的全生命周期管理，有效提升了云基础设施的使用效率。

在服务交付方面，云管平台通过流程优化与整合，为未来的业务成长奠定了基础。云管平台管理不同的“客户”环境，针对不同集群建立不同的资源交付流程，提升了用户获取IT资源的实际体验。此外，云管平台的审批流程与企业的ITSM（IT Service Management，IT服务管理）流程相互对接，在合规的基础上提升了整个服务交付体系的自动化水平。

在业务交付方面，云管平台创造性地实现了对OpenShift容器环境的纳管，以及对容器资产的分析，支持基于容器环境和微服务框架的CI/CD（持续集成/持续部署）流程，为企业开展车联网、汽车大数据等创新业务提供了弹性、可快速部署、支持敏捷开发的应用环境。

东风日产通过云管平台升级，实现运维管理机制、安全合规、资源交付、服务交付、业务交付等几个方面的同步升级，有效增强了IT基础设施的云化和服务化能力，实现了企业在数字化转型、业务可持续、安全合规方面的具体目标。

第四章 云建设

导　读

聚焦于组织业务对云计算的战略展望，组织建设云是为了借助云的特性实现业务更好、更快的发展，进而跟上组织数字化转型的步伐，以实现业务的突破甚至颠覆。因而，组织对建设云这件事，不能仅将其看作技术产品与技术的组合与推进，不能简单地复制信息系统开发或数据中心建设的技术过程和项目过程，还需要融合由云技术演化出来的新的文化、思维、管理模式、组织结构等，在充分认识云计算的六个基本特征的基础上，始终以组织当前的业务价值实现与未来的业务发展规划为核心，同步推进技术、管理与思想的建设，使得建成后的云平台与云服务能够持续地为组织业务的发展赋能，真正成为组织创新、发展并挑战未来的坚实基础。

本章主要回答以下问题：

（1）有哪些经过沉淀与提炼的原则可用于指导组织的云建设？

（2）在公有云、私有云、混合云等部署模式中，组织应如何抉择？

（3）成熟产品还是开源平台更适合组织的云发展？

（4）云建设的常见阶段与各阶段的重点有哪些？

第一节　云建设概述

“任何战术都只适用于一定的历史阶段；如果武器改进了，技术有了新的进步，那么军事组织的形式、军队指挥的方法也会随着改变。”

——苏联军事家伏龙芝

组织在既定战略的指导下开启云建设的征程，以期打造与客户、合作伙伴价值共创的云生态。然而，云的建设并非仅仅是技术的推进与技术产品的堆砌，如上一章中对云战略内涵与外延的分析，云平台不仅是IaaS、SaaS或PaaS，还包括由云技术演化出来的新的组织架构、思维范式、业务模式等。所以，对于云的建设不能只是简单复制系统开发或数据中心建设的技术过程和项目过程，而应紧密围绕云的特性，聚焦组织业务对云计算的战略展望来设计展开。有效运用云技术的组织都不是为了云计算而投资云，而是将云计算视为一种战略。

由此，组织应当将云计算战略作为支撑点，基于以下指导原则进行云的规划与建设。

（1）业务导向原则

如前文所述，组织建设云是因为其业务可以借助云的特性获得收益，所以任何组织都必须立足于云计算的特性来研究组织的业务情况和未来的应用生态，树立起“以业务决定应用，以应用引导云建设”的观念，指导云建设的全过程。

（2）安全性原则

组织将业务服务转移到云平台上，追求的是借助云的特性实现效能的提升和业务模式的突破。但不论是提升还是突破都不能以放弃安全与可靠为代价，因为它们是组织赖以生存的基本，既是组织对客户的承诺，也是组织持续发展的保障，更是组织对社会的责任担当。所以，无论是建设私有云，还是采购公有云服务，在建设和运营云服务的全过程中，组织数据的安全性与系统服务的可用性均应被作为重要的目标加以实现。

（3）敏捷弹性原则

很多组织上云就是因为云计算能够赋予其业务敏捷度与弹性。而云计算之所以能够为业务的敏捷度赋能，不仅是由虚拟机、分布式编程与计算、数据存储等技术发展赋予的，更是由云技术发展演化出来的新的组织架构、思维范式、业务模式赋予的。所以，如果说云技术构建了云计算的躯体，那么，在云建设的过程中，敏捷、精益、价值导向等思维模式的建设与运用，并延续植入云运营，将赋予云计算以灵魂。

（4）适用性原则

云平台有别于传统数据中心的一个重要特征就是在云平台运行中可能会陆续有不同类型的应用、服务被接入。因此，既要在接口类型等方面有具体的标准，也要采用相对主流的、开放的、有较好兼容性的硬件架构及操作系统，以及适用于组织应用系统的硬件设备。例如，在运行基于互联网的应用时，开放架构的 ×86 服务器通常会有较好的适用性，但是在运行某些对安全性和稳定性要求较高的复杂应用时，非 ×86 架构的服务器则更为合适。

（5）绿色节能原则

对于构建私有云的组织而言，无论是 IaaS、SaaS 还是 PaaS，都需要建设与运行高密度的硬件系统。选择能耗较低的硬件产品，进行合理的规划，都可以避免不必要的服务器、存储设备、网络设备，以及对这些设备提供冷却的精密空调的投入，从而降低对电能的消耗，践行组织节能减排的社会责任。

基于以上指导原则，云建设一般包括需求评估、规划设计、实施构建和上线迁移 4 个主要过程，如图 4-1 所示。

首先，通过需求评估梳理组织的业务生态的发展规划，识别自身业务对云计算平台的需求，以及外部环境对组织云建设的可能影响，进而指导更为细节的技术需求；识别组织与云建设和云运营有关的技术环境、组织与人员、管理体系、供应商服务等能力状况，分析组织建设与运营云的实力与不足，为下一步的规划设计提供关键输入。

其次，基于需求评估结果，组织进行云建设的规划与设计，主要包括技术选型、团队组建、管理体系设计、安全与可用性规划、财务分析与设计等内容，从而为建设方式与建设过程的展开指明方向、重点与路径。

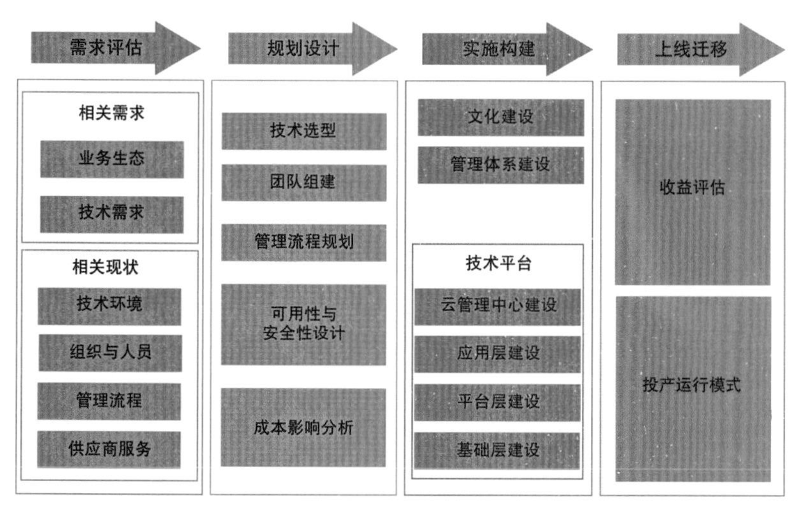

图 4-1 云建设的过程

再次，依据需求评估与规划设计，组织开展云平台的筹备、采购、建设等一系列实施工作，包括基础层建设、平台层建设、应用层建设和云管理中心建设等技术平台的有形化建设，以及管理体系建设与文化建设等重要的无形化建设。

最后，组织完成筹备与建设的各项工作，将原有服务迁移至云端，正式启用云服务模式，评价与验证业务云化所带来的收益，为下一步优化与扩展提供改进指导。

第二节　抽丝剥茧，知己知彼——需求评估

一、业务特征与需求分析

组织希望借助云计算的特性为业务服务赋能，收获数字化红利。那么，基于业务导向原则识别业务服务层面的需求与规划，将是组织进行云建设的首要任务。

1. 业务特征

组织需要识别计划上云的业务的特征，具体如下。

（1）业务对象

不同的业务对象意味着不同的服务范围和该业务对于组织的重要性不同，这对于组织进行云建设的技术选型、安全规划和应用上云的优先顺序有着重要的意义。

（2）业务类型

不同业务类型往往对应不同的需求侧重点。例如，金融类业务，对于安全与合规的要求往往会更高；又如，视频类业务要求组织更多地关注并发数、带宽和节点分布等方面的需求和对视频内容的监督管理。

（3）业务规模

这主要是指以注册用户数、活跃用户数、访问数、交易数、点击数等各种相关数据或更直接的财务营收数据体现的业务量的大小。这将影响云建设的可用性规划、应急灾备设计和更进一步的技术实现需求。例如，相关应用系统每秒处理的事务数量（TPS）、并发数和数据量等。

（4）业务访问范围（分发范围）

这主要是指需要访问该服务的用户地点分布。是仅限单一地点内部访问，还是国内的多区域访问，抑或是全球范围的访问？这涉及对云节点分布情况的具体需要，意味着能否拥有更快的访问、响应与成交速度。

（5）业务运行时段

这主要是指业务对用户提供服务的运行时段，尤其是业务的高峰时段，是组织进行云的可用性规划时要考虑的一项关键数据，对云运营的管理体系设计和与供应商的合作模式也有着重要的意义。

（6）业务生态

这是指与该业务形成相互依存、价值共创的上下游合作方业务，以及业务彼此形成的网络关系。组织在将该业务迁移至云端的过程中，必须考虑与之有关的合作方业务的运行模式和技术架构等情况。业务生态是组织在云建设过程中技术选型、团队组建、项目开展方式等过程不可忽视的设计元素。

（7）数据安全性

这主要是指业务过程所收集和形成的数据在机密性、完整性与可用性方面的要求程度。这是很多组织选择公有云还是私有云，以及云合作伙伴类型的一个关键因素。

（8）业务连续性

这主要是指基于业务对组织的重要性，在该业务服务出现意外中断后组织对恢复业务的态度，具体表现为恢复策略（是否需要恢复、恢复顺序等），以及期望的恢复速度与恢复水平。这将直接决定云建设的可用性、合作伙伴选择等规划决策。

以上均是组织的业务与云建设相关的一般性特征，但基于各行业的差异性，以及商业模式的推陈出新，如果当以上业务特征不足以全面描绘组织的业务时，组织还应进一步补充。业务的各种重要特征在当前水平上能有所提高，而不是因为遗漏识别而导致下降，是识别业务需求的根本目的。

2. 需求分析

组织对业务的需求分析既要立足当下，还要展望未来。换言之，无论是组织内部的应用服务，还是对外服务客户市场的应用服务，对于上云的需求，不仅要看眼下的规模、范围、可靠程度及安全程度等，还要有更长远的规划，以避免仓促应对。对于长远的规划，既包括源自组织对相关业务开拓的具体规划，也需要关注市场、区域、行业，乃至国家层面与相关业务有关的外部环境因素的变化。

建行是国内最早一批云计算技术的应用实践者。近十年，随着消费互联网和产业互联网的快速发展，金融服务场景日益丰富，市场和客户需求日益复杂多变，新业务产品交付速度和服务体验要求不断提高，对IT架构、交付流程和技术风险保障机制均提出了挑战。传统金融IT架构和应用研发模式迫切需要转型升级。

为了更敏捷、更精准、更有前瞻性地支持业务的发展与创新，并解决“烟囱”式的系统、数据孤岛、系统重复建设、资源利用率低等历史性的问题，建行依据对金融业务特征的深刻理解，于2011年借助云计算技术开展了全面的系统升级改造——新一代系统建设，并于2013年基于商业技术栈建设完成了当时金融行业规模最大的私有云——建行私有云，以更好地承载新一代系统。随后，建行在云计算平台的建设上持续努力，于2018年再次顺利上线可提供互联网服务和行业生态应用服务的专有云，极大地提高了基础设施的敏捷共享能力，为更好地履行责任、加强对外赋能输出奠定了扎实的基础。

2021年，建行再接再厉，顺利上线了采用全栈信创技术构建的云计算平台，标志着一云多芯的“建行云”融合架构形成，成功具备了支持“金融级核心业务”及“全栈信创”的云基础设施解决方案和能力。

“建行云”在新一代IT架构基础上融入云原生金融科技服务生态，有效降低了系统开发的整体成本，支撑行业的数字化转型。在金融云上，通过使用云端强大的安全防护体系及服务，有效提升安全防护能力。在应用系统方面，通过容器、微服务、混沌工程等云原生技术，降低运维复杂度及风险，提升系统可靠性，保证金融信息系统的稳定运行。在基础设施方面，采取基础设施建设与使用分离的策略，加快了金融行业信息系统的自主可控进程，减少了供应链风险。

综上所述，云计算用于支撑组织的业务发展，所以，从业务的特征入手是组织走好云建设的第一步。在识别业务需求的基础上，组织应进一步分解应用改造、云原生开发、基础设施建设、资源管理、运维管理等需求。

二、现状评估

云计算平台的建设与运营是个持续迭代的过程，对于建设私有云或混合云的组织而言，这很可能是个浩大的工程，所以组织需要“量力而行”，还需要“乘势而行”。一方面，组织必须要综合考虑自身的IT基础架构、技术能力、IT组织架构、运营模式、业务流程、建设与运营成本等多方面因素的实际状况与建设目标的差异；另一方面，组织需要关注外部的技术发展、政策指导、社会教育、环境变化等因素可能带来的机会与隐藏的风险。

因而，组织可以借用PESTEL模型来进行外部因素的分析，借用SWOT等方法来分析内部因素，从而更为全面、深入地了解组织自身的优势与劣势，以及所处环境隐藏的风险与机遇，为下一步云的技术选型、组建团队、设计管理体系、可用性与安全性规划，以及财务管理提供重要的辅助信息。

1.PESTEL 模型分析

PESTEL 模型是分析宏观环境的有效工具，可用于分析外部环境中一切对组织有冲击作用的力量。它是调查组织外部影响因素的常用方法。PESTEL 的每一个字母都代表一个因素，具体如下。

（1）政治因素（Political）

这主要是指与云计算有关的国家与地区政策与政治态势。比如，各项政策对于组织的云建设释放了哪些积极的信号？对于组织上云有哪些有力的扶持？组织的云生态构建能够得到政府的哪些支持？国家对于组织的云服务有哪些具体的要求？

例如，“十四五”规划中提到“加快推动数字产业化。培育壮大新兴数字产业”，在对应的专栏中，云计算赫然列在数字经济重点产业中的第一位，这意味着政府将在国家与地区政策、相关标准编制、行业扶持、产业引导和多边合作中给予企事业单位的云计算建设以更大的支持与帮助。同时，“十四五”规划中提出的“坚持创新驱动发展，全面塑造发展新优势”，明确了对信创产业的发展要求，这将为组织在云建设过程中的产品与服务选型提供更多的自主可控性。

（2）经济因素（Economic）

云计算不仅是一种新兴技术，更是一种新的商业模式。因此，组织外部的经济结构、市场发展状况、产业布局、资源状况、经济发展水平以及未来的经济走势是组织建设云与运营云必须时刻关注的重要元素。

例如，改革开放以来，中国经济持续高速增长，国民生活水平不断提高，在百姓富裕的同时，出口加工的人工成本也不断上升，使得中国逐渐失去了在人工成本上的优势，尤其是近年来，受全球公共卫生事件的影响，“产业优化，产业转型，向产业上游发展，增加产业附加值”已经成为相关企业亟待思考的生存之路。云计算作为数字产业的基石，是企业实现业务数智化突破与弯道超车的基础。因此，企业需要结合外部经济环境来思考与选择上云的业务与应用、模式、时机。

（3）社会文化因素（Sociocultural）

社会中每个群体甚至每个人的文化传统、价值观念、教育水平以及风俗习惯等都会或多或少地对组织的云建设产生影响。比如，用户群体对于云服务的认知和接受程度如何？在云服务的设计与建设过程中，是否存在一些元素是符合用户文化传统和价值观念或与其相悖的？组织进行云建设与运营能否获得充足的人才资源？

例如，得益于互联网及IT新兴技术在国内的普及，线上生活已经成为广大民众的一种新习惯，这使得教育结构也在悄然发生变化。自2010年起，北京航空航天大学、厦门大学、西安交通大学等知名高校相继设立了移动云计算的研究专业，为组织的云计算建设与运营不断培养并输送对口的优秀人才，这意味着组织的云建设之路已拥有了人才基础。

（4）技术因素（Technological）

从内部构成来看，云计算的关键技术包括虚拟机、分布式编程与计算、存储技术等，其中任何一项技术的发展与突破都可能会影响云计算的应用场景与发展方向。从外部关联来看，包括5G网络在内的各种技术的高速发展，为组织将更多的业务应用迁移到云端，甚至为形成相应的生态创造了便利，也从外部对于云计算的应用与发展提出了新的要求。所以，组织需要时刻了解云计算底层技术及相关技术的发展，从中识别创新点，把握云建设的策略与步调。

例如，在云技术的构成上，成熟的容器技术实质性推动了PaaS的实现。在外部关联技术与应用方面，元宇宙的概念催发了相关技术的研究。未来的某一天，在组织将概念转化为现实的过程中，作为关键基座的云平台，其投入与扩展必将直接左右相关业务迈入元宇宙的步伐。

（5）环境因素（Environmental）

自然环境与社会环境的发展变化往往会与政策、经济、法律、技术、社会文化等其他因素交织在一起，对云计算的推进产生影响。比如，公共卫生事件的态势会给组织的云建设策略与计划带来哪些影响？为减少环境污染，担负组织的社会责任，组织在云建设的过程中，在节能减排等方面需要考虑哪些因素，做出哪些努力？

例如，全球性的公共卫生事件催发了线上购物、远程办公、线上教学等一系列的覆盖民生活动的线上化，这背后需要的是云计算提供的网络接入、弹性与算力支持。据 Gartner 2021 年相关报告显示，细分行业中，云迁移的 IT 支出比例显著上升，报告同时预测，到 2024 年将会有近一半（45.3%）的组织投资云技术。可见，外部环境事件对组织决策云计算有较大的影响。

（6）法律因素（Legal）

这是指与云计算有关的法律、法规和公民法律意识等因素。云计算本身并没有带来新的法律问题，但云计算服务经常会涉及数据安全存储这个重要的法律问题。比如，国家与地区政府对于数据存储与管理的法律法规有哪些？这些法律法规对于组织在云平台中的数据存放与流转有哪些明确的限制要求？组织、云服务商，以及用户应如何共同承担起数据安全保护的责任？

例如，2021 年发布的《中华人民共和国数据安全法》，要求组织对数据的收集、存储、使用、加工、传输、提供、公开等数据处理过程采取必要措施，确保数据处于有效保护和合法利用的状态，以及具备保障持续安全状态的能力，同时从国家安全的层面对数据跨境流动进行了规范。

2.SWOT 分析法

识别外部影响因素后，重点将回到组织的内部。基于业务发展需求和外部的相关影响因素，组织可借助 SWOT 分析法，从技术环境、文化与人员、管理体系与供应商服务等方面综合分析组织自身的有利条件和不足之处。

SWOT 分析法就是将与研究对象密切相关的各种主要的优势（Strengths）、劣势（Weaknesses）、机会（Opportunities）和威胁（Threats）列举出来，把各种因素相互匹配起来进行系统分析，从而得出可支持决策的结论。

3. 组织对内部状况的分析

结合云计算的特性，组织对内部状况的分析重点具体如下。

（1）技术环境

这主要是指组织的 IT 软硬件资源状况。比如，当组织要搭建私有云时，其硬件设备配置如何？性能如何？是否适合建立资源池？如果组织原先的硬件平台都比较陈旧，存在性能瓶颈，那么重复利用看似是对资源的节省，实际上是用硬件绑架了应用，限制了应用上云后的效能提升，甚至会导致性能下降。

在计划向云迁移应用服务时，组织的应用系统能否解耦？能否微服务化？如果组织计划上云的应用系统是紧耦合的架构，改造难度大，那么改造过程可能会比开发云原生应用的过程还要复杂。

（2）组织与人员

这主要涉及组织的职能分工、文化、人员数量和人员能力等方面。比如，组织架构和内部协作机制能否较好地支持云计算建设与运营的跨职能协作，以实现服务级别目标？组织内部对敏捷的认知与认同感如何？组织内是否有充足的人力资源投入云建设？组织内的技术人才是否具备了自建私有云或改造应用的项目管理能力、协调能力与技术能力？

（3）管理流程

这主要涉及组织的服务级别目标（SLO）、工作流程与管理机制等方面。比如，对于上云的服务，组织是否基于各利益相关方的价值主张定义了清晰的服务级别目标？工作流程（尤其是跨职能流程）能否支撑云建设与云运营的各种具体场景？

（4）供应商服务

这主要涉及组织当前与供应商的合作模式，以及对供应商的依赖程度等方面。比如，很多组织购买了第三方的应用软件，如果组织计划将此应用服务迁移至云端，完全需要依赖该软件供应商的研发支持，就要考虑该软件供应商是否开发了适合云服务的同款软件，以及运行质量与服务支持力度如何。

第三节　谋定而后动，立于不败——规划设计

一、技术选型

1. 云的部署方式

基于需求识别和现状评估结果，依据组织对其业务生态发展的认知，组织必须在云的技术选型上作出抉择，第一道选择题往往就是选择公有云还是私有云。

在云的部署方式上，组织可以从数据安全性、服务可靠性、云节点覆盖率、自主可控程度、资源利用与成本投入等因素入手进行分析。

（1）数据安全性

这往往是决定组织选择公有云还是私有云的关键因素。以重要的数据资产为核心，要确保数据不会被非授权地访问、复制、修改，甚至删除，这涉及系统安全、网络安全、防病毒、数据加密等各个方面。对于一些极度重视数据机密性、视数据为生命的组织而言，“私有云”显然更为安全。所以，对数据安全需求的分级、分类有一个清晰的认知，是组织考虑数据可外放还是必须内置的前提。

当然，在如金融行业这样特别重视数据安全的行业中，以建行为代表的一些大型金融机构正在凭借多年来在云建设与运营中积累的丰富经验，打造符合金融领域云计算平台的技术架构规范和安全技术要求的金融云，并以此为依托，向同业机构提供金融科技输出，帮助金融同行们利用好云技术，为数字化转型奠定基础。另外，如腾讯云、

阿里云、华为云等传统的云服务商纷纷组建独立的金融云业务团队，加强数据的安全管理，为金融行业客户提供云服务。

2020 年，中国人民银行发布《中国人民银行关于发布金融业标准强化金融云规范管理的通知》（银发〔2020〕247 号），要求金融机构结合实际采用金融云，且满足相关领域金融监管部门的管理要求，防范云服务缺陷引发的风险。这也就要求金融的云原生需要建立在安全可靠的金融云之上。

建行通过十年的探索与实践，建成了“建行云”。“建行云”采用“多层水闸式”的安全防护体系和“安全即服务”的企业级安全架构，实现了传统金融安全与云原生安全的无缝融合。建行将业界成熟的安全技术、产品进行封装，通过云化标准接口统一为各类应用提供服务，具有用户认证、密码服务、安全监控、数据安全、终端安全、安全策略管理中心等七大安全组件，根据不同业务场景，灵活组合成 290 余项安全服务，全面覆盖业务应用、终端、系统、网络、主机、云环境等各个安全场景。

近年来，建行作为攻击方和防守方参与护网行动，在国企和金融机构中名列前茅。2021 年护网期间，建行成功抵御了 331.1 万次网络攻击，封禁攻击 IP 11.4 万个，日均抵御攻击次数接近平时的 3 倍。在如此高强度的攻防对抗下，全行范围内未发生一起系统被攻破事件，防守未失一分，圆满完成护网防守任务，同时展现了其保障数据安全的信心与实力。

（2）服务可靠性

云服务的可靠性与私有云或公有云等部署方式没有本质的关联。云服务的可靠与否考验的是承载云服务的技术架构、基础环境运维和管理的综合能力，其中不仅包括软硬件资源和技术手段，还包括人员能力、团队协作、组织架构和管理体系。

因此，从可靠性的视角出发，组织应更多地基于对自身能力和云服务商能力的了解来辅助判断部署模式。比如，对于基础环境运维能力欠缺，或不打算投资基础环境运维建设的组织而言，由云服务商提供的公有云服务是更合适的选择。但在选择公有云的同时，组织也必须认识到公有云不同级别的服务对组织需求的匹配性，以及极端情况下，云服务商的资源保障和服务管理能力如出现不足，将可能导致资源争抢和服务效能下降的情况。因此，如果组织选择公有云，需要了解云服务商的服务交付能力。

（3）云节点覆盖率

组织将业务上云是为了方便更多、更快捷地访问与交互。如果组织业务的访问用户的地理分布较广，距离云数据中心也较远，那么，更多、更近距离的内容分发网络（Content Delivery Network，CDN）节点将是确保云服务能够对来自不同物理地域分布的用户请求做出快速响应的关键。

以 Windows Azure 平台、AWS、阿里云、腾讯云等为代表的成熟的公有云服务商普遍能够为用户提供较多的 CDN 节点，以解决长距离接入和跨运营商访问带来的延迟高和速度慢的问题。因此，依据组织业务应用的服务对象与访问范围，组织应重点关注 CDN 节点的丰富程度与分布性、对 CDN 节点健康状况的监控能力、根据用户所在位置分配最佳接入节点的调度能力、缓存策略、带宽输出能力等。

（4）自主可控度

对于私有云，组织对其软硬件拥有完全的控制权，可以依据相关政策、环境、经济等因素进行更换、调整和优化；而对于公有云，组织往往只拥有应用软件部分的所有权，底层的硬件设备和网络设备完全由云服务商管控。因此，对于比较在意基础设施自主可控的组织而言，对此需要慎重考虑。

（5）资源利用

大中型组织在上云之前大多已经拥有较为完备的数据中心，为此投资了大量的服务器、网络等硬件设备，此时选择将应用系统迁移至公有云，必将牵引出是否会导致这些硬件投资浪费的问题。但能否基于已有硬件资源建设私有云，还需要考虑已有硬件的标准化和性能状况。

（6）成本投入

在成本投入方面，无论是前期在硬件设备、基础软件、人员招聘和培训、机房建设等方面的资金投入，还是后续维护所需的各种人工、备件、物理场所租赁、能源等方面的花费，都是巨大的。与之相比，公有云的成本优势则是显著的，既为组织节省了基础架构的软硬件投资，还能进一步降低 IT 开支。

不过，成本投入始终是判断部署模式的一方面因素，组织需要结合数据安全性、自主可控性等因素综合考量，才能作出更合适的决策。

东方购物为实现从电视购物向视频购物的转型，打造中国领先的视频购物平台，启动了“巨人计划”项目，以期实现中国的“视频＋电商”模式，撕开视频购物的新蓝海。

为了支撑业务的开拓与发展，围绕其业务规模、分发范围等业务特征，如果选择独立自建私有云，那么，无论是各种软硬件资源的投资，还是人才的招募培养，抑或是建设周期，对于东方购物来说都显然是个投资大、耗时长、见效慢的投入；而选择具备高安全保障级别的云服务商的公有云服务，则更能满足企业业务在中短期内发力的需求。至于长远的未来，则可依据业务发展态势、管理需要和外部环境因素进一步作出策略的调整。

因此，东方购物基于对视频购物业务的特征分析与发展规划，最终选择入驻阿里云，并在亚信云的帮助下完成了云服务应用的建设，重构了产品—商品—货品—货号的四层商品模型，建立用户分层、用户画像、用户全生命周期管理，重新设计了用户动线，形成了会员数字资产运营体系和基于大数据与算法的数字化营销体系。

云服务上线后，东方购物通过线上线下联动，提升了连接能力，实现了全域营销，为新媒体提供更多的流量输入，初步实现了业务需求。同时，其云服务的持续建设与运维保障能力也得到了大幅提升。

当然，在云部署方式上，不是一道非 0 即 1 的选择题。如果组织出于数据安全的考虑，不能将部分业务迁移到公有云，但自身又缺乏资源与能力运营庞大的私有云，那么，混合云是一个更好的部署方案，比如将应用端放置到公有云中，而将数据库运行放置在本地。

混合云的优势在于其拥有更为灵活的部署策略。它可以根据数据安全性的要求、分布访问的需要以及投资成本的限制等实际需求与状况，在私有云和公有云的基础架构环境中分配工作负载，既可利用公有云环境的可扩展性，通过“随用随付”的公有云资源来降低资源成本的消耗，又可避免将敏感的数据信息及相关处理过程暴露在组织以外的环境中。

然而，混合云方案也存在着一些不足，具体如下。

①安全性与法规遵从性。

云计算本质上要比传统模式更为安全，但是在构建混合云时，必须确保两个云之间的数据传输受到保护，不仅必须确保公有云服务商和私有云服务商符合法规要求而且必须证明两个云之间的协调是合规的。此外，行业的监管机构对于一些敏感数据的存放有严苛的要求，禁止将数据存储在异地，组织需要确保数据传输的安全性。

②兼容性与易维护性。

在建设混合云时，跨越多个基础设施的兼容性可能是一项艰巨的任务。通过双层基础架构，组织需要控制私有云和公有云，它们可能会运行不同的堆栈，由此导致混合云的设置更加复杂，更不容易维护。此外，由于混合云是不同的云平台、数据和应用程序的组合，在应用程序的整合上也会面临挑战。

2. 选择开源产品还是成熟产品

在技术选型上，是选择商业解决方案，还是选择开源解决方案，这也是组织在开启建设之前需要思考并完成的一道选择题。下面以 VMware 与 OpenStack 这两个主流的解决方案为例来剖析其特点。

与 OpenStack 相比较，VMware 在虚拟化领域长期处于领先地位，它起步早，历史悠久，产品功能丰富，虚拟环境稳定。很多大型组织在多数据中心规模的环境中都会首先考虑 VMware。但 VMware 作为商业产品，其代码和技术是相对封闭的，并且其发展路线也将完全遵循自己的发展目标，任何用户都难以对其施加有效影响。而 OpenStack 作为一个开源系统，其发展路线不受任何一个组织的控制，能向多元化发展，版本更新很快，受到很多大型企业的支持，但与成熟的商业软件及服务相比，自给自足的成本和难度总是会高很多。

VMware 的授权费用和服务费用很高。相对于 VMware 的高昂费用，OpenStack 的免费与开放的优势就非常明显了。VMware 的很多功能需要用户购买，而 OpenStack 的大部分功能可以免费提供给用户。

虽然 OpenStack 是免费使用的，但由于支持的部署场景较多，安装过程存在差异，并且需要完成很多架构搭建方面的工作，对于采用 OpenStack 的组织来说，必须有专业的开发人员和专家。而与之相比，VMware 作为成熟的商业产品，更容易安装和运行，学习成本也更低一些。

到底是选择 OpenStack 还是 VMware，要综合考虑组织的规模、环境、业务需求和发展需要等因素。

二、组建团队

1. 云服务商的选择

云建设是一个涉及组织从业务到技术、从基础硬件到软件开发等多领域、多层面、全方位的工程。在实施过程中，组织往往需要专业的云服务商，组织在完成技术选型后，需要结合业务需求、应用系统状况、自身的技术能力和人才状况等因素，确定与云服务商的合作点与合作方式，以便在既定的建设方略的指导下，既能够保持所需的主动性和掌控力，又能获得来自云服务商在产品、技术、能力和经验上的关键性支持，从而顺利地践行组织的云战略。

为此，组织需要选择卓越的云服务商，从行业与市场等多个维度进行了解。抛开价格因素和经营状况因素，对云服务商的选择标准主要包括经营许可证、专业认证、技术发展规划、生态完整性、相关案例、云节点覆盖度、政策因素和敏感度等方面。

（1）经营许可证

各类业务经营的许可资质是云服务商获得国家和行业授权，能够进入行业提供相关业务服务的许可证明。

表 4-1 列举了云服务商开展业务所涉及的经营许可证及其说明。

表 4-1　云服务商开展业务所涉及的经营许可证及其说明

经营许可证	说　明
IDC 许可证	IDC 许可证是经营互联网数据中心业务必须具备的资质证书。互联网数据中心业务是指利用相应的机房设施，以外包出租的方式为用户的服务器等互联网或其他网络相关设备提供放置、代理维护、系统配置及管理服务，以及提供数据库系统或服务器等设备的出租及其存储空间的出租、通信线路和出口带宽的代理租用和其他应用服务
ISP 许可证	ISP 是指由国家工业和信息化部批准的互联网服务的提供商，也指提供互联网接入的服务的单位，比如中国电信等 ISP 互联网接入单位及其各地的分支机构。其服务内容主要是利用接入服务器和相应的软硬件资源建立业务节点，并利用公用电信基础设施将业务节点与互联网骨干网相连接，为各类用户提供互联网接入服务
CDN 许可证	CDN 许可证，又称网络加速业务许可证。其业务是利用分布在不同区域的节点服务器群组成流量分配管理网络平台，为用户提供内容的分散存储和高速缓存，并根据网络动态流量和负载状况将内容分发到快速、稳定的缓存服务器上，提高用户内容的访问响应速度和服务的可用性
VPN 许可证	其全称是增值电信业务经营许可证。经营者利用自有或租用的互联网网络资源，采用 TCP/IP 协议，为国内用户定制互联网闭合用户群网络的服务。互联网虚拟专用网主要采用 IP 隧道等基于 TCP/IP 的技术组建，具有一定的安全性和保密性，专网内可实现加密的透明分组传送。本业务服务项目必须属于为用户定制互联网闭合用户群网络的服务
多方通信许可证	国内多方通信服务业务是指通过多方通信平台和公用通信网或互联网实现国内两点或多点之间实时交互式或点播式的语音、图像通信服务。国内多方通信服务业务包括国内多方电话会议服务业务、国内可视电话会议服务业务和国内互联网会议电视及图像服务业务等
ICP 许可证	其全称是电信与信息服务业务经营许可证，是经营性网站必须办理的网站经营许可证。经营业务包含网上广告，以及有偿提供特定信息内容、电子商务及其他网上应用等服务
EDI 许可证	EDI 许可证管理的是第二类增值电信业务中的在线数据处理与交易处理业务。具体是指利用各种与公用通信网或互联网相连的数据与交易 / 事务处理应用平台，通过公用通信网或互联网，为用户提供在线数据处理和交易 / 事务处理的服务
SP 经营许可证	它对应信息服务业务（不含互联网信息服务），属于第二类增值电信业务中的信息服务业务。其详细的业务范围包括通过信息采集、开发、处理和信息平台的建设，通过公用通信网或互联网，向用户提供信息服务的业务。其经营者必须取得合法的业务准入资质

续表

经营许可证	说　明
呼叫中心许可证	呼叫中心业务是指受企事业等相关单位委托，利用与公用通信网或互联网连接的呼叫中心系统和数据库技术，经过信息采集、加工、存储等建立信息库，通过公用通信网向用户提供业务咨询、信息咨询和数据查询等服务
存储转发类业务许可证	存储转发类业务是指利用存储转发机制为用户提供信息发送服务。从事存储转发类业务就需要申请存储转发类业务许可证，简称存储转发许可证，它属于第二类增值电信业务中的信息服务业务

（2）专业认证。专业认证是相关领域与行业对于云服务商是否具备履行约定的综合能力的具体要求与衡量标准。认证结果可以客观地反映该云服务商的产品与服务的技术水平、服务质量与管理能力。

表 4-2 列举了评价云服务商服务质量的专业认证及其说明。

表 4-2　评价云服务商服务质量的专业认证及其说明

专业认证	说　明
可信云服务认证	可信云服务认证是由工信部指导，数据中心联盟和云计算发展与政策论坛（以下简称联盟和论坛）联合组织开发的，是目前国内唯一针对云服务可信性的权威认证体系。 可信云服务认证的具体测评内容包括三大类，共十六项，分别是：数据管理类（数据存储的持久性、数据可销毁性、数据可迁移性、数据保密性、数据知情权、数据可审查性）、业务质量类（业务功能、业务可用性、业务弹性、故障恢复能力、网络接入性能、服务计量准确性）和权益保障类（服务变更、终止条款、服务赔偿条款、用户约束条款和服务商免责条款），基本涵盖了云服务商需要向用户承诺或告知（基于 SLA 服务）的 90% 的问题
公安部等级保护三级	国家通过制定统一的信息安全等级保护管理规范和技术标准，组织公民、法人和其他组织对信息系统分等级实行安全保护，对等级保护工作的实施进行监督、管理。 其测评内容涵盖等级保护安全技术要求的 5 个层面和安全管理要求的 5 个层面，包含信息保护、安全审计、通信保密等近 300 项要求，共涉及测评分类 73 类
CSA STAR 认证	该认证作为国际公认的云服务商安全资质，是信息安全管理体系 ISO/IEC 27001 的增强版本，结合云控制矩阵（Cloud Control Matrix）、成熟度等级评价模型以及相关法律法规和标准要求，对云计算服务进行全方位的安全评价

续表

专业认证	说 明
ISO/IEC 27001 认证	ISO/IEC 27001认证由国际标准化组织（ISO）和国际电工委员会（IEC）在2005年共同发布，是国际上具有代表性的信息安全管理体系标准，用于指导与评价被认证组织信息安全管理体系的建设与执行，以提升对重要信息资产的机密性、完整性和可用性的保障能力
ISO/IEC 20000 认证	ISO/IEC 20000 认证是第一部针对信息技术服务管理领域制定的国际标准，由国际标准化组织（ISO）和国际电工委员会（IEC）在 2005 年共同发布，用于指导与评价被认证组织的 IT 服务管理能力的建设及运营服务的交付，以提升组织对客户提供 SLA 服务的能力
ISO/IEC 22301 认证	ISO/IEC 22301 认证是由国际标准化组织（ISO）于 2012 年正式发布的一套针对组织业务连续性管理的国际标准，用于指导与评价被认证组织针对关键业务在灾难发生时的应急能力的建设与发挥，以减少灾难事件给组织及组织的客户带来的损失

（3）技术发展规划

组织与云服务商的合作往往是持续的，尤其是在公有云和混合云等部署模式上。因此，云服务商的产品蓝图、技术发展路线与组织的技术架构规划的契合度也是组织需要考虑的一项重要评价因素。

（4）生态完整性

由于云技术的多样化与复杂性，以及未来技术发展的模糊性，很少有云服务商能够或者愿意投资研发和提供云计算的各个细分领域的全部产品或服务，这也是促进云服务生态圈形成的一个重要原因。因而，组织选择云服务商，应同步关注此服务商所在的，尤其是其所主导的生态圈。云服务商生态圈的产品和服务的覆盖面是否能够满足组织当前与未来的业务云化的需求、云服务商及其重要合作伙伴的产品发展路线与组织中长期发展需要的契合度、云服务商与其合作伙伴的合作方式、云服务商对合作伙伴的扶持与培养机制，都是组织选择云服务商时不可忽视的因素。

（5）相关案例

俗话说“事实胜于雄辩”，参考云服务商产品在业界里的成功案例，重点关注对于同行业、同规模客户的类似使用场景下的案例情况，这些都是其技术能力和服务交付能力的直接证明。这不仅能够反映云服务商的产品和服务在国内 / 国际市场的整体市场份额，更能够提供实际实施效果的多维度评价信息。在了解云服务商案例的过程中，组织宜进一步关注相关产品和服务的实际实施过程，了解实施的风险与应对措施，以及其产品或服务交付过程中存在的局限性。

（6）云节点覆盖度

在选择合适的公有云服务商时，需要重点关注其计算节点的丰富程度及分布性与组织业务访问需求的匹配度、对节点健康状况的监控能力、根据用户所在位置分配最佳接入节点的调度能力、缓存策略和带宽输出能力。

（7）政策因素和敏感度

一方面，国家以及某些行业对于组织的信息系统和数据有一定的安全性要求，比如一些涉及国计民生的隐私数据不能出境，甚至只能存储在符合专项法规要求的环境中，组织所选择的云服务商是否能符合这些要求。另一方面，组织需要了解云服务商针对敏感事件，以及存在安全漏洞或安全隐患的产品组件和服务的态度与措施。

2. 云团队的组建

为了成功地建设和运营云计算平台，组织需要基于技术选型结果和组织架构，结合行业实践建立一个云团队，并确保云团队的结构和运行方式（在团队组建、轮班模式、报告路线、决策路径和沟通渠道等方面）能够有效支持取得组织管理者所期望的业务成果。

云建设的工作并不仅仅是基础设施采购、平台搭建、应用开发等云计算的专业技术工作，收集业务需求、治理、安全管理、成本管理、法规遵从性、供应商和合作伙伴管理等也是云建设直至运营必须关注的工作内容。因此，在云团队的建立问题上，组织应先弄清云建设与云运营的相关职能，再从职能入手，结合自身的组织架构设计云团队的架构。与云建设和运营有关的职能如下。

第一，业务策略。根据业务需求定义与验证业务上云的目标，基于业务在云平台建设与运营优先级的维护，协调各个业务的应用实施工作，是衔接业务与云技术实施的主要职能。

第二，组织治理。辅助组织的治理层，评估并管理云建设和运营过程中与业务相关的风险。

第三，信息安全。管理信息安全风险。

第四，云实施。提供与实施技术解决方案，是云建设的主要技术职能。

第五，云运营。支持和运营云服务，包括监控云服务状态、处理服务请求、应对异常等与传统 IT 运营相关的事项。

第六，云自动化。研究与创新自动化手段，提高云实施的效率。

第七，数据管理。管理与分析数据。

不同的阶段，组织对职能的划分也需要适应性地发生变化。因此，简单依照行业实践逐一改造组织架构，不是一个好的方法。合适的方法是基于对职能及职能之间连接与协作重要性的理解，始终从云战略和业务需求的立足点出发，构建能够高效且平衡地落实云建设目标的团队。

对于一些初次进行云建设的组织来说，要以上云的业务为单位，组建常态化的微型云团队，覆盖主要职能，重点涵盖治理、策略、实施、服务运营等方面。

随着云建设规模的扩大，不同的业务上云和运营可能出现资源与策略冲突问题和安全问题。此外，法规遵从性的问题也容易让居中协调的 IT 部门更为被动，此时，云卓越中心（CCoE）建设这个职能方案就可以被提上议事日程了。

CCoE 是一个与传统的集中式 IT 不同的团队组建方案。两者的不同之处在于：传统的 IT 部门往往侧重于限制性控制和中央责任，就像十字路口的红绿灯一样。CCoE 努力营造自由和授权，更像是十字路口的环岛，通行的车辆完全依据策略自行实现让行与通行。

很多人认为 CCoE 应该是一个从各个职能团队（尤其是 IT 部门）抽调人员组建而成的专家团队，旨在分享云操作中的各种知识。但其实，在云建设和运营的各个环节，CCoE 都可以发挥关键性的作用。

在需求与评估阶段，CCoE 通过咨询和评估可以在组织范围内传播云计算技术，建立云计算意识并提供解决方案建议，比如，评估应用程序，评估云服务商提供的功能等。

在规划与设计阶段，CCoE 组织创建应用程序蓝图模板，配置参数、部署过程、体系结构、网络、安全性和集成设计准则等，从而帮助提升云计算在组织中的应用速度，缩短服务上市时间、提高服务级别，并间接节省运营成本。

在具体实施阶段，CCoE 可以组织定义和设计持续集成（CI）/ 持续交付（CD）流程，识别和配置持续集成 / 持续交付工具并实施敏捷开发流程，从而及时响应客户的业务需求。

在进入日常运营后，CCoE 还可以遵循 ITIL4 的核心理念，为已经上云的应用程序定义兼顾稳健与敏捷的工作流程，侧重于事件、服务请求、变更、可用性与连续性等方面，确保效率与纪律的同步实现。

除了在各个阶段能够发挥的作用，CCoE 还可以在治理、成本控制、合作伙伴管理、知识与创新管理方面为组织的云建设保驾护航。比如，CCoE 往往可以监控组织的云支出，为治理策略提供输入；可以协调产品和工具供应商的实施与服务；可以协调应用程序团队与云服务商之间的关系，以加速技术难题的解决。

成熟的 CCoE 会围绕云计算优先的运营模式协调团队，它不仅是云建设与运营的一个核心路由器，甚至可以是整个组织数字化变革的驱动力，是广泛而深入的转型焦点。

道琼斯是一家拥有超过 125 年历史的新闻和商业信息公司，在以新方式传递新闻信息方面一直保持创新。到 2013 年，围绕新闻和媒体内容的消费发生了重大转变。《华尔街日报》的读者希望随时随地在手机、平板电脑和其他连接设备上阅读新闻，希望道琼斯能够提供跨设备和平台的无缝数字体验。为了满足读者的需求，道琼斯必须以非常快的速度提供新产品、新功能和新体验。他们必须迅速进行试验、学习和调整，但他们却进展缓慢。

然而当时的道琼斯采用瀑布式项目管理方法，需要在测试技术之前进行规划、预算和资本支出。此外，数据中心硬件采购和安装过程需要 1~3 个月。技术部门认为必须从根本上改变软件开发和交付方法来解决这个问题。基于一些使用云的初步经验，团队领导者相信基于云的技术和 DevOps 实践是取得成功的必要因素。

前道琼斯 DevOps 负责人 Milin Patel 谈到了道琼斯向云和 DevOps 的转变，以及这种转变引发的组织变革。其转型战略的基础是使用 CCoE 在整个企业范围内实施变革。

“2013 年，开发人员在周二和周四上午 10 点之前将变更提交给 QA。约 15 名工程师进行了一场持续数小时的会议，但也会经常遭遇失败。2016 年，我们全天在生产和非生产环境中的多个服务中进行了100多次部署，但也许最重要的是，生产事件的数量显著减少，交付速度显著提高，并且所有工程团队的信心都很高。CCoE团队能够为客户推出多种新的网络和移动产品，改善产品的用户体验和性能，扩大数字订阅基础，并充满信心地进入新市场。”

三、管理流程规划

组织在组建云团队，促进并实现向云运营模式过渡的同时，需要在内部设计与之相应的管理流程，与云平台的运营要求一致，并不断优化。

在IT运营方面，ITIL无疑是占据主导地位的管理流程方法论，以对接组织业务需求，定义与实现IT服务级别目标为核心，覆盖IT服务的战略、设计、转换、运营等各个阶段的服务管理流程。而在软件开发阶段，CMMI-DEV是公认的软件开发成熟度标准，指引和规范着无数软件企业和开发团队的日常工作。

然而，随着IT、CT和OT等数字化技术的不断发展、创新与融合应用，组织对于技术的依赖日益加强，对技术实现的速度的期望也不断拔高，这使得开发测试的敏捷化思潮与方法论应运而生。敏捷实践的成功导致传统的瀑布式开发测试模型不再是唯一的选择。对于需求多变的业务环境，Scrum等敏捷开发方法成了最佳的选择。与此同时，对于IT服务交付的迫切需求也不断地冲击着传统ITIL所构造的强流程的管理体系，随着虚拟化技术的成熟、云计算的发展，DevOps应运而生，加之Google SRE等重量级的实践分享，打破了开发与运维之间的隐形壁垒，将敏捷、精益、自动化的思维方式灌入IT运维领域，潜移默化中，使得开发、测试、运维、安全等相对独立的职能可以在思维与方法上迈向融合。

然而在融合的过程中，新旧思想与体系的冲突是不可避免的。是否要全盘抛弃原来的瀑布式开发和流程化管理的体系？是否要从组织架构上取消开发与运维的独立性，形成一个团队，甚至是一个岗位？必须部署哪些自动化工具才能实现真正的敏捷？这些疑惑并非源自不同方法论的设计，而是源自人们对于如何运用方法论的理解。

如今，为了指导组织的IT职能更高效地为组织的数字化转型提供支撑，无论是ITIL还是DevOps，各方法论虽仍站在不同的视角上，但都在以海纳百川的融合性逻辑进行推广并不断自我改进着。比如，ITIL4 极大地强化了对价值共创的聚焦、对价值流的塑造，并丰富了敏捷、精益、创新、自动化等思维元素与实践模型。

因此，在云建设的过程中，可以借鉴 ITIL4 的服务价值体系框架和价值流思维，始终将组织业务上云的价值实现放在首位，厘清组织对于不同业务上云所追求的价值主张，以及其中的速率、可靠、安全、合规、收益等元素的比重与考量，以具体应用建设和云服务的日常交付等场景为主要视角和试金石，不断锤炼借鉴 ITIL、DevOps、CMMI 等不同方法论框架所形成的各种工作流程，简化并优化流程与测量方式，并在可标准化和有数据积累的基础上进行自动化甚至智能化的尝试。

总而言之，组织需要在开始建设前思考建设团队和运营团队的工作流程、协作机制和测量方法，尤其是在建设与运营的协作联动上，可以借鉴而非复制 ITIL、DevOps、CMMI 等方法论和实践，紧紧围绕业务需求的实现目标，加强重要的，简化繁杂的，去除浪费的。至于最后形成的管理流程是偏向于 ITIL 还是更像 DevOps，自动化程度如何等，这对于组织而言都没有业务价值的实现重要。

四、可用性与安全性设计

组织将业务迁移到云平台，在追求更好的性能、更便捷的访问、更弹性的资源使用、更经济的成本管控的同时，应更加重视云服务的可用性与安全性。如果将云视为应用的核心组件，那么，组织应考虑云整体的可用性与安全性设计，为业务服务赋能。

1. 云计算的可用性设计

主机设备、网络设备、基础软件等基础组件，无论是身处传统 IT 架构，还是部署在云平台中，由于物理损耗或某个设计的缺陷，或者其他未知原因而导致故障的情况总是难以完全避免的，并不会因为它成了云计算的一分子而变得更为强大。因此，组织难以设计更复杂的逻辑来避免单个底层组件产生故障，但可以通过上层的设计剔除冗余，实现故障自动转移，从而缓解底层组件不可靠给整个系统带来的影响。

组织提升云可用性的常见方案如下。

（1）硬件组件及节点级高可用

通过对组件甚至节点的冗余设计与配置，在任一组件或节点出现故障时组织都能保障业务的正常运行，避免数据丢失，比如多块硬盘配置磁盘阵列。

（2）可用区级别的高可用

可用区是指同一个区域内，电力与网络相互独立的地理区域。组织可以通过将应用及主机进行跨可用区的配置，来避免单个可用区因电力中断等故障导致的业务中断。

（3）地域级别的高可用

所谓地域级别的高可用，常见的就是两地三中心的部署模式。考虑到天灾人祸可能造成的破坏和发生的不可预测性，很多大型组织对可用性要求更高的业务会采取跨地域的两地三中心的部署模式。将地域与可用区的概念进行比较，地域之间的通信是走公网或云服务商提供的高速通道，因而延迟相对可用区之间的低延迟来说会高一些。因此，两地三中心的解决方案在数据库主从一致性和时效性上会存在一定的困难。鉴于此，很多组织结合对业务服务性能与容灾的综合考虑，会采用多地域、多可用区的高可用架构，实现业务服务在同地域多活与跨地域容灾，以保证业务整体的可用性与连续性。

（4）云平台级别的高可用

如果将云服务商看作一个组件，那么将应用部署到一个云服务商的公有云中也属于单点，如果组织很在意正在为其服务的某个云服务商的能力，或者是为了防止云厂商绑定，或者仅仅是从更高的可用性角度思考，那么就需要选用多个云服务商来支撑其业务的运行。而实现多云部署需要考虑多云的部署方式是按照流量进行切分，还是按照不同业务进行切分，是仅上层应用实现多云还是数据也要分布式存储。

2. 云计算的安全性设计

组织必须认识到云计算本身并不具备更高的安全性。对于组织而言，云数据中心与传统数据中心都存在着诸多的安全风险，更不要说是融合了私有云和公有云服务模式的混合云，从物理区域（如设备与人员出入管理风险）、网络（如云原生网络安全风险）、系统（如操作系统漏洞）、应用（如开源软件漏洞）、数据（如数据泄露）、认证授权（如 AK 特权凭证泄露）到人员（缺乏安全意识），风险如游走的幽灵，随时会试探与攻击整个体系存在的漏洞。

因此，组织在云安全战略的指导下进行安全设计时，可参考 C-STAR 认证、ISO/IEC 27001 信息安全管理体系认证，设计应用、系统服务器、网络、物理环境等具体的安全策略，比如依据业务及数据的重要性完成应用等组件的安全等级划分，并在此基础上考虑具体的安全登录、数据加密、密钥保护等应用层面的安全策略，服务器访问控制、物理设备保护等服务器层面的安全策略，网络控制、网络隔离等网络层面的安全策略。

除了考虑应用、系统、网络等技术层面的安全策略以外，还应重点关注以下两个方面。

（1）云安全责任共担模式

在阵地战的战场上，防守方最容易被进攻方利用的弱点往往是各个作战单位的结合部，所以，在明确作战区域划分的基础上倡导生死与共的协作，是弥补这个弱点的主要机制。云安全的布局同样如此。如图 4-2 所示，亚马逊首创的云安全责任共担模式被公认为是抵抗黑客攻击的最有效策略，成了公有云服务赖以生存的基石。各云服务商都在此模式的基础上制定了各自的云安全责任共担模式。

云安全责任共担模式体现的是一种清晰的安全责任的界定，以及对于责任交互区域的共担意识。由此，这种模式的思想同样适用于组织内部的安全管理，比如建设私有云，在组织内部将云架构各层面的安全责任逐一明确，并与具体的组织架构相对应。

（2）云安全风险管理

与所有的安全管理一样，所有的安全防御都是因为“进攻者”的存在。所以，风险管理始终是信息安全规划与设计的主要目标，云安全同样如此。在管理手段上，在传统

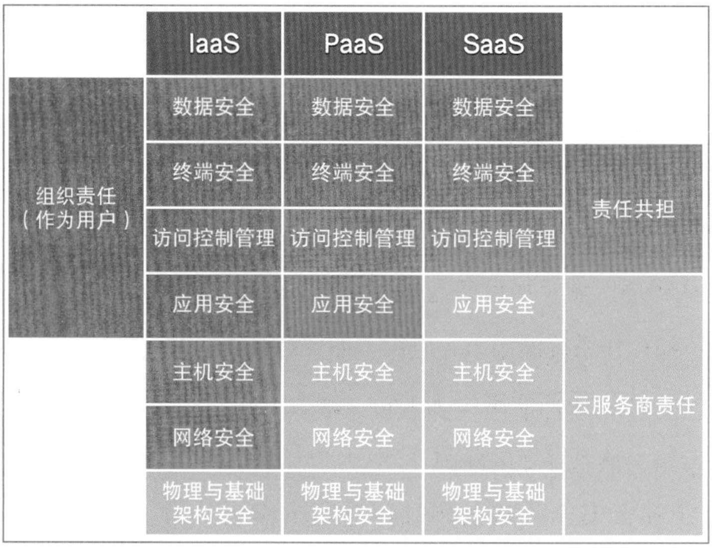

	IaaS	PaaS	SaaS	
组织责任（作为用户）	数据安全	数据安全	数据安全	
	终端安全	终端安全	终端安全	责任共担
	访问控制管理	访问控制管理	访问控制管理	
	应用安全	应用安全	应用安全	云服务商责任
	主机安全	主机安全	主机安全	
	网络安全	网络安全	网络安全	
	物理与基础架构安全	物理与基础架构安全	物理与基础架构安全	

图 4-2 云安全责任共担模式

物理区域、网络、系统、应用、数据、人员等风险场景的基础上，组织应结合云技术的发展与安全厂商提供的信息，持续补充云计算架构所隐藏的风险场景，识别组织云安全存在的不可接受的风险区；在技术手段上，组织通过专业工具的测试、扫描，甚至攻防，以暴露漏洞。最终，云安全都是为了帮助组织识别安全防御体系下一步急需加固的重点。因此，组织应重视依托管理与技术手段识别云安全风险，并落实风险处置。对于选择公有云和混合云的组织，需要特别关注数据风险、连续性风险和依赖风险。

①数据风险。

对于放置在公有云的数据，首先，云服务商要隔离不同组织在一个共享环境中的数据，包括但不限于租户级别的隔离、计算隔离、存储隔离、数据库隔离、网络隔离等方面；其次，云服务商拥有存储介质的所有权，所以，即使组织终止云服务与合作，数据还可能保存或残留在云平台上，云服务商因此需要向组织证明其数据存储与介质的管理过程，尤其是其中有关数据处置的安全保障机制；最后，由于云计算具有分布式特性，组织可能不清楚其数据存放的具体物理地址，除了不同国家对数据监管不同可能引发的纠纷，以及组织的数据能否出境的问题，云服务商还要防范在意外发生时如何恢复数据，以及在极端情况下，组织如何收回数据。

②连续性风险。

无论是云服务商，还是云服务供应链中的软硬件服务商，任何一方出现异常状况，都有可能会影响组织在云端的业务服务。组织通常无法也不会去监督整个云服务商生态中所有厂商的状况，而是要求云服务商对供应链负责，并加强对该云服务商安全管理能力、运营管理能力和经营状况的关注。除此之外，组织必须对云服务商及其主要供应商因意外而无法提供服务的情况做好应急准备，前文提到的云平台级别的高可用就是一种应对方案。

③依赖风险。

云服务商为组织提供了 PaaS 模式，支持甚至帮助组织迁移应用或进行云原生开发，给各类组织的云建设过程提供了极大的便利。但云服务商所提供的环境极可能缺乏统一的标准与接口，这就会给组织迁移应用服务带来不便。因此，组织如果考虑多云平台间的平台迁移，在应用开发过程中可以考虑采用开源的技术栈，减少对云服务商数据库中间件等软环境的依赖。当然，采取开源的技术栈，也就意味着组织需要放弃云服务商在数据库、中间件等组件层面上能够给予的便利与保护。

五、成本影响分析

1.IT 总成本

IT 总成本核算主要是指 IT 系统的总体拥有成本（Total Cost of Ownership，TCO），不但需要考虑基础硬件、物理场所，以及灾备建设等基础设施相关成本，还需要考虑软件购买、研发和运维人力资源投入等成本。其中，IT 基础设施层面的投入尤其巨大，过高的成本吞噬着组织的业务利润，使得组织在业务激烈的竞争中利润空间不断被压缩，这也是 IT 成本问题越发凸显的主要原因。以银行业为例，部分银行单个账户涉及的 IT 成本少则几十元，多则上百元，如果银行能将每个账户的 IT 成本降至几元，甚至几角，那么，由此带来的规模效益会非常突出。

2. 集中式架构的成本

据统计和测算，在既定的业务范围与可用性目标下，在传统基础设施架构的主机平台上构建的集中式架构的成本往往是云计算分布式开放平台成本的数倍,主要原因如下。

第一，传统架构下，资源难以依据业务容量的需求实现动态分配，集中式主机平台大多是独享固定的软硬件资源,即使是在业务量很小的情况下,也无法释放闲置资源,导致软硬件成本只增不减，电力和人工维护费用居高不下。而云计算自带的资源共享与按需服务等特性为组织实现资源的动态按需分配、提升资源使用率、降低成本提供了技术支持。

第二，在应对海量用户和交易量时，需要确保较高水平的容灾能力和较大的容量，以满足业务发展需要，这就需要在 IT 基础设施、前沿架构与技术上进行投入。而云计算的虚拟化与容器等技术为组织的系统运行提供了基础的可靠性保障，可以帮助组织增强数据中心的业务可用性，从而降低容灾投入。

第三，选择公有云服务的组织可以节省大量的基础设施软硬件投资、物理场所租赁与数据中心基础运营费用，按需支付云服务商的资源服务或应用服务的相关费用即可。

第四，部分组织内部缺乏对 IT 成本的核算与分摊机制。由于将 IT 视为成本中心，导致所有软硬件及维护成本都划归到 IT 部门，由此带来的最直接问题就是组织各业务部门对于使用 IT 资源没有成本负担和心理压力，具体体现为对 IT 资源使用的随意性。例如：有些组织在应用系统建设的必要性决策方面缺乏商业论证，盲目投入开发，结果应用系统投产后，业务成果远远未达到预期，甚至系统建设进行到一半时，牵头业务部门已放弃该业务计划；有些组织的一些业务已经步入黄昏，或者被搁置，但支撑该业务的系统却迟迟没有下线，依然消耗着运维资源。导致这种情况的原因之一就是传统架构下软硬件资源和人工成本难以核算或分摊，而云计算提供了更精准的成本核算模型与计量方式。比如作业成本法，可以以资源（vCPU 和内存）、数据存储、带宽流量等为基础，通过资源动因和作业动因将各类 IT 资源成本分摊到具体的业务应用上，这也是云服务商的公有云服务能够按秒计量收费的原因。这为组织实现 IT 成本的核算分摊提供了关键基础，即便大部分组织不会考虑将 IT 成本真实地分摊到内部业务部门，但以业务为视角的 IT 成本数据，一定程度上可以促进组织内部经济有序地使用好 IT 资源与能力。

3. 组织采用云计算之后的成本

云计算可以帮助组织节省 IT 成本，这首先要建立在对云建设的投入的基础之上。因此，组织也需要了解建设云和运营云的主要成本项。以建设私有云为例，组织需要为其投入的主要成本项如下。

（1）硬件成本

硬件成本主要是采购服务器、存储、网络等设备的投入。这部分投入由于设备的自然损耗，实际上是一种定期的持续性投入。以服务器为例，一般厂商的质保期在 3~5 年，也就是说一台服务器购置后 3~5 年后就可能因为设备老旧而性能下降，甚至损坏，需要重新购置。另外，考虑到云数据中心在容错灾备方面的规划以及在规模上的持续扩张，组织需要增加硬件的采购。不过，鉴于硬件技术的不断发展和制造技术的不断成熟，单体硬件价格是呈下降趋势的。

（2）软件成本

如果是构建 IaaS 平台，其软件成本在数据中心整体成本中占比相对较低，必要的软件包括虚拟化平台软件、操作系统、存储管理软件和系统监控管理软件等。而如果是构建 PaaS 或 SaaS，还需要包含数据库、中间件以及应用软件的开发与维护成本。

（3）网络带宽成本

网络带宽成本主要是指向电信运营商租赁带宽线路的费用。这部分租赁费用相对稳定，但也会因为冗余而成倍增加。运营商不同，地区不同，价格也会有所不同。

（4）物理场所成本

这主要是物理机房的购置投入或租赁费用，以及机房的建设投入。

（5）能源消耗

这主要是电力费用。数据中心的服务器、网络设备等硬件的运行、空调制冷、UPS、动环设备、各种操作终端设备，以及所有的照明构成了电力消耗的主要源头。

（6）人工维护成本

这主要是数据中心基础软硬件的维护人员成本和第三方服务费用，如果是 SaaS，还有软件开发人员成本和第三方开发人员服务费用等。人工成本是云建设与运营的重要成本构成，也是评测一个组织云自动化与智能化管理水平的重要指标之一。

综上所述，对于组织而言，私有云的投入同样是一笔不小的且持续的开支。但随着组织在容量监测与规划、自动化部署与智能化运营、成本监控与核算等服务管理方面能力的提升，成本可以得到有效控制。

第四节　不忘初心，砥砺前行——实施构建

一、技术平台建设

1. 初心

组织在完成主要的规划工作后，即着手云平台的设计、采购、筹备、实施和测试等具体建设工作。鉴于技术的繁杂程度及项目元素的复杂性，云建设的团队须沉浸到

具体技术与实施的细节中，但这种沉浸又容易使组织被细节引导而偏离方向，所以在建设过程中，组织应始终不忘“以实现明确的业务需求和保障业务可用与安全为核心”的初心，并以敏捷迭代和可视化的工作方式推进云的建设进程。

2. 指导原则

为确保云平台建设目标的实现，在技术设计等阶段，组织应首先明确具体的建设原则，以指导具体工作。以私有云建设为例，指导原则如下。

（1）以标准化为指导

组织若要实现信息的互通与共享，就必须明确采用的信息技术标准，严格按照相关标准设计实施，既要通过采用业内通用的标准来指导技术体系与设计方法，使应用系统最大限度地具备各种层次的平台无关性和兼容性，也要充分考虑技术的国际标准化。

（2）以可用性与安全性为红线

应用系统的可靠与安全应是组织始终严守的红线。为此，组织应在可接受的成本条件下，依据可用性与安全性的规划，切实从系统架构、设备选型、系统设计等方面落实可用性建设工作；严格依据合作伙伴的选择条件，选择产品与服务能够满足组织建设与运维要求的供应商；加强系统服务连续性的管理与技术建设，对各种可能造成较大损失的“黑天鹅”事件做好应急方案与准备；遵循相关的信息安全标准，参考相关框架，以数据分级保护和信息安全风险识别为原点，制定多方式、多层次、多渠道的安全保护和保密措施，确保信息数据的机密性、完整性与可用性。

（3）以务实的态度追求先进

一方面，组织必须了解国内外信息技术和网络通信技术的最新发展，借助相对成熟的新技术实践，不断提升云平台及应用系统的性价比；另一方面，组织要始终以实用和可靠为基础，以满足业务发展需求为目标，避免盲目追求新技术而造成浪费。

（4）以发展的眼光构建未来

组织在云平台的具体设计中应具备一定的前瞻性，充分考虑应用系统升级、扩容和维护的可行性，尤其是要充分考虑应用系统的跨平台、跨系统、跨应用、跨地区性，以及在各种操作系统、不同的中间件平台上的可移植性。组织立足于多云平台的考虑，选用开放性系统是合适的选择，这将为应用系统和将来的新技术能平滑过渡提供便利条件。

二、文化建设

华为总裁任正非说过：“世界上一切资源都可能枯竭，只有一种资源可以生生不息，那就是文化。”组织文化是企业为解决生存和发展的问题而树立形成的、被组织成员认为有效而共享，并共同遵循的基本信念和认知。更通俗地说，组织文化就是组织所有成员对做什么事，什么能做、什么不能做，怎么做，什么是成功等目标与行为模式的一种共同认知。组织文化就像是一只无形的手，指引着组织内所有成员的思想与行为，向组织的共同目标努力。

云计算的特性与发展决定了组织要更好地建设、管理和运用云计算，不断基于云计算实现业务的发展或者转型突破，也应具备敏捷与创新的思维模式与行为模式。这就需要组织更为重视敏捷与创新文化的建设，以文化为抓手，持续地带动全员更默契地协作，与组织共同发展。

因此，组织应在云建设的过程中同步重视相关文化的建设工作，助力云建设工作的推进，并将其传递至云运营等相关的工作领域中。

对于敏捷与创新文化的建设，仅仅依靠书面文字和宣讲培训是不够的，组织需要考虑从以下几个方面入手。

1. 授权与支持

组织的领导需要在定义必要的边界与约束的基础上，给予团队员工一定的授权，允许员工对于自己工作的计划与具体方式作出决策，允许员工参与一些团队事项的决策，从而激发员工的主人翁意识和认同感。在员工工作的过程中，领导也不能不闻不问，只看结果，而是要倾听员工的进展与困难，并给予员工必要的支持和帮助。

2. 信息互通

对于追求敏捷与创新的组织而言，每个员工及时了解并掌握与之有关的工作信息也是至关重要的。无论是通过会议、看板、社交平台还是小范围的非正式沟通，要让员工之间以及员工与领导之间对工作的目标、计划与进展、相互的影响与依赖、困难与风险、需要的支持与资源等信息没有歧义，并能够做出必要的调整与快速的应对。

3. 包容

创新就是一种对于未知的探索，出现一定程度的错误是在所难免的。所以，组织如果重视自动化与智能化建设等创新型工作，就要对创新有充足的包容性。当然，对于试错可能带来的损失，组织应基于自身条件提前进行约定和管控。

4. 制度与机制

对于人的思维和意识的影响与塑造，很多时候是从对目标的设定和对行为的引导甚至规范开始的。比如会议，以制度流程的方式明确会议的方式、方法和限制，从而避免漫无目的的例会和效率低下的长会，提升会议这种沟通模式的效率与效果。又如，以定义测量指标的方式明确员工每日工作中可用于重复性工作的时间限制，以及应用于学习与创新的时间要求。

5. 持续学习

无论是推动敏捷还是创新，抑或是精益，任何时候持续学习都是组织能够不断响应变化并积极应对的知识与经验的来源。因此，鼓励甚至激励员工学习，培养全组织的学习氛围，建设学习型的组织，对于组织与员工个人而言，都是意义巨大且有着丰厚收益的事。

第五节　聚焦价值，初现峥嵘——投产迁移

一、投产运行方式

事实上，组织并非为了云计算而进行云建设，其核心目的还是借助云的交付模式来提高业务的运营性能。因此，在完成技术准备，开始将业务切换到云平台的时候，保障现有产品和服务的可用性与安全性是组织必须重视并守住的底线。

很多业务中断事故发生在技术系统的变更过程中。变更本身就会带来变数，所以，如何在实现变更的同时确保稳定性，是组织必须思考与设计的元素，而投产运行方式

就是其中之一。

将业务应用一次性切换到云平台，同步终止原来的应用服务，这种方式已经被很多组织视为一种冒险的行为。即使上线前的测试结果令人振奋，也有可能因为一些细节上的偏差而导致失败，而回退方案有时候也并非绝对有效。

因此，组织都会采用更有把握的、并行式的投产运行方式。也就是在将业务的应用服务切换到云平台的同时，保留原来的应用系统的对外服务。此后的一段时间内，两个系统同时对用户提供服务，以最大限度地确保业务服务的可用性。当然，可以按用户的类型进行分割，一部分用户被引导访问的是云平台的应用服务，而另一部分用户依然访问旧系统，旧系统中产生的数据会被同步到新系统中。

但在应用服务的迁移方式上，组织可依据应用服务的实际情况选择整体迁移或部分迁移两种方式。整体迁移将该业务的全部服务都切换到云平台，并同步保留原来的应用系统。此后的一段时间内，两个系统同时对用户提供相同的服务。部分迁移只将原业务的一部分服务迁移到云平台上，另一部分依然保留在旧系统中。在并行期间，云平台上仅提供完成迁移的应用服务，而旧系统保留提供全部的应用服务。

组织可以依据业务的特性来确定并行的期限，可能是几周，也可能是几个月。总之，当组织确定云端的业务服务已经能够完全满足业务交付的需求和可用性与安全性等目标时，就可以停止旧系统的服务，所有的用户访问都将由云服务受理。

二、收益评估

组织建设云是为了获得更好的性能、更低的成本、更高的可用性或更灵活的弹性，那么，度量就是组织识别云建设成效的一种有效方式。

人们常说：“没有定义就无法度量，没有度量就难以管理。”

度量不仅能为组织判断云服务的成效提供数据，还能够辅助组织时刻掌握云服务的状态，提升对云服务的管理能力，以便能够对存在不足的环节快速进行调整，从而提升云计算为组织带来的收益。

1. 度量指标

组织应基于需求分析，聚焦各利益相关方对云服务的价值诉求，建立相应的度量指标，具体如下：

（1）关注对应用的赋能，如应用服务中断的累计时长、TPS（每秒处理的事务数量）、可访问服务的用户地域数量（应用触达能力），以及不同行业应用的一些专用指标，如视频首帧用时、卡顿时间等适用于流媒体的性能指标。

（2）关注服务可用性，如服务可用性（服务累计可用时长占承诺服务时长的比例）、服务平均无故障时长。

（3）关注服务异常处置与灾难恢复的能力，如 RTO（恢复时间目标）、RPO（恢复点目标）、事件及时解决率、事件自动解决率。

（4）关注安全管理能力，如信息安全事件发生数、信息安全风险及时处置率。

（5）关注资源使用效率，如基础硬件的资源利用率。

（6）关注成本的降低，如软硬件投入成本与上一年度同期的比值、人员有效工时数与上一年度同期的比值。

对于度量指标的设计，应参考 SMART 原则，并将其贯彻到云建设的整个过程中。

SMART 原则中的五个字母分别代表：

① S 代表具体（Specific），指绩效考核要切中特定的工作指标，不能笼统。

② M 代表可度量（Measurable），指绩效指标是数量化或者行为化的，验证这些绩效指标的数据或者信息是可以获得的。

③ A 代表可实现（Attainable），指绩效指标在付出努力的情况下可以实现，避免设立过高或过低的目标。

④ R 代表现实性（Realistic），指绩效指标是实实在在的，可以证明和观察。

⑤ T 代表有时限（Time bound），注重完成绩效指标的特定期限。

中国电子工业部于 2018 年启动中国电子系统混合云管项目，以解决以下管理痛点。

① 管理粗放。

一批裸设备资源仅有一个列表记录，通过工单的形式申请资源，对申请者仅提供主机的访问信息。

② 利用率低。

资源先预占，利用率较低，投资变现较难。

③ 资源扩容难。

随着业务的发展，资源扩容较困难，投入成本高。

因此，项目组明确了对云管的要求，具体包括：云原生以应用为中心，需要对资源进行更细粒度的管理；除了对物理资源的虚拟化外，还须考虑应用层级更细粒度的资源的调度管理，实现 IaaS 与 PaaS 的混合联动。

为此，项目组定义了包括资源利用率和人力资源成本在内的度量指标，并以指标作为衡量建设成效的标准之一，落实到项目建设的各个阶段中。

2. 要求与目标以及预期效果

（1）要求与目标

整个混合云管的解决方案围绕要求与目标开展，具体如下。

① 资源的统一纳管。

这主要涵盖资源池的接入、配额设定、分配、资源编排、资源调度。

② 统一自助门户开通。

这主要涵盖租户、按模板申请资源、流水线申请、审批、开通。

③ 灵活的扩容规则。

基于业务监控维度、资源监控维度，制定扩容规则。

（2）预期效果

经过项目组数月的共同努力，中国电子系统混合云管项目顺利投产，并达到了预期的效果，具体如下。

① 虚拟化效果。

结果是提升资源利用率 45%，简化了操作，提升了可靠性和灵活性。

② 云原生与虚拟化协同，解决资源管理的断层。

云管理可降低运维运营成本，可以将多团队管理汇聚在云计算中心进行统一管理，职责分工清晰，人力资源成本降低 30%。

③ 业务系统不再割裂，系统可以实现平滑迁移。

第五章 云运营

导　读

运营是与产品生产和服务创造密切相关的各项管理工作的总称，运营管理是指对生产和提供企业主要产品和服务的系统进行设计、运行、评价和改进的管理工作。传统企业的运营主要是指将投入的资源转化为产品和服务的过程，其核心在于用更低的成本产出更优质的产品。而互联网企业的运营更强调通过各种手段帮助产品更好地获客、活客、留客，其核心更加关注产品与用户之间的联系。

无论是传统企业还是互联网企业，云作为企业科技战略的支撑平台，为企业科技生态提供土壤、空气和水分，一方面要夯实自己，做出高品质的产品；另一方面要充分发挥平台效应，为生态内的参与者提供养分，帮助合作伙伴和客户健康成长。

因此，我们认为，企业云运营应该以“价值创造、价值沟通、价值交付、价值计量”为宗旨，以用户为核心，通过整合产品、服务、渠道、合作伙伴等各项资源，实现三个运营目标：价值实现、风险控制、资源优化，以激发企业业务生态的活力和潜力。

本章主要回答以下问题：

（1）如何通过云运营实现业务价值创造？

（2）如何通过风险控制实现持续云运营？

（3）如何利用数据提升运营质量？

第一节 价值链构建

云运营创造的价值应与业务关注的价值保持一致。云运营价值实现的基本原则是在预算范围内按时提供配套的服务和解决方案，通过云运营为企业保持和增加现有云技术投资产生的价值，从而产生预期的财务和非财务效益。

基于迈克尔·波特提出的基础价值链模型，对云服务提供商的价值链进行概要性的识别，构建出“在生产中创造价值，在营销中沟通价值，在实施中交付价值，在经营中计量价值”的价值链模型，其中主要包括供应链、产品、平台、市场营销、销售、客户、实施等关键环节。

一、在生产中创造价值

1. 供应链管理

为了更好地满足客户需求，云运营服务过程中所需的基础设施资源、软件资源、服务资源等应及时就位，以保障运营。因此，企业需要建立健全内部完整高效的供应链管理体系。在这方面，互联网云计算公司提供了示范，其适度简化和加速了资源的内部预算、采购和执行的审批流程，缩短了审批时间，保证了资源按期就位；完善资源的资产管理和使用管理，根据产品使用情况和客户需求持续优化产品的采购内容和结构，促进采购成本的持续降低。有效的供应链管理体系至少包括预算管理、采购管理、供应商管理、资产管理。

（1）预算管理

预算管理应以云战略规划为依据，以云服务交付为核心，通过集中监督、分散权责来有效配置企业的资源，经过一系列控制、预算、协调流程等实现云战略目标，提高业务竞争力。随着经济全球化趋势的日益加快以及 VUCA 时代的到来，传统意义上的预算管理越来越难以适应不断变化的内外部环境。企业应基于对行业发展形势的研判和与潜在客户需求的沟通，结合大数据与 AI 数据分析，对需求进行科学预测，并以此为依据制定预算。

①预算管理目标与业务目标相结合。

企业云战略是经过内部业务需求或外部市场环境分析，为实现业务目标而确定的整体行动规划。预算管理应服务于企业云战略，它是围绕企业云战略落地所采取的具体措施。此外，预算管理应围绕业务目标制定详细预算，如销售预测、产量预测、费用预测等。云战略下的预算管理与传统的企业预算管理有所不同。企业首先分析所处的市场环境，定位客户需求，结合企业的研发、销售、资金运作等情况来确定业务价值目标，以此为基础详细编制与云运营业务相贴合的预算。云战略目标应居于最高的统驭地位，为各层级责任预算单位具体预算的编制确立必须遵循的基本标准，明确不同发展阶段的管理目标和重点，逐步实现中长期年度滚动预算和按月度环比的滚动预算的模式，保证更好地实施企业的云战略。

②建立预算相关的大数据平台。

预算管理作为企业战略规划落地和动态控制的重要手段，无论是云运营管理层还是执行层，提高资源的可视化程度都是他们梦寐以求的事情。大数据、云计算为企业预算管理平台化和信息化提供了良好的技术环境，它不仅促使组织内部进行沟通与联系，而且使各部门的运营内容充分融合。在云计算平台的支持下，企业预算编制会更加贴近业务目标，经营决策层实时对数据进行监控和采集，为预算的精确管理提供准确的信息，对不合理的流程进行优化，对不合理的预算及时进行调整，有效提高了预算管理水平。

③建立合理的预算考评制度。

企业预算考评是用来监督各部门运营情况的有效手段，更是云战略落地情况的重要反馈机制，它既能检查和督促各责任部门积极落实预算任务，又能为有效激励提供合理可靠的依据。建立合理的预算管理制度，以责任中心为预算主体，制定预算考评制度，完善内部控制机构，通过预算与实际的差异来检验执行目标偏离的程度，分析问题产生原因并采取有效的解决措施。公正合理的预算考评制度是预算管理良性循环的重要推动力，通过预算激励的方式来引导预算执行人执行云战略导向的预算，不仅有利于确保预算管理落实到位，还有利于预算管理的改进。根据预算目标完成程度对预算执行实施公正的评价，即使目标偏离程度高，也不应指责个人，而是应该将重点放在吸取教训以及为避免再次发生所采取的附加检查措施上，这样有利于调动员工的积极性。

为了不断满足业务需求，应结合数据分析对需求进行科学预测，制定以价值为导向的预算管理，它不仅体现了云战略为业务创造价值的观念，也是实现资源配置的最佳手段。它涵盖云运营所需的全部要素并贯穿云运营的全过程。

（2）采购管理

采购计划源于预算，是保障云战略落地的重要举措。云运营体系有序的良性运转需要良好的采购计划。良好的采购计划是企业云运营体系提供服务与成本控制的重要保证。为了快速迎合业务需求，企业需要敏捷的采购管理方式。在与供应商合作之前，企业应考虑供应商市场的成本压力和机会，使企业的利益与供应商的利益保持一致，重视效率和节约性，维护良好的合作伙伴关系。

①定期谈框架。

框架协议采购是一种敏捷的采购模式，是对特定时期内技术参数统一、需求频率高、需求规模大的物资需求进行整合，通过招标或者商务磋商等谈判方式确定供应商、价格、数量等框架协议要素。一般而言，入选的框架协议供应商在行业中具有丰富的经验和良好的口碑，能够为企业提供高性价比的产品与服务。即使未来出现因不可控因素导致的产品价格大幅变动等特殊情况，企业和供应商也会基于框架协议约定，特别是事先约定的价格协调机制，共同应对来自市场的风险。定期谈框架的方式在降低采购成本、提高采购效率、优化供应商结构等方面发挥着重要作用。

②按需下订单。

框架协议采购作为一种全新的资源采购理念和模式，其灵活性体现在允许企业根据实际需求在框架协议项下实时执行订单采购操作。企业与供应商建立起了长期、互利的战略伙伴关系，建立了更加紧密的沟通、协调、合作和信息共享机制，形成了战略优势，在缩短物资采购周期、降低采购价格以及提升采购效率等方面发挥了积极作用。

③缩短物资采购周期。

框架协议采购方式通过在特定时期内对同类物资、不同的物资需求的灵活结合，进而形成采购规模，使企业在价格谈判过程中占据有利地位。一般采购方式是先由需求部门提出物资需求，然后由计划部门进行平衡并制订采购计划，接下来将计划下达给采购员进行询价、揭示报价、确定中标供应商、下达采购订单的过程。框架协议采购可以有效避免逐单询价的复杂采购流程，缩短了时间，保证了物资供应的及时性。由于框架协议采购更灵活，更集中，因此操作流程相对简单，采购效率也得到了提高。

（3）供应商管理

企业应引入多家供应商谈判，选择符合技术标准、具有价格和服务响应速度优势的多家供应商，形成供应商资源池，建立供应商考核机制。企业还应制定供应商管理策略，包括但不限于供应商的选择标准，供应商入围的要求、资质等内容；应与供应商建立沟通机制，包括定期的沟通机制及关于质量问题临时性的沟通；明确供应商的管理方式，包括供应商人员管理、项目管理等；明确供应商的考核机制，包括周期性的考核或结项付款时考核；明确供应商淘汰标准。

①供应商选择。

企业应确定外部资源采购需求，实施供应商的选择和物资的采购。

A. 应综合分析和确定外部资源需求，分析内容宜包括申请内容、使用范围、必要性以及资源数量；

B. 应对备选供应商执行尽职调查和风险分析；

C. 应确定采购方法，建立评估标准，选择供应商并签订合同，评估标准宜包括服务、能力、质量和成本。

②供应商日常管理。

企业应基于合同，实施供应商日常管理。

A. 应设置供应商服务和合同分类，并形成供应商与合同清单；

B. 应管理并控制供应商服务与产品的运营和交付，管理供应商关系；

C. 应明确供应商管理的信息安全要求，并与供应商签署相关安全协议。

③供应商评价。

企业应对供应商在服务期内的交付情况和效果进行综合评价，识别待改进的内容，进行整改，从而提高供应商的交付质量。评价周期可根据供应商分类中的相应要求或供应商的服务质量自行制定，可分为半年、季度、月或者周。评价结果可为后续项目供应商推荐提供参考，对于未能达到标准或违反管理要求的供应商可予以禁用。针对评价中发现的问题，供应商应制定整改方案，持续改进。

（4）资产管理

企业应分析资产管理需求，确定资产管理范围并兼顾管理成本，全面掌握资产状况，形成明确的资产管理流程机制，应定义资产的分类分级、各类资产的标识方法、命名规范以及属性，确定资产管理策略，利用 ERP 等相关工具对资产进行统一管理，确保数据的准确性。

①资产识别。

A. 应识别服务生命周期内的资产，唯一标识并记录到资产库中；

B. 应制定资产库的访问控制权限。

②资产维护。

A. 应建立资产实物的计划、采购、入库、安装、运行、变更、闲置、报废等管理活动，明确各生命周期环节的管理要求，以符合信息安全需要；

B. 应记录新的或变更的资产信息，定期检查资产对应的实体并更新资产库。

③资产状态报告。

应生成状态报告，展示所有受控资产的当前状态和变更历史记录。

④资产验证与审核。

A. 应核对和验证资产信息，确保资产信息正确记录到资产库中；

B. 应按计划时间间隔，每年至少一次对资产库进行审核。

2. 产品管理

企业应以产品目录为基准，以运营平台为抓手，从业务视角进行产品全生命周期管理，实现相关业务要素与平台的对接，监控产品销售状态，对产品进行客观公允的成本核算，并采用基于价值的灵活定价策略。

（1）产品目录管理

企业应建立产品目录管理体系，实现产品目录准入制，以产品目录为基准，完成产品的上架、运营、变更、下架等管理，确保产品目录的权威性、完整性、有效性。云平台在 IaaS/PaaS/SaaS 层面提供各种服务。企业应以类似服务目录的方式来管理平台所支持的服务类别及服务列表，以及产品目录的增加、查询、修改、删除。

①产品目录的增加。

企业对外部市场或内部需求进行调查并进行技术可行性研究后，产生一个新的云产品的概念模型。企业从供应商处购买物料、组件等资源，通过新产品的研发活动，新产品逐渐成形，并进行小批量试生产，经市场信息确认后，产品应进入企业产品目录，作为正式产品或服务供用户选择。产品目录中至少应包括服务描述、状态、使用约束等信息。

②产品目录的查询。

对客户而言，产品目录是企业提供服务的窗口，它可以被理解为餐馆中的菜单，菜单中描述了菜品种类、口味等信息，产品目录描述了企业所提供的产品，包括产品分类信息、版本信息、性能信息、产品获取方式等内容，应尽量涵盖客户所关心的内容。此外，企业应提供友好的产品目录查询工具。

③产品目录的修改。

为了适应用户不断变化的需求，企业应不断丰富产品和服务手段。企业产品迭代之后，产品目录应及时更新，以保证产品目录的完整性和时效性。产品目录修改后，应及时通知相关的客户，以保证产品目录的权威性；还应通过公共途径发布，以保证产品目录的有效性。

④产品目录的删除。

对于不符合市场需求或企业内部业务需求的产品，企业应进行资源回收并下线该产品。产品下线前，企业应确保通知使用该产品的所有客户，并逐步进行资源回收。产品下线后，企业应及时更新产品目录，以保证产品目录的内容与云平台的实际内容一致。

（2）解决方案及服务设计

企业应积累产品知识与服务经验，并及时归纳总结，将其设计开发为遵循企业云产品体系的解决方案和服务（常规服务、专家服务），以扩充企业云产品线，提升云运营能力。

①分析用户需求，确认产品目标。

解决方案核心要素大都离不开客户、需求、场景。企业应通过对用户需求的深入解读以及对当前问题的总结，明确产品的核心目的是什么。确认目标后，首先要确定从何处着手。用户在每个场景下都或多或少存在业务矛盾，对于现有产品的升级，识别用户产品应用场景，分析用户痒点；对于新产品的开发，应基于场景分析，抓住用户痛点。一个高质量的解决方案不仅需要解决当前的主要业务矛盾，还应该满足长期的业务发展需求。

②解决方案分级管理，满足不同场景的需要。

对于客户服务，企业应考虑建立阶梯化、标准化的服务交付方案和流程。根据云服务的能力现状和服务支持水平，企业应建立清晰的解决方案梯度和明确的解决方案服务级别，满足不同的客户群体需求。阶梯化的解决方案应体现出服务内容、服务级别、服务验收的不同特点，保障企业与云客户的权益，避免后续的潜在损失。

③以业务成功为出发点，关注重点，而非追求完美。

解决方案的设计初衷是帮助业务获得成功，仅停留在管理理念和改进措施设计上都是纸上谈兵，高质量的解决方案才是为客户解决实际问题的关键。解决方案应具有针对性，需要强大的能力作为支撑，还要真正做到“知行合一”，从研发问题分析阶段入手，进行系统化思考。任何解决方案都不会无懈可击，而且实际工作是千变万化的，不可能对每种情况都提供适应性的管理机制。另外，“完美”的解决方案更加关注质量，而非进度。

（3）产品容量管理

企业应监控产品销售状态，对产品库存进行警戒线管理，以预防风险，同时驱动相关的扩容、采购、资源盘点与优化等工作。它不但包括对未来需求的洞察，还涉及产品变化时资源使用的变化。产品容量管理是规划未来资源需求的基础。

①基于业务需求预测的产品容量分析。

企业应对未来的业务需求趋势进行预测，将预测结果反馈至负责预算管理、采购管理等责任部门。业务需求预测信息包括正常业务开展情况下的业务量趋势预测、可能导致业务量异常的特殊时段的业务量趋势预测（如“双十一”、新业务发行等）。企业应基于业务需求预测数据对产品容量现状进行分析，还应依据服务合同、监管部门的要求对产品容量的调整需求进行分析，找出差距并提出应对方案。

②基于监控数据的产品容量配置。

企业应对产品容量设置警戒线，实时监控产品容量使用情况并且对产品容量历史数据展开主动分析，识别异常情况，定期生成产品容量报告。产品容量阈值一旦临近或被突破，应采取优化措施，及时做出采购管理、资产管理、预算管理等方面的调整，其目的是保证产品容量处于最优状态。

③动态调整的容量规划。

容量管理通过帮助云运营与业务需求相匹配来支持以最佳且具有成本效益的方式提供云服务。企业应根据产品容量计划的执行情况、容量统计指标的达成情况和容量监控情况对容量管理进行优化调整，并将其体现在下一期的产品容量规划中。没有合理的容量规划，云服务会无法承担新的负载并可能造成服务质量下降甚至失效。

3. 平台管理

企业应建设自主可控的云运营平台，该平台必须功能完备，分层解耦，敏捷集成，能够支撑企业云服务各项战略目标，同时针对运营需求开发相关运营工具，提升运营工作效率。

（1）云运营平台的建设与维护

云运营平台的目标是使应用在云平台上运行时取得最优化的效果，因此，云运营平台管理内容至少包括两个方面：一方面是管理云资源（公有云、私有云、混合云），另一方面是服务管理（自服务、镜像划分、计量与计费、负载优化等）。企业在建设维护云运营管理平台过程中，应关注云运营平台的整体设计、功能架构、技术架构，以充分支撑云运营管理落地。

①整体设计原则。

鉴于云运营平台的特点，云运营平台系统的整体设计应遵循“安全性、稳定性、易用性、及时性、规范性、开放性、松耦合”原则。

A. 安全性原则。保证身份的正确性、传输信息的正确性、传输信息的可靠性、访问权限的安全性、数据信息的安全性和数据操作的安全性。

B. 稳定性原则。采用对应的技术与措施来提高系统的可靠性，如设备冗余、数据有效备份、容灾切换等。

C. 易用性原则。在不影响功能的前提下，系统应尽量提高易用性和友好性，提供良好的用户操作界面、详细的帮助信息。

D. 及时性原则。系统要求具有实时性，用户在使用系统时不应有明显的延时感。系统采用灵活的任务调度机制，以实现负载均衡，防止瓶颈产生。

E. 规范性原则。系统内部模块间接口和对外接口设计都要遵循标准化和规范化原则，不仅与现有系统易于接口，还应与未来系统易于接口。

F. 开放性原则。系统架构采用模块化设计，实现数据与业务应用的隔离，可以方便地与外围系统进行数据交换。

G. 松耦合原则。系统采用模块化结构进行设计，具有较强的灵活性、可操作性和可扩展性，根据组件化设计思路达到系统之间的松耦合。

②功能架构。

云运营平台的设计目标是实现资源池的统一管理、系统用户和最终用户对平台进行管理和运营的自动化和便捷化。因此，云运营平台管理系统从功能角度至少包括统一门户、服务管理、资源管理。

云运营平台按照应用逻辑分为物理层、虚拟层、管理层等。

A. 物理层。物理层位于整个架构的最底层，包括服务器、存储器和网络设备等硬件设备。

B. 虚拟层。虚拟层包括计算能力、网络、存储虚拟化，通过相应的虚拟化技术，形成物理计算资源池和存储资源池，以便上层管理层进行调度和管理，在本层采用统一的代理服务接口，对不同的虚拟资源和物理资源进行管理，对上层屏蔽不同虚拟服务方式和物理设备的差异性。

C. 管理层。管理层包括资源管理和服务管理。资源管理提供各种资源的集中、统一管理和资源的分配调度，集中管理相关的硬件资源，包括服务器、存储器、网络设备等，同时提供对虚拟资源的集中管理。服务管理主要定义业务、管理客户、提供运营管理（包括计费、订购管理、工单管理等功能），以及提供集中的用户管理、事件管理、服务目录，并且提供部署服务和一些封装的应用，以便可以在门户集成。

③技术架构。

云运营平台按照业务逻辑划分为用户层、接入层、业务逻辑层、数据层等。

A. 用户层。用户层主要是指业务受理界面、系统管理界面、运维管理界面等与客户或操作人员交互的应用系统界面。系统界面具有信息显示和指令交互等功能，并将信息的展现和界面处理逻辑进行分离。

B. 接入层。接入层的应用程序与服务端的应用程序是相对独立的。接入层只负责发送服务请求，服务如何实现则完全由业务逻辑层负责。接入层为最终客户提供统一的客户接入、服务平台，为各类使用者提供良好的工作平台，支撑其为客户提供优质的服务，同时为其他外围系统和机构提供实时、定时批处理接口。接入层支持 Internet 接入、移动终端接入等实现了安全网关、认证和授权、应用适配、接入监控、接入分析等功能。

C. 业务逻辑层。业务逻辑层是系统的业务逻辑实现层，是系统最核心的部分，是实现各种业务功能的逻辑实体。这些逻辑实体在实现上表现为各种功能组件。这些功能组件是对象化的组件模块，可实例化并通过继承重用；每个对象对外提供服务的接口保持相对独立，利于开发和维护；根据性能要求，业务逻辑实体的实现可以放在一台机器上，也可以分散在不同的机器上，以充分利用系统资源。

D. 数据层。数据层用于存放并管理各种系统数据。应用系统的最终功能映射为对数据库中表和记录的操作，数据层实现对各种数据库和数据源的访问，并使得业务逻辑层的设计和实现更集中于系统本身的功能。数据层由数据访问层和数据源构成，其中数据源包括数据库、内存数据、消息队列、磁盘文件等。

（2）云运营平台操作

云运营平台的操作用户包括管理员和运维人员、最终用户，至少对应三大门户：

管理门户、运维门户、用户门户。

①管理门户。

管理门户为平台的管理人员提供了一个统一的管理平台，提供云计算中心运营管理平台功能管理、资源管理、资源部署调度、用户管理、用户权限管理、运营监控管理、统计分析和计费管理等功能。

②运维门户。

运维门户为各个级别的运维人员提供系统管理、监控管理、日志管理、统计分析等功能操作。运维门户支持管理模块定制功能，对不同级别的运维人员提供不同内容的运维门户。云运营平台管理员可以为不同级别的运维人员分配不同的运维权限，并根据运维权限，定制不同的运维门户。

③用户门户。

用户门户为用户提供简单友好的自服务页面，为用户提供对私有计算资源、虚拟主机、弹性主机、网络存储、虚拟防火墙等产品的浏览、订购、变更管理，私有资源管理等功能，提交订购与变更请求，对自己的服务实例进行查询、变更、终止、监控、管理以及报表查询，账户相关的充值、账单、调账、对账、退款等账务管理服务等。用户门户提供用户权限的分级管理，可依据用户组别设定权限及用户终端绑定等。考虑到整个平台的安全性，系统应提供安全管理，包括用户安全、应用和服务安全。用户安全是指登录账号管理和密码管理；应用和服务安全是指提供服务访问安全、访问审计，以及服务之间的联邦认证功能。

（3）运营工具开发

随着企业业务的发展，企业应利用关键技术开发必要的运营工具，以提升运营工作效率。为了可以灵活敏捷地适配客户需求，并根据多份行业报告提出建议，企业应在异构虚拟化管理、智能资源调度管理方面加大科研投入。

①异构虚拟化管理。

针对不同的虚拟化服务方案，企业应考虑采用统一的异构虚拟化管理，以实现抽象虚拟化适配层，支持多种虚拟化技术，完成从虚拟层外部接口到内部接口之间的转换适配；同时整个模块建议采用插件式架构，以降低不同模块间的耦合度。

②智能资源调度管理。

云运营平台的一个重要功能是智能资源调度管理。调度就是根据各种情况完成不同虚拟机的各种迁移，通过虚拟机迁移满足各种业务需求。智能资源调度管理的设计需要考虑以下需求：

A. 支持多种基本形式的调度（CPU、内存、时间等）；

B. 业务能方便地定义与执行各种复杂的调度；

C. 通过调度实现动态扩展与负载均衡等高级功能；

D. 通过收集资源信息，系统根据资源使用率进行资源的扩容管理和收缩管理；

E. 通过内置的资源调度策略，系统可根据自身情况主动调整资源，达到整个系统的负载均衡；

F. 通过调度实现应用的高可用性。

二、在营销中沟通价值

企业云业务运营指的是企业针对云平台服务，以向客户输出为导向的运营，包括市场营销、销售、客户的维护和管理。

1. 市场营销

企业应使用多种方式进行市场营销，建设规范的体系和规程管理营销行为，打造优质的企业云品牌形象，实现企业云与平台客户、行业、社会之间的价值传递、价值沟通。企业不仅要获得较好的经济效益，而且要使企业的资源得到充分的利用。

（1）信息发布

企业应建立云服务信息发布规程，基于信息性质、客户分级、发布范围、业务影响等多种业务规则，通过多个信息发布渠道进行信息发布，规范信息内容格式，确保信息及时、可达、有效。企业应对可以控制的各种营销渠道（官网公告、站内信、邮件、短信等）进行优化组合、综合运用，以提高应变能力和竞争能力。为有效地开展营销，企业必须了解谁是目标客户，客户在哪里，客户需要什么产品，客户为什么要购买，客户通过哪些方式和途径购买，还要分析消费者的需求心理。进行市场细分时，根据不同客户的需求特点、习惯等特征，精准发布产品信息。

（2）活动运营

企业应建立产品活动运营规程，活动内容包括促销、展会、宣讲、事件营销等，主动发起方或配合发起方制定活动方案，明确活动安排和所需资源，并经管理部门同意后与相关方配合实施。企业通过深入分析和研究，对目标市场定位后，为实现运营目标，取得最佳效益，应综合运用各种营销策略，如产品策略、价格策略、促销策略及其组合策略。

①产品策略。

"产品"不仅包括有形产品，还包括无形的服务，即售后服务、保证、产品形象等。另外，产品的生命周期分为投入期、成长期、成熟期和衰退期。在不同的生命周期，应该有不同的策略。在产品的投入期要突出一个"快"字，缩短投入期，尽快进入成长期；在产品的成长期要突出一个"好"字，抓住大好时机，把产品搞上去；在产品的成熟期要突出一个"改"字，对原产品加以改进，延长其生命周期；在产品的衰退期，要突出一个"换"字，果断实现产品的更新换代，以新产品取代旧产品。

②价格策略。

价格策略对于实现企业的业务目标有着重要的作用，在制定产品价格时，并不是价格越高越好。价格策略应对竞争与市场变化做出灵敏的反应，还要随着市场环境的变化对产品价格进行必要的调整，以实现企业的价格目标，即追求最高利润，实现一定的收益，保持或增加市场份额，应对或避免竞争，保持价格稳定。

③促销策略。

促销主要有广告促销、人员促销、营业推广和公共关系等几种形式，其目的是增进企业与客户、供应商、政府和社会公众之间广泛、迅速和连续的信息沟通，树立企业产品形象，让客户认知并选择产品。

（3）品牌形象管理

品牌形象指的是企业用来区分于其他竞争对手提供的服务产品的名称、Logo 等。树立良好的品牌形象是提高企业价值的一项重要措施。企业应做好云平台的公共关系管理和舆情管理工作，塑造、宣传、维护企业云品牌形象，履行社会责任；注重品牌形象的建设，通过品牌形象来树立企业在用户心中独特的形象，加强用户对品牌的忠诚度，在市场竞争中保持领先的优势；把与产品相关的各种有形要素利用起来，把无形服务尽可能地实体化、有形化，提升最终用户的服务体验。客户心目中品牌形象的建立，最终取决于品牌的知名度、服务及产品质量。因此，企业要以客户为核心，高度重视客户反应，并且善于运用公共关系造势来抓住客户的心理。

（4）沟通管理

企业应针对不同沟通场景和不同沟通对象设计不同的沟通管理和话术规范，确保沟通过程合规、专业、高效，在支持企业云业务开展的同时维护企业云品牌形象。在每个服务市场中都有大量的、地域分布广泛的客户，客户的业务需求具有个性化和多样化等特性。鉴于此，任何企业都不太可能满足所有用户的服务需求。因此，每个企业都需要对客户进行细分，在此基础上选择目标客户，并有针对性地开展产品沟通活动。

2. 销售

企业应基于对商机的有效管理和对客户的精准定位，进行合规、高效、专业化的销售活动，全面掌握销售过程的各个环节，建立销售绩效管理体系，对直销团队与渠道销售进行考核，并通过销售支持工具和培训为销售赋能。

（1）商机管理

企业应建立商机的全生命周期管理体系，通过多种渠道发现云服务商机，以商机为线索识别潜在客户，建立客户档案，并将商机分派给适合的直销团队与渠道，以管理客户关系并实现销售阶段的层层推进，提升商机赢单率。

（2）销售赋能

企业应为销售团队与渠道提供有效的移动端销售支持工具，包括知识库、在线学习平台、方案生成器与报价单、CRM 系统等，定期为销售团队与渠道提供相关培训，包括企业云产品、服务、架构、优势、业务模式等。

（3）精准营销

企业应基于已有数据和外部采购数据，为企业云客户制作客户画像，精准定位目标客户群，并将目标客户名单下发，以进行精准营销，同时利用新增数据不断优化和改进数据模型。

（4）绩效管理

企业应建立云服务销售绩效管理体系，制定直销与渠道销售 KPI 考核指标，并将其纳入业务考核体系监督执行，以对企业云服务的推广进程进行管控。

（5）商务管理

企业应支持销售团队遵照客户方商务规则推进商务流程，并对必要的商务文件（选型测试报告、标书、合同等）进行审阅修改，按照企业要求合法、合规完成商务谈判与合同签署。

3. 客户的维护和管理

企业应以客户为中心，建立客户管理体系，为客户全生命周期管理提供依据和标准，同时为运营平台上的客户提供服务，保障客户财产，提升客户黏性。

（1）客户信息管理

企业应基于企业云战略规划与商业模式，明确目标客户类型，并形成客户信息数据标准，对客户进行动态管理；设立完善的客户信息管理机制，配套完善的客户信息管理制度，保证客户信息的准确性、有效性、保密性，使企业与客户的关系能够得到良好的维护与管理；将客户信息管理规范化、标准化，有效进行客户信息的收集、存储、加工、集成、分析、价值实现等；通过网络查询、会议会展、活动推广、线上线下业务推送等多种渠道，全面收集潜在客户信息，逐步建立完善的营销客户数据库，细分客户类型；依据不同行业及对企业业务发展的贡献程度等因素，形成完善的用户标签体系，实现良好的动态管理；在此基础上，充分应用客户数据库开展有效的营销活动，与客户建立可循环的良好关系并持续优化，提升高价值客户数量。

（2）客户分级体系建设

基于客户性质和对企业的价值贡献，企业应形成定性与定量相结合的客户分级体系，并以此为基础为客户提供分级服务，以更好地落实云战略。客户分级是为了更好地进行客户关系建立和维护，按照客户的需求、行业特性、问题反馈等诸多核心因素进行客户分类、分级，在收集完所需的客户信息后进行分类、整合和分级管理。客户分级管理越细化，越能准确判断目标客户的消费需求，越能够更准确地进行营销、产品开发和服务定位，更有效地促进企业资源整合利用，提升经济效益。企业应注重运营数据的积累与分析，精确地进行个性化分析，对目标客户进行细分，比如按照行业、签单额度等划分等级，建立客户数据库。

客户数据库可分为基础客户数据库、精准客户数据库和核心客户数据库。基础客户数据库的客户信息主要通过网络获得，匹配企业主营业务拓展需求，并按照地域、行业、单位性质等进行分类管理。精准客户数据库包含已有接触但未明确合作意向的客户、签订或拟签订战略合作的合作伙伴等。企业已与这部分客户初步建立一定的合作关系，可通过分析客户行为信息进行精准营销，激发客户购买企业服务与产品的意愿。核心客户数据库，主要是明确业务咨询的客户，包括有明确业务需求且意向强烈客户、新签约客户、老客户等，是与企业关系最为紧密的客户，企业可与核心客户建立合作联盟，实现资源共享、互利共赢，同时注重老客户的关系维护。拥有一批忠诚的老客户对促进企业的发展非常关键。老客户对于企业云服务与产品理念有很高的认可度，因此保持良好的老客户关系维护，能够形成良好的企业口碑，通过创新企业自身服务模式，会更加快速地开发老客户二次合作机会，甚至通过老客户关系辐射开发新客户。

（3）客户服务体系建设

企业应建立以客户为中心的全生命周期服务体系，覆盖客户服务的全部场景，串联各领域资源，明确相关方角色和流程，为客户提供优质的体验和高效的服务，一套有效的客户关系管理系统是必不可少的。客户关系管理系统不但能迅速获得并保留客户信息，还能进行选择分类、分析，能够系统化管理新客户，全面开发老客户，优化企业业务流程，实施有效的营销开发和服务管理。基于营销的客户关系管理系统需具备以下基本功能。

①做到分级保密管理，系统稳定，保证客户信息安全。

②可以灵活增加各类标签，可根据任何字段或双重及三重字段进行筛选和统计。

③通过多种形式为客户提供优惠服务，包括发放代金券、赠送充值、产品打折等。

④具备写入修改记录的功能，记录系统中任何关于客户的修改，并形成记录报告。

⑤通过营销活动记录等进行计算，智能分配客户的升级或降级管理。

⑥对设定的群体可发送邮件或短信。

⑦通过记录客户变更情况，自动形成客户履历报表，以及企业与企业、企业与个人、

个人与个人等的关系报表。

⑧通过提前植入营销计划，能够进行系统记忆，提醒计划的完成。

⑨具有合理、完善的标签管理体系，可以实现重要客户的关系网络分析。

三、在实施中交付价值

客户一旦选择企业云产品，企业应建立程序化的处理体系，通过多种渠道为客户提供轻量级服务，并利用数字化工具对服务过程进行跟踪处置。这主要包括咨询服务、解决方案制定、服务级别控制和运营保障。

1. 咨询服务

企业应建立规范化的客户服务中心，通过电话、在线客服、邮件等多种渠道为客户提供简单问题的标准化应答，实现统一的用户服务界面、服务功能和服务标准，树立统一的客户服务形象。此外，企业还要把客户服务中心纳入统一的营销和服务流程，保证业务流程在各相关部门之间快速、流畅地传递，保障企业与客户之间始终保持最有效的沟通。

客户服务中心要定期回访客户，了解客户最直接的使用感受，为产品市场和决策部门提供数据，以供有效地调度资源，提高服务质量和产品竞争力。客户服务中心的建成将极大地降低客户服务过程中的问题发生率，有效地提高客户满意度。

2. 解决方案制定

云提供基础服务，云生态聚合赋能，提供定制化的、适用于各行业的、预集成的产品与能力的组合，以满足客户的不同需求。

（1）解决方案开发

达成有效和高效的服务集成和管理，是实现成功解决方案开发的基础。解决方案开发能力是保证解决方案有效落地的前置条件，即解决方案开发能力是支撑解决方案交付的前提。总体而言，作为云产品服务提供者，应具备以下管理能力。

①服务集成治理能力。

企业要开展服务集成治理。

②服务集成组织能力。

企业要能够根据不断变化的业务需求开发和管理分布式供应端生态。

③业务管理能力。

企业要管理业务需求并开发符合业务需求的服务组合。

④管理工具和信息能力。

企业要能够管理分布式信息，提供集成工具解决方案。

⑤管理云生态供应端和合同管理能力。

企业要选择合适的供应端组合来保持不同合同为云生态服务的一致性。

⑥管理端到端服务。

企业要理解和管理端到端的业务服务，包括业务和 IT 服务的合并。在与生态伙伴互动的过程中，进一步提升企业与生态伙伴间的互动水平，汇聚生态伙伴，进一步提升云生态的整体能力。

（2）解决方案交付

解决方案交付是指云生态项目落地为实际业务的管理过程。解决方案交付至少包括服务级别管理、可用性管理、容量管理、服务连续性管理和运营保障管理等关键要素。

①服务级别管理。

服务级别管理是指维护生态业务并就企业和客户服务绩效达成具有约束力的协议，在与客户的价值交互中达成服务级别协议。服务级别管理负责人负责监控商定的质量参数，并在必要时采取措施，以确保服务级别维持在协议水平之上。

②可用性管理。

可用性管理使云产品能够维持约定的可用性，以满足服务级别要求。该能力要求不断监控已达到的可用性水平，并在必要时采取纠正措施。

③容量管理。

容量管理通过帮助云产品与业务需求相匹配来支持以最佳且具有成本效益的方式提供云服务。该过程涉及对未来需求的洞察，形成规划未来容量需求的基础，从而形成全面的容量管理能力。

④服务连续性管理。

开展服务连续性管理，以应对不可预测的灾难事件，是形成对网络安全威胁和系统漏洞的定期分析并采取适当预防措施的基础。

⑤运营保障管理。

运营保障管理有助于分析并解决可能造成业务中断的隐患或缺陷。

3. 服务级别控制

在解决方案开发阶段，企业应根据客户自身业务的需求和场景，以及云平台运营团队的现状，制定出一套适配的云产品服务等级管理流程，以确保企业云产品对外提供云服务的能力是可预期的。

（1）服务级别控制要素

服务级别协议可以在企业间的业务合同条款中得到体现，包括以下要素。

①服务级别管理应符合企业云运营的服务等级协议的结构。

②服务级别协议须得到有效的监控，才可以对服务进行衡量及改善。

③度量、测量和改善客户满意度，并有效管理业务满意度。

④在服务等级协议达成一致后，应立即启动服务监控，并定期向业务方提供服务绩效报告。

⑤在服务改进计划中，审查、改进服务，定期评审会应组织客户共同参与，以评估过去一定时期内的服务成就及下一时期的服务目标。

（2）SLA 指标示例

在云服务 SLA 指标管理体系方面，通过对业务连续性、系统容灾能力及系统运营服务等级的定义，明确不同的指标项，以满足服务需求。

①业务连续性。

在业务连续性方面，通常会根据系统的 RTO、RPO 来衡量是否满足用户服务需求，根据业务连续性等级，对 RTO、RPO 以及其他特殊的参考指标的要求共同去定义容灾指标。

②容灾服务支持。

对于容灾服务来讲，一般而言会定义服务的支持时间、问题响应时间和问题解决时间，再根据容灾级别和故障级别定义具体的指标项。

③整体服务级别。

对于未来企业提供的云上服务，根据具体的服务级别对服务的可用性、性能、满意度、服务支持时间或者一些服务的特殊指标要求去定义具体的指标项。

④故障处理效率。

在云服务出现故障的时候，一般来讲，我们会通过衡量运维人员对故障的响应时间以及对问题的解决时间去定义服务的等级。

4. 运营保障

解决方案交付后，进入云产品日常运营阶段。云产品运营保障工作包括例行管理、服务支持、安全管理、质量管理。

①例行管理。

例行管理是指利用监控工具对云产品运行信息的收集、分类和处理，实现运行状态的实时掌握，以及运行异常的及时发现和处理。企业规范巡检岗位的职责、工作纪律和行为，能够保证巡检工作有序进行，保障云产品安全稳定运行。通过一系列预定作业单的正确执行，达到云产品日常运营正常运转的基本需要。

②服务支持。

服务支持是指企业提供接收用户请求的渠道，并快速处理标准化服务，在最短时间内恢复正常云产品服务运营，将对业务运营的负面影响降至最低，进而确保能够保持服务质量与可用性级别。企业采取措施消除事件的深层次原因，预防事件或问题再次发生，能够降低重复事件的影响，提高云产品服务质量和稳定性。此外，企业管理云产品的各类变更活动，控制变更风险，能够减少变更对生产运行的影响，保障数据中心安全、稳定地运行。

③安全管理。

安全管理是指企业针对信息资产在运行环境中所面临的风险，制定信息安全策略和措施，将风险减少至可接受的程度，从而保障信息的可用性、保密性和完整性。例如，企业针对物理环境制定安健环管理策略，实施处置措施，实现人员、环境等方面的保障，避免重大环境或人员伤害事故的发生。

④质量管理。

质量管理是指通过运营服务体系中的服务策划、风险控制、资源保障等实现服务持续改进的状态。具体做法：通过建立重大事项评审机制，做好事前风险控制，降低数据中心运营风险；合理规划和管理数据中心审计，从而控制运营管理的潜在风险；通过对支持业务流程的 IT 服务进行识别并实施改进，实现服务能力持续改进、提升。

四、在经营中计量价值

云服务是企业基础设施科技成本投入的重要载体，通过硬件、软件、人力等各项科技投入和建设产出云产品，用于为企业内部各项业务提供基础技术支撑，同时可以以科技赋能的形式对外进行社会化服务。本部分聚焦云产品，以作业成本法模型为例，建立成本核算分摊体系与模型，实现基础设施科技成本精细化分摊。

作业成本法是指以作业为间接费用归集对象，通过资源动因和作业动因的确认、计量，最终将作业成本归集到受益对象的一种间接费用分配方法。其指导思想是“成本对象耗用作业，作业耗用资源”。作业成本法以作业为计算成本对象耗费资源的中间载体。根据作业对资源的耗费情况（资源动因）将资源的成本分配到作业成本库中，再由成本对象使用作业的情况（作业动因）将作业中的资源分配到成本对象，由这两个过程最终计算出成本对象消耗资源的情况，即得出成本对象的成本。

1. 成本核算与优化

企业应基于真实成本数据和财务会计规则，建立准确、有效的成本核算模型，对全部产品和服务进行客观、公允的成本核算，并从业务角度进行产品成本优化。

（1）基于作业成本法的科技成本核算与分摊流程

①模型概述。

企业科技成本核算分摊体系采用作业成本法的思路，以作业为间接费用归集对象，通过资源动因的确认、计量，将资源费用归集到作业，即企业云产品，再通过作业动因的确认、计量，将作业成本归集到成本对象，即内部上云项目或商务合同。从战略成本的管理视角，在资源层面和作业层面分别设置两个战略成本池。

在资源层面，云运营数据中心购入所需资源后，对于未使用的硬件设备，单独计入资源战略成本池，其余资源计入经营成本池，具体划分方式参考图 5-1。两个成本池中的资源均向下分摊至细分成本池，并由此归集出单位云产品成本。

在作业层面，对于生产出的企业云产品，已被使用的部分计入经营成本池，未被

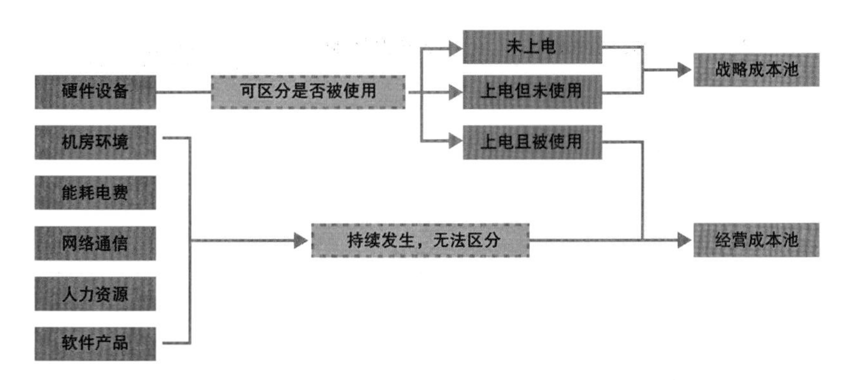

图 5-1 资源层面

部门使用的部分计入作业战略成本池，暂时由运营数据中心承担。一旦作业战略成本池中的产品被使用，该产品就从作业战略成本池中转出，纳入经营成本池，予以后续计量和分摊。对于作业战略成本池中因产品闲置而产生的成本，需要按月定期进行核算和汇总，按照毛收入或交易笔数分摊至各客户账户，具体分摊方式可参考图 5-2。

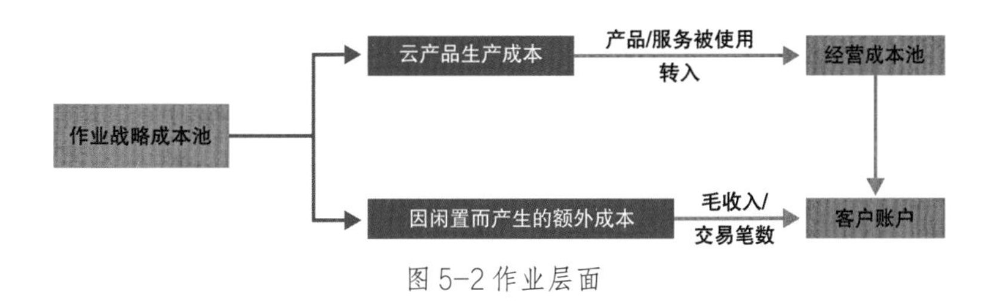

图 5-2 作业层面

②实现流程。

如图 5-3 所示，在模型的具体实现流程上，企业首先需要对购入的资源进行划分，形成各类资源对应的细分成本池，主要包括三类——产品专用成本池、公共成本池、部分产品公共成本池。其次，各成本池分别按照对应的资源动因分摊方式，将成本分摊到各类云产品上，并按照云产品的单位及数量计算出云产品单价。最后，根据各科技项目或者其他上云事项耗用的产品数量，结合产品单价，计算出其应当承担的成本。

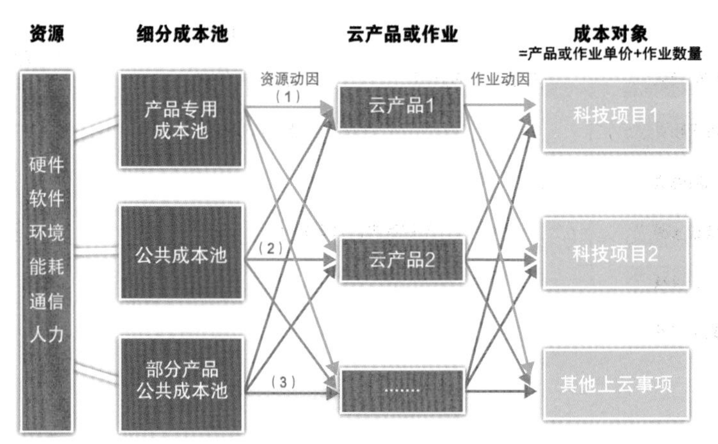

图 5-3 成本核算实现流程

产品专用成本池对应的成本直接分摊至相应产品，公共成本池对应的资源动因为各产品的专用硬件年成本占所有产品专用硬件年成本的比例，部分产品公共成本池对应的作业动因为相应的云产品平均分摊对应的成本池成本计算所得到的比例。作业动因即企业各类云产品计量单位。

（2）基于作业成本法的科技成本核算与分摊方法

企业在进行科技成本分摊时，首先应判断资源是否被使用，若资源暂未被使用，则将其纳入作业战略成本池；若资源已被使用，则将其纳入经营成本池。如果资源由闲置变更为被使用状态，相应地，须将该资源由作业战略成本池转出，并转入相应的经营成本池。

经营成本池又分为三个细分成本池，即产品专用成本池、公共成本池、部分产品公共成本池。将资源进行归类时主要遵循以下规则。

①若成本要素能够明确归属到某个云产品，符合此条件的成本要素计入该产品的专用成本，并将相关成本要素归入产品专用成本池。

②若成本要素无法明确归属到任何云产品，符合此条件的成本要素归入公共成本池，由所有涉及硬件设备的产品按照产品专用硬件设备成本占比共同分摊。

③若成本要素由多个可识别的云产品共同使用，符合此条件的成本要素归入部分产品公共成本池，由共同使用该部分成本要素的云产品平均分摊。

2. 产品定价

企业应针对不同场景、不同客户，采用多种灵活定价策略，服务于企业整体业务目标。

（1）明确云产品目录及产量

一般来说，企业可提供 IaaS、PaaS、SaaS 等产品。各产品的功能属性不同，因此不同的云产品在销售和使用时的基本计量、计费单位也不同，须先形成云产品目录及详细的产品定义清单。

企业应根据各个云产品使用的基础设施硬件资源的型号、配置和性能，按照硬件设备数量到云产品容量的标准测算方法，得到各云产品基于底层特定基础设施资源可以产出的、对外可提供服务的云产品产量。

（2）计算各云产品投入成本

按照“由下至上，分层计量，逐层分摊，层层归集”的成本核算原则，明确成本池中核算到各云产品的专用成本，以及应分摊的公共投入成本，分别按照三类细分成本池各自的资源动因，将成本池归集的资源成本分摊至各项云产品，云产品成本的计算公式：云产品成本 = 产品专用成本 + 公共成本池分摊成本 + 部分产品公共成本池分摊成本。下面将对公共成本池分摊成本和部分产品公共成本池分摊成本进行简要介绍。

①公共成本池分摊成本。

公共成本池包含所有无法明确归属到任何云产品的成本要素，涵盖硬件设备、软件产品、机房环境、能耗电费、人力资源等成本要素。公共成本池成本由所有涉及硬件设备成本的云产品共同分摊。公共成本池成本比例 = 该成本专用硬件年成本 / 产品专用硬件年总成本。

②部分产品公共成本池分摊成本。

部分产品公共成本池一般包括安全公共成本池和网络公共成本池两类。安全公共成本池包含由所有安全大类产品共同分摊的成本要素，涵盖硬件设备、软件产品、机房环境、能耗电费等成本要素。例如，安全大类中共有五个产品，因此分摊比例确定为 20%，即每个安全产品分摊安全公共成本池 20% 的成本。网络公共成本池涵盖人力资源一类成本要素，由六个网络大类产品共同分摊，因此分摊比例确定为 16.67%，即这六个网络大类产品各分摊网络公共成本池 16.67% 的成本。

（3）计算云产品单价

①成本单价的计算。

依据上述分摊规则，得到各云产品所应承担的成本总额，并依据测算方法得到各云产品的产量，二者相除，即可得到各云产品在产品定义中各个成本因子的单位价格，即成本单价。产品成本单价（元 / 月）= 该产品年总成本 /（产品产量 ×12）。

②企业云产品成本单价清单。

将核算模型及方法应用于企业不同的云产品，可以得到企业云产品目录中的各个云产品的成本单价，据此形成企业云产品成本单价清单，作为内部成本分摊和对外报价收费的重要基础依据。

3. 产品计量计费

企业应确保全部产品及服务拥有明确的计量计费方案，并力争实现平台自动化计量计费，以确保数据准确，便于相关方使用。

成本对象是指企业计算产品成本过程中，确定归集与分摊生产费用的承担客体。企业在进行科技成本核算的实际应用中，可能存在着多类成本对象，如实例成本、内部项目成本、机构成本、账户成本。

（1）实例成本

实例是指云资源在虚拟化后提供给租户的最小产品单位，例如租户购买一台云主机或者购买一块云硬盘，相当于创建一个云主机或者云硬盘的实例。实例也是企业云运营平台进行计量和计费的最小单位，运营平台每个小时统计一次各实例的资源使用量，以确保计量计费数据的准确性。每月对各实例资源用量进行汇总，即可计算得到各实例的月累计用量。实例的月累计用量乘以成本价，即可计算得到该实例的月使用成本，对实例各月成本求和，即可得到实例总成本。

（2）内部项目成本

企业内部上云一般以内部项目方式进行，在项目立项的过程中，需要对各产品配额、成本分摊机构、分摊比例等进行确认。因实例是资源申请的最小单位，故单个实例仅能归属于一个项目，之后需要对实例进行打标签的操作，明确每一个实例的项目组归属情况。运营平台定期给出各云产品的实例列表并提供线上打标签功能，项目组通过打标签组件确定自己项目组使用的实例列表。

（3）机构成本

成本分摊机构是指项目和事项的实际受益机构，根据“谁受益，谁承担”原则，按照目前的商务流程标准及云产品使用情况计费。

（4）账户成本

账户成本是更为精细的分摊粒度，是成本分摊的最终归属。在企业云成本分摊至内部受益部门或外部机构的基础上，进一步分摊至客户账户。

企业只有建立了成本核算与分摊机制，才能精确衡量各项资源投入，核算各项服务的产出价值，通过对外收费和对内分摊保证成本有效收回，促进资源的合理使用。

第二节　经营环境研究与生态建设

价值实现侧重于价值创造，风险管理侧重于保留价值，它包括应对与控制在企业中使用、拥有、运行、参与、影响和采用云技术的相关风险。企业应将云技术相关合规风险、信息系统风险、合作伙伴风险管理整合到企业云运营的过程中，以确保企业持续关注云运营，持续保持对云政策环境和行业发展态势的研究跟进，从第三方获取外部数据与咨询建议，获得必要的资质与认证，并从全价值链角度对接合作伙伴，建设完整的云生态。

一、政策研究、行业研究

在庞大的云生态体系中，政府和监管机构作为合规端重要的参与者，在一定程度上促进了云生态服务模式的更新、服务质量的提升、数据安全的防护等，整体加速了云生态内产业链的成熟进程。云服务提供商应加强云生态政策与法律研究力度，加强政策法律风险分析和应对，完成政策研究分析、合规应对、合规自查等工作。

1. 法律环境的挑战

毋庸置疑，云生态在国外已步入成长期，而在国内尚处于导入期，虽然我国已有针对云服务相关的法律法规，但是尚未完善，需要重点关注的法律风险主要有两个，分别是数据跨境存储和传输风险、隐私保护风险。

（1）数据跨境存储和传输风险

云计算具有地域性弱、信息流动性强的特点。一方面，当用户使用云服务时，并不能确定自己的数据存储在哪里，即使用户选择的是本国的云服务提供商，但由于该提供商可能在世界的多个地方建有云数据中心，用户的数据可能被跨境存储；另一方面，当云服务提供商要对数据进行备份或对服务器架构进行调整时，用户的数据可能需要转移，数据在传输过程中可能跨越多个国家，产生跨境传输问题。因此，云服务提供商需要熟悉各国关于数据跨境的相关规定。例如，欧盟的《通用数据保护条例》规定，欧盟公民的个人数据只能在满足该条例条款的前提下流动，若要居民个人信息（这些个人信息可能是不包含任何隐私的）数据进行合法的跨境存储和传输，该云服务提供商就需要满足某些条件。而在一般情况下，涉及欧盟业务的云服务提供商很难满足这些条件的要求。因此，云服务提供商必须筛选出那些包含欧盟居民个人信息的数据，并将它们严格存储在欧盟境内的数据中心内部，否则就违反了欧盟法律的相关规定。

《中华人民共和国网络安全法》第三十七条规定，关键信息基础设施的运营者在中华人民共和国境内运营中收集和产生的个人信息和重要数据应当在境内存储。因业务需要，确须向境外提供的，应当按照国家网信部门会同国务院有关部门制定的办法进行安全评估；法律、行政法规另有规定的，依照其规定。这条规定就限制了云计算服务商必须将存储有中国公民各种信息的服务器部署在中国。

（2）隐私保护风险

在云计算环境中，用户数据存储在云中，加大了用户隐私泄露的风险。在云服务中，云服务提供商需要切实保障用户隐私，不能让非授权用户以任何方法、任何形式获取用户的隐私信息。然而，一些国家的隐私保护法却明确规定，允许一些执法部门和政府成员在没有获得数据所有者允许的情况下查看其隐私信息，以切实保护国家安全。因此，云服务中的隐私保护策略与某些国家的隐私保护法的相关规定可能产生矛盾。例如，美国的爱国法案授权美国的执法者为达到反恐的目的，可以经法庭批准后，在没有经过数据所有者允许的情况下查看任何人的个人记录。这意味着，如果云用户的数据存储在美国境内，那么美国的执法者可以在经过法庭批准后，在用户毫不知情的情况下获取用户的所有云数据，查看用户的所有隐私信息，而这势必会对公民的隐私造成一定威胁。

《中华人民共和国个人信息保护法》提出，信息处理主体应当采取合理的安全措施保护个人信息，防止个人信息的意外丢失、毁损，非法收集、处理、利用，同时又指出，国家机关因履行法定职责，并为实现收集个人信息的目的，可以处理和利用个人信息。对于云服务商来说，如何既确保用户数据不被泄露，又不危害国家安全，便成为一个关键点。

2. 监管合规挑战

云服务提供商开展云生态服务，首先是要保证满足云计算领域相关的政策法规和资质合规要求。客户一般与云基础设施有着较为遥远的物理距离，且对于云基础设施无绝对控制权，对上云的服务安全性和可持续性方面较为关注。尤其是强监管行业客户在上云过程中较为谨慎，对服务提供者的实施经验、资质能力、合规能力、安全能力以及服务能力有较高要求。

（1）监管合规风险

云生态运营的前提是需要遵照国家相关政策申请营业牌照，满足监管机构的准入要求。根据《电信业务经营许可管理办法》（工业和信息化部令第 5 号），经营云服务业务必须通过相关技术评测，并依法取得相应的增值电信业务经营许可证，根据提供的云服务种类申请取得相关业务牌照持证经营；相关的监管政策还有《中华人民共和国电信条例》《关于进一步规范因特网数据中心（IDC）业务和因特网接入服务（ISP）业务市场准入工作的实施方案》《计算机信息系统安全专用产品检测和销售许可证管理办法》等。

（2）运营合规风险

云生态建设将打破社会各领域间的边界，开放的云生态价值将打通各领域“数据孤岛”，促进社会资源的优化配置，同时加大了信息泄露的风险，增加了监管的难度。

以商业银行为例，以银行业务为主营业务的商业银行的营业范围一般不包含云服务，即如果直接以云生态形式对外输出，监管政策范围内的云服务均面临违规经营的风险。为满足相关政策的监管要求，部分商业银行成立了科技子公司，以子公司为主体申请营业牌照或销售许可，进行云生态的建设与运作全面赋能业务。子公司须满足相关注册资本、股权性质和经营范围要求，且如果涉及基础设施级云服务输出，须考虑固定资产等资产剥离，以及服务母行业务时的协同合规。因此，企业在深化推进云生态建设的道路上，势必会受到监管部门的更多关注，因此要做好与监管部门的沟通，建立外部监督合作沟通机制。

（3）资质合规风险

在资质合规方面，企业须符合相关架构设计、解决方案、运维环境以及数据和隐私保护等合规要求。企业可按需申请相关资质认证，以证明具备内部控制机制、数据管理能力、访问控制管理能力、差异化灾备能力等安全管理能力，如网络安全等级保护测评、ISO/IEC 27001 信息安全管理体系、ISO/IEC 22301 业务连续性管理体系、云计算服务网络安全审查等，为用户选择安全、可信的服务商提供支撑。

因此，伴随着新版电信业务分类目录及相关解释文件的陆续出台，对云计算行业及云服务企业的经营资质的监管日趋完善。根据工信部的监管意见，提供 IaaS、PaaS、SaaS 服务的云服务企业须持有含互联网资源协作服务业务的 IDC 业务经营许可，无证经营云服务的不合规行为将受到查处。尤其是金融行业自身很难直接持有云服务经营牌照或销售许可，所有监管政策范围内的云服务均属违规经营，许多对外服务所需的资质认证工作难以开展，阻碍了云生态建设的发展。合规的运营模式是企业发展云生态必然要面临的问题。

二、生态建设与合作伙伴管理

企业应从全价值链角度考虑，通过在多个领域引入合作伙伴，补齐短板，丰富产品线，提升运营绩效，扩大行业影响力，与合作伙伴互利共赢，同时识别并管理与合作伙伴之间的风险和关系，最终形成完整、健康的云生态。

1. 生态建设

借鉴大自然生态模式，在经济活动中衍生出了业务生态的概念。业务生态是指由供需关系连接在一起形成网状结构的商业组织节点，在生态治理的干预下，以一定的业务节拍进行节点间的价值交换和传递，形成价值共振，并通过赋能、蓄能、储能的循环过程不断反哺、拓展整个业务生态系统，并逐步形成完整的业务生态圈。这种类似大自然生态繁衍方式的业务运营模式被称为业务生态化。与业务生态概念相对应，云生态是指在云市场行业内云生态圈的发展。

生态系统的构建要从商业视角出发，这是企业履行社会责任的重要方式。20 世纪以来，企业社会责任被西方学术界大量讨论。如今在西方企业中形成了两种鲜明的企业文化。一是以美国公司为主的股东文化。股东文化指的是以股东利益为第一优先的企业文化，与公司存在的根本目的相适应，即追求利润。这种文化对企业社会责任的实践是需要考虑投入与产出的，也就是说通过履行社会责任来管理商业环境，最终获取更大的商业利益。二是以欧洲公司为代表的利益相关者文化。利益相关者如员工、供应商、政府等不是为企业利润服务的。企业应该与利益相关者共同创造价值，最终带来社会财富的最大化。采用利益相关者文化的公司天然地将社会视为关键的利益相关者，会自发履行更多企业社会责任，将实现与社会的价值共创视为衡量自身的重要基准。如今的中国呈现出两种文化并存的状态，而以华为云、阿里云为代表的中国企业则进一步发展了利益相关者文化。

云生态是指将多个有合作关系的组织通过云的方式相互连接，使得多个组织之间的网络、应用、数据受控连接，为业务生态提供技术支撑。狭义的概念是指与云相关的 IaaS、PaaS、SaaS、DaaS 等，广义的概念是指由包括任何技术、数据、资源、能力等在内业务支撑侧要素构成的生态系统，云生态是业务生态的信息化基础。

云生态的参与者包括供应端、需求端、产业端和合规端。云生态组成部分与环境构成统一整体，各方参与者与环境之间相互影响、相互制约，并在一定时期内处于相对稳定的动态平衡状态。供应端是指包括技术、资源、数据和解决方案等在内的上游供应商和合作伙伴；需求端则包含所有广义的消费者，包括内部和外部客户、用户需求的集合，按类型则可以分为 B 端、C 端和 G 端；产业端体现云生态对相关产业的促进作用，主要包括信息技术行业和金融行业等，云生态从整体上推动了行业标准的形成，促进了云生态内的标准化、规范化、集约化，并培养了一批跨学科人才，推动技术和人才交流，形成欣欣向荣、蓬勃发展的局面；合规端是云生态发展的基础要求，整个生态业务发展需要遵循包括各行业主管机构，以及公安和工信部等安全和技术领域上管理机构的相关法律法规和政策制度。云生态的各组件建立在参与者的互动之上，由内向外体现云生态组成部分之间的支撑关系，由外向内形成促进关系，形成了一个正向循环。云运营贯穿始终，是云生态价值连通和保障的关键。

云生态涉及内外部资源合作，客户与合作伙伴类型众多。在国内，云计算经过萌芽期、发展期对资源和伙伴的初期积累和沉淀，聚集在其中的伙伴具有更高的价值，生态圈对客户群体的黏性也逐步增强，自身实力也不断得到增强。基于与客户、合作伙伴、政府与监管机构等构建的稳定云生态系统，企业可以向客户提供更加全面和优质的服务。因此，企业应规范化引入合作伙伴，以云市场、云集成等方式提升云生态的多元化服务能力，促进云生态向业务生态的有效转变，保证技术先进性，促进业务生态的循环持续发展，满足多种业务场景需求，富有生态特色，以实现供需生态和开放化的共享共建，开创互利共赢的生态新局面。

2. 合作伙伴风险管理

云生态中合作伙伴类型众多，云计算相关协议中没有通用的条款或承诺，这也给管理方面带来了挑战。从多个合作伙伴那里采购可以使组织维持内部技术团队或云技术供应商的稳定性，并利用竞争性市场行为来激励合作伙伴，以降低成本并控制风险。

（1）外部环境风险

合作伙伴外部环境风险是指由于环境和市场的不确定性而导致的与供应链合作成员合作意愿无关的、无法达到预定目标的不确定性。这种风险可以通过云生态价值链传递到链条上的其他合作成员，一旦出现重大的不利因素，可能出现市场扭转。换言之，外部环境风险是与合作情况无关但会导致生态关系破裂或造成成员节点重大损失的外部危险。它主要包括法律风险、自然灾害风险、市场风险等，各风险之间并不是独立存在的，它们相互联系，又相互影响。

①法律风险。

法律风险是指企业在法律事实过程中，未能按照法律法规的规定或按照合同约定的条款履行义务而使企业被迫承担法律后果，给企业造成损失的可能性。云生态价值链上的所有成员都必须密切关注国内外法律法规的变动情况，以避免企业出现违法违规的情况。例如，企业不能交易法律上规定的禁止交易物品，而云生态价值链各个节点企业之间签订的合同或协议都是具有法律意义的，企业一旦违反，就要接受相应的惩罚。

②自然灾害风险。

自然灾害风险是指由于自然灾害的爆发而给企业带来损失的可能性。这种风险是不可抗拒的，一旦发生，将给整个云生态价值链带来致命的伤害。自然灾害包括地震、洪水、台风、雪灾、山体滑坡等自然现象，爆发的频率越高，级别越大，给企业带来的风险就越大。例如，1999 年发生在美国北卡罗来纳州的弗洛伊德（Hurricane Floyd）飓风导致洪水淹没了戴姆勒—克莱斯勒在当地的一家汽车悬挂装置生产工厂，结果使得该公司在北美地区的另外七家工厂也被迫停产七天。

③市场风险。

市场风险是指由于客户需求转移变动等原因而导致企业云产品需求预测与市场实际容量出现偏差而无法收回成本的风险。这里的市场风险主要是针对云生态价值链内部系统中的各节点来说的，如果云生态中的供应商、分销商和零售商不配合，就会导致企业无法准确把握市场动态而产生市场风险。

（2）合作风险

合作风险，顾名思义就是指云生态价值链合作伙伴不合作而给企业造成损失的可能性。云生态价值链合作关系的建立需要各个成员的共同努力，重点在于合作。但价值链中的企业有共同利益的同时，更关注其自身利益，不同的经济实体有选择合作的权利，也有退出合作的可能，当合作关系中的其中一方决定终止合作时，原先的合作关系格局就会被打破，造成价值链断裂，从而导致信息流或者资金流失衡。企业不论是选择重新组建合作关系还是修复已有的链条都将耗费大量的财力、人力和物力，而且在这个过程中企业生产的中断或延缓都会给企业造成严重的损失。云生态合作风险主要包括目标风险、协议风险、信任风险，其核心是目标的冲突。

在云生态价值链合作模式中，各企业决策都是多目标决策，不仅要满足链条的整体需求，还要使自身利益达到最大化。但每个企业作为单一的个体，其活动目标从根本上说还是股东财富的最大化，这在某些方面与满足供应链的整体要求又有冲突。云生态价值链犹如一个网络，成员节点可能数量庞大，由不同的链条构成，每段链条都提供不同的服务，每段链条都有其不同的所有者，而他们都在追求自身利益，所以各段链条的目标可能发生冲突，因此，需要解决的是如何在各段价值链条之间进行采购、生产、库存、运输和分销的有效协调。

价值链合作关系的建立与维系主要依靠合作伙伴协议，协议内容的不完善或者协议本身的设计不当都会造成协议风险。价值链节点成员的管理不像企业内部管理那样可以以下达行政命令的方式强制执行，整条价值链是靠以共同利益为目标所签订的合作协议来维系的。但是由于人类认识的有限性、外部环境的不确定性和复杂性，以及信息的不对称性，各方都无法改变或预见所有可能发生的事情，造成了协议条款的不完整性。如果供应链协议设计不当，则会损害企业利益。

价值链合作企业要想高效合作，合作伙伴间的信任非常重要，因为它起着为协议的执行保驾护航的作用。信任风险主要来源于价值链协议本身的不完整性，而这种不完整性又来源于链条上各节点认识能力的局限性以及信息的不对称性；而且信任具有极强的传染性，它既可以是正面的，也可以是负面的，当一方的信任被另一方所利用而造成损失时，另一方也会立即做出降低信任的举措。这种负面的信任传染不仅会破坏双方之间的合作，也会扩散到链条上的其他节点，这样的连锁反应最终将导致整体云生态合作关系的破裂。

（3）能力风险

这里所说的能力风险有两层含义。

能力风险的第一层含义是指价值链上合作企业是否有能力去完成相应的任务。价值链上各个节点企业形成了一个有机的网链，相互依存，互相关联，各企业在专注于自身核心功能完成的同时也为创造利润的共同目标努力。但合作也是一把“双刃剑”，正如“木桶理论”所述，一只水桶能盛多少水并不取决于最长的那块木板，而是取决于最短的那块木板，亦即短板效应，在云生态价值链合作关系中也是如此。最薄弱的环节往往决定着整个链条的强度，网链上效率最低的一环决定着整个网链的效率，成为整条价值链的瓶颈。如果一个节点跟不上节奏，其他节点就不得不放慢节奏。非瓶颈节点高效率的生产只能导致断流或者高库存阻塞，从而使效率更低，导致浪费，有效的资源得不到充分利用，最终拖累整条价值链。

能力风险的第二层含义是指合作企业的能力能否及时更新，以适应不断变化的竞争环境。伴随着技术的革新，需求是不断变化的。企业已有的竞争优势不可能永远不被超越，只有不断地创新和变革，才能保持企业的核心竞争力。在互联网高速发展的时代，企业所处的价值链发生了很大的变化，这对企业的市场反应速度和外部协作能力提出了更高的要求，企业如果无法快速应对市场需求变化，无法全方位整合内外部资源，就将严重制约整个链条的发展。因此，要想充分发挥合作伙伴关系的优势，就必须建立有效的评估机制，选择优秀的合作伙伴，以降低供应链合作伙伴能力风险。

因此，企业应建立完善的生态合作伙伴管理机制，持续监控和评价价值链条上关键节点企业的服务级别，并严格履行风险尽职工作。

三、第三方咨询与认证

企业应引入第三方咨询机构对企业云产品发展提供建议，并协助企业获取必要的资质与认证，控制云平台架构设计缺陷、运行技术风险。

1. 云生态面临的信息技术挑战

脱离技术发展的云生态建设是空中楼阁。过去十年，云计算技术突飞猛进，全球云计算市场规模增长数倍，我国云计算市场从最初的十几亿增长到现在的千亿规模，我国云计算政策环境日趋完善。未来，云计算将迎来下一个黄金十年，以云为中心的生态同样处于高速发展阶段。与此同时，新技术、新应用、多元化业务需求不断涌现，在技术方面挑战巨大。

（1）算力承载规模的挑战

云生态场景下的服务对象从企业内部扩展到云生态的各个参与方，覆盖经济活动中的各种业务场景，将会催生巨量的计算和存储等 IT 基础设施需求。机房布局、机房空间、基础网络接入能力，都可能成为制约算力发展的主要因素。算力的满足意味着在机房、服务器、基础网络、相关配套等方面要持续增加投入。

（2）云服务能力的挑战

从业界对标来看，国内企业在自主可控的云平台构建，以及云服务的种类、覆盖宽度、使用便利性等方面存在先天不足。在 IaaS 云服务方面，是否具备软件定义基础设施能力，可否提供主流 IaaS 云服务，能否适应新技术应用、云原生能力的支撑需求，都是企业在云生态建设初期需要重点考虑的基础内容；在 PaaS 云服务方面，普遍存在公共技术能力分散在不同来源方，主要通过内嵌到应用系统的方式提供服务的问题，对于上层 SaaS 服务的支撑能力还需要进一步加强，与云原生架构相比，平台化、产品化、服务化能力还有很大提升和发展空间，特别是在人工智能、大数据、物联网、容器等领域；在 SaaS 云服务方面，作为最直接面向广大用户的云服务能力，须提供丰富、灵活、便利的云应用，满足不同行业、不同场景、不同用户的需求，但应用的产品化能力普遍偏弱，在种类和使用便利性等方面都需要进一步提升。

（3）云安全的挑战

随着云原生、应用微服务等新技术、新模式的普及，企业要将云和安全深度融合，提升云原生安全能力、安全组件和产品的快速灵活部署能力、安全的统一管控能力。

（4）业务安全稳定运营的挑战

在云生态模式下，客户对业务流程的掌控力降低，客户信息数据的调用可能要服从云服务商的安排。在原有业务系统逐步迁移至云端部署，配套流程机制逐步改造过程中，如何确保流程的安全稳定成为融合发展的关键。这就要对技术安全风险、业务流程风险、不相容岗位控制等做出统筹规划与设计。企业在推进云生态建设时需要统筹为用户考虑相关方案设计，需要利用云理念构建“随需而动、敏捷灵动”的运营管理体系，这难以适应企业已经运营成熟稳定的管理流程，企业一时间很难彻底改变这种矛盾，只能不断磨合，以找到一个共存发展的平衡点。

此外，企业数字化发展及云生态建设，意味着各项业务架构会变得异常复杂，之后将有成千上万的业务在云生态上应运而生。当前企业支撑业务发展的生态平台是否具有应对各类复杂业务系统、抵御一系列故障风险的敏捷处理能力暂未可知。未来对于云生态体系建设可靠性、敏捷性、稳定性的挑战不言而喻。

2. 引入第三方咨询与认证的必要性

面对云生态建设过程中所面临信息技术挑战，企业应引入专业化的第三方运维咨询与认证管理服务，以弥补自身能力的不足。其目的在于建立集中的云生态运维管理框架，将规模庞大的云生态运营服务集中在统一的制度规范、技术标准、安全标准下进行管理，并通过明确可度量的标准对其运营过程及结果进行评价，做到对运营支撑的可持续改进。

云生态运营是一项长期的持续性的工程，其成果体现为支撑组织全局业务连续稳定运行的阶段性结论，并在此基础上结合对业务发展趋势和信息系统运行现状的分析，提出对下一步数字化建设支撑业务发展的决策依据，而这种结论却是云生态系统运行的核心目标所在。因此，云运营工作需要专业化的第三方咨询，同时需要实现长期可持续优化的咨询方式。

第三方咨询是指由独立的、具备特定能力的个人或团队深入组织现场，运用现代化的手段和科学方法，通过对组织的诊断、培训、方案规划、系统设计与辅导，从组织的管理到局部系统的建立，从战略层面的确立到行为方案的设计，对组织的生产经营全过程实施动态分析，协助其建立现代管理体系并提出行动建议，同时协助执行这些建议，以达到提高组织运行能力的一种业务活动。以 ITIL、ISO/IEC 20000、ISO/IEC 22301、GB/T 33136 等管理方法论为基础，以保障云生态体系对组织业务连续稳定运行的支撑为目标，对企业全部信息化资产运营实施的管理过程进行分析和系统性规划设计是引入第三方咨询与认证的常见做法，其主要包括企业信息化资产运营的管理组织模式、岗位职责权限、服务商选择标准、制度规范体系、运维预算管理体系、运维绩效考核及评价等解决方案的设计与后期实施咨询。

企业借助专业的第三方咨询机构，对云生态运营管理工作的整体架构，以及各类分项详细内容进行规划设计。第三方咨询机构首先结合企业的重点业务，以及赖以支撑业务运行的信息化资产，设计合理的运营管理组织模式；在此基础上，以安全和效率为首要目标，分级规划合理的运维管理制度、规范、操作标准，以及相配套的约束和激励措施；

再通过明确岗位职责和工作流程来保障管理措施的落实以及机制的有效运行。

专业化的第三方咨询机构不但可以弥补企业在运营专业技术知识、管理体系及方法、技术及管理经验方面的不足，而且能够站在中立和公平的立场，为企业设计适应其业务运行和战略需要的云运营方案；此外，第三方咨询机构拥有跨行业、数十年积累的行业经验，可以将在其他项目、其他业主单位中遇到的问题加以屏蔽，将可持续的好的经验和最新的方案带给企业，使企业持续受益。如果从另一个侧面说明问题，当第三方咨询机构与企业探讨运营管理中所遇到麻烦和问题时，往往会发现这些问题在其他企业同样存在或早已被解决，也就是说，第三方咨询机构可以站在专业领域的角度，将好的方案和遇到的问题在不同的企业之间进行共享。

在引入第三方咨询的基础上，建议引入客观、准确、公正的第三方鉴证。由于“第三方”评价约束力更强，没有任何利益冲突，可以对鉴证主体做出客观的分析和判断，从找问题、摆事实、寻原因的立场出发，提供给企业最真实有效的信息，有效控制云运营风险。引入第三方鉴证，能有效避免相关部门既当“运动员”又当“裁判员”的双重身份带来的倾向性弊端，从而提高运营体系的符合性、有效性、适宜性。

综上所述，在云生态运营管理中，第三方咨询工作是“医”，第三方鉴证是“药”。前者为组织设定了运维管理发展的目标和路线图，后者为组织注入可持续发展的动力，促使其向着既定目标迈进。二者相结合才是云平台运营管理工作最佳的实践模式。

第三节　数据运营体系建设

数据对于企业来讲是最宝贵的财富，是决策者进行决策的依据。企业需具备对业务数据的集成、计算、应用能力，以数据为驱动提升精细化管理能力，利用人工智能、可视化等技术进行云生态的智慧化运营，支持运营活动的决策和价值衡量，提高运营质量和效率。

一、数据信息集成

企业的云平台要运行良好，需要保证一系列的软硬件设施的高效运行，比如机房环控、网络设施、服务器设施、系统软件、数据库、中间件、应用服务等，这些都与云平台运行效率息息相关。为了避免产生“信息孤岛”现象，应将不同来源、格式和特点的数据有机地集中起来，为企业提供全面的数据共享。

为了便于数据采集工具的管理，企业应做好数据采集的规划和整合，明确各模块技术工具的用途。大部分组织在数据管理体系建设过程中通过不断沉淀，已经形成了一些深度定制的指标，在日常过程中起着重要作用，并且对每一层数据的采集指标覆盖能力进行了定义，这样一来，企业就可以直观地了解当前数据管理平台的能力覆盖面，才能不断完善数据采集“不漏、不重”的基本目标。云运营数据管理系统所覆盖的数据采集能力应至少包括以下内容。

1. 基础设施

基础设施主要包括机房空调、供电、消防、服务器等。其数据类型有状态数据、性能数据、容量数据。

（1）状态数据包括 UPS、空调、网络设备的软硬件状态等。

（2）性能数据包括设备的性能情况，比如 CPU、session（会话控制）数量、端口流量、内存使用率等。

（3）容量数据包括设备负载使用率、专线带宽使用率、出口流量分布等。

2. 平台服务

平台服务的数据主要包括操作系统数据、数据库数据、容器集群资源数据等。

（1）操作系统数据包括 CPU（CPU 整体使用率、CPU 各核使用率、CPU Load 负载）、内存（应用内存、整体内存、Swap 等）、磁盘 IO（读写速率、IOPS、平均等待延时、平均服务延时等）、网络 IO（流量、包量、错包、丢包）、连接（各种状态的 TCP 连接数等）、进程端口存活、文件句柄数、进程数、内网探测延时、丢包率等。

（2）数据库数据包括数据库连接数、低效 SQL、索引缺失、并行处理会话数、缓存命中率、主从延时、锁状态等。

（3）容器集群资源数据包括集群基础组件健康情况、节点性能监控，以及微服务中 TPS、QPS、请求熔断、限流、超时次数等数据。

3. 应用服务

架构的复杂性给应用服务的可靠性、稳定性、业务连续性带来挑战，应用服务应是数据能力建设的重中之重，其数据类型如下。

（1）服务可用性数据包括服务、端口是否存在，是否假死等。

（2）应用性能数据包括交易量、成功率、失败率、响应率、错误数、当前线程数等。

（3）调用跟踪数据包括请求量、耗时、超时量、拒绝量、URL 存活、请求量等。

（4）应用交易数据包括交易主动埋点、交易流水、订单量、委托量、访问日志、错误日志等。

4. 客户体验

以用户访问为例，通过采集用户访问业务并校验返回数据结果，监测业务是否可用、访问质量及性能、逻辑功能正确性等数据，除此之外，还包括业务登录鉴权、关系数据自动化获取等。

5. 客户数据

客户数据包括成交客户的机构信息、客户级别、客户类型、账户信息、账单信息、产品用量等，以及潜在客户的机构信息、客户类型、产品咨询信息、营销活动等数据。

6. 产品数据

产品数据包括产品目录新增、删除、修改、删除等状态数据，产品成本核算数据，以及产品销售数量、使用数量、闲置数量、容量预警、容量趋势等数据。

7. 供应链数据

供应链数据包括供应商分级、分类、服务内容、服务质量等数据，采购需求预测和采购计划执行情况，物流实时状态数据及资产入库盘点等数据。

8. 财务数据

财务数据包括预算预测、预算审批、预算执行、预算核算等数据，采购合同付款计划，发票结算进度等数据，以及财务数据的环比、同比、趋势分析等。

对云平台多信息源的数据采集是通过任务和资源的调度、对业务执行情况的监控、局部节点的维护以及提供服务质量等方面的内容管理来实现的，企业须对云平台管理结果进行足够的测量，实现信息资源的动态管理，提升资源使用效率，甚至识别潜在风险。云平台数据集成支撑了后续可视化和智能分析工作。

二、数字孪生

1. 发展背景

近些年兴起的数字孪生技术，结合了可视化交互分析、仿真模拟和人工智能算法，在理论层面和应用层面均取得了快速发展，数字孪生是集可视化与人工智能于一体的高精度、实时仿真过程，能够在数字空间中构建与信息系统实体高度对应的虚拟模型，形成在形态和行为方面都一致的虚实精准映射关系。针对机房的物理数据、动环运行数据、网络设备数据、操作系统数据等，构建虚拟孪生体，对云平台进行精准建模，实现动态可视化仿真展示，将云平台管理人员的管理经验与机器学习等智能分析方法相结合，监控和分析云平台的环境、资产、人员和容量等关键要素，优化云平台管理决策，并依据决策控制和调度云平台资源。

2. 模型

接下来以数字孪生模型为例，介绍数据处理与分析过程。数字孪生模型分为感知层、数据层、计算支撑层、智能服务层和应用层，具体如下。

（1）感知层

感知层通过温湿度传感器、视频传感器、压力传感器、气体传感器等，采集机房动态运行数据，是物理空间与数字空间的接口。

（2）数据层

数据层对采集到的数据进行处理和管理，数据处理模块主要对噪声数据进行消除及数据格式转换，通过规则对多源异构数据进行融合，通过特征工程对数据的多元特征进行提取。

（3）计算支撑层

计算支撑层提供基本的知识管理和计算框架，用于支撑高层次的智能分析和可视化，通过知识图谱模型对从数据中抽取的知识进行建模管理，通过规则实现推理和分析。计算框架包含常用的人工智能计算框架，如深度学习、传统机器学习、统计分析等。

（4）智能服务层

智能服务层基于数据、知识和算法，实现可视交互智能分析，包括可视建模管理、智能计算管理和智能决策支持。可视建模管理主要用于管理可视化模型，包括物理实体模型、设备三维组态模型、机房地理数据模型以及多种不同模型的融合模型。智能计算管理提供核心的分析模型和算法，包括虚拟云平台的智能实体检索等复杂数据的模式识别、高维运行数据的挖掘以及动态时空运行数据的分析。智能决策支持融合了可视化模型和智能分析模型，形成具有主题性的决策支持服务，如“一张图”模式的全景可视化感知和监控、基于知识图谱的机房故障分析、面向优化机房配置的推演预测以及多模态检索服务。云平台管理人员通过交互式可视分析的方式，在智能算法帮助下提高动环系统的管理决策水平。

（5）应用层

在智能服务层的支持下，应用层实现了动环实时监控、机房设备故障的诊断与定位、机房环境监控以及资源容量分析决策等。

三、数据信息应用

基于数字孪生的机制，主要在数据感知与采集基础上完成数字孪生建模与分析，并实现系统控制。数字孪生建模与分析的应用包括可视化映射和智能分析两部分。云平台管理人员在可视化界面上进行交互分析，智能分析在分析过程中提供智能算法的辅助，实现迭代式分析挖掘，辅助企业对云运营体系优化进行精准决策。

1. 可视化映射

可视化映射对云平台进行精准的数据映射，采用 2D/3D 可视化技术，目前已经实现把机房和动环数据（包括几何数值、图像或动态行为信息）以图形形式呈现，使云平台管理人员可直观地观察、分析和决策，更精准地审视整体图景，掌握设备位置、资产和环境信息。

可视化映射包括以下重要部分。

（1）资产管理可视化

可视化映射反映了云平台资产数据，云平台管理人员可交互式检索资产对象（如设备的空间位置及型号等），让资产和配置的状况变得直观，提升资产数据的可用性、实用性和易用性，包括分级信息浏览、设备虚拟仿真、资产信息可视化。

（2）人员管理可视化

可视化映射能够对云平台人员数据进行可视化统计分析，主要包括人员统计信息可视化、现场人员信息可视化。

（3）动力管理可视化

可视化映射能够展示以机柜为单位的机房动力资源管理，使各类资源的负荷更加均衡，主要有空间统计可视化、功率统计可视化、承重统计可视化、机位统计可视化、机房容量可视化等。

（4）环境管理可视化

可视化映射能够清晰完整地展现机房环境，与安防、消防、楼控等系统集成，实现机房环境的跨系统集中展示，提高掌控能力和管理效率，主要有机房虚拟仿真、温湿度可视化、空调监控可视化、故障信息可视化和视频监控可视化。

（5）基础设施设备可视化

可视化映射能够清晰准确地展示网络拓扑，以及网络设备、服务器设备、存储设备等之间的运行关系、依赖关系。

2. 智能分析

智能分析与可视化映射结合，能够为云平台管理人员提供交互式可视分析及决策支持，具体如下。

（1）全景感知

智能分析能够对全部重要数据进行集成和检索，帮助云平台管理人员快速、准确地掌握现状。

（2）异常分析

智能分析能够在知识模型和故障分析算法帮助下，追溯异常事件的根本原因。

（3）推演预测

智能分析能够利用预测性分析技术，在实际实施机房配置变更前，对潜在影响进行推演预测，提前消除可能的风险。

（4）自动预警

智能分析能够制定预警策略规则，基于实时数据分析进行云平台异常事件的自动预警。

数字孪生模型有助于提升云平台运营管理效率。IT 设备配置参数一旦发生变化，将触发变更流程转给相关技术人员进行确认，通过自动检测，协助 IT 运维人员发现和维护配置；维护事件提醒自动化，对 IT 设备和应用活动实时监控，当发生异常事件时，系统自动启动报警和响应机制，第一时间通知相关责任人；系统健康检测自动化，定期自动地对 IT 设备硬件和应用系统进行健康巡检，配合 IT 运维团队实施对系统的健康检查和监控；维护报告生成自动化，定期自动地对系统进行日志的收集分析，记录系统运行状况，并通过阶段性的监控、分析和总结，定时提供云平台运营的可用性、性能、系统资源利用状况等报告。

治理篇

第六章 云组织

导　读

对于一个组织而言，什么是数字化转型呢？是"云大物链智移"等数字化技术在组织内的蓬勃发展，是组织的产品完全数字化生产、销售，还是组织结构与运作机制按照数字化的理念重塑呢？其实这些都是数字化转型。工业革命以来，技术变革总是时代的冲锋号，走在时代的最前端，是任何人类社会发展阶段的先行者。组织变革则是一个组织内部形成的适应对应时代的思维范式，也就是说，在当下这个时代，无论是组织结构，还是组织运行机制，都要适配数字化时代。但是，历史告诉我们，在通常情况下，当社会在技术推动下的发展已经逐渐突破了某个临界点，来到了一个新的阶段时，组织的很多观念可能还停留在前一个阶段，企业如果用过往的经验和陈旧的知识来看待新的现实世界，可能就要为落后的认知埋单了。

因此，我们这一章主要就是探讨组织如何变革以适配数字化时代，我们必须承认组织变革是晚于数字化技术发展的，是被技术创新推动着发展的。工业化时代是机器取代人工的技术创新，在这一创新之后科层制出现了。数字化时代也一样，伴随着数字化技术特别是云计算技术的发展，定义为云组织的组织形式就出现了。云组织的形成是一个动态变革的过程，是一步步形成的。首先是云计算的相关理念对组织产生影响，促使组织产生某些局部变化；然后是企业开始从不同角度理解云组织的定义并将云组织的动态发展与组织结构相匹配，促进组织结构的不断跃迁；最后是伴随着组织结构的不断变化，组织的运行机制也受到了数字化理念的影响而发生变化。

本章主要回答以下问题：

（1）云计算理念对组织的影响有哪些？

（2）如何定义云组织？

（3）云组织的结构是如何变化的？

（4）云组织的运行机制发生了哪些变化？

第一节　什么是云组织

一、云计算理念对组织的影响

作为数字化时代的技术基础，云计算不仅展现出极强的技术魅力，还对现代组织管理产生了深远影响，如图 6-1 所示，这种影响主要是因为数字化时代云计算技术具备虚拟化、敏捷和弹性等特征，而这些特征恰好和数字化时代组织的新需求——在线办公、快速响应和适应变化等——相匹配。因此，云计算理念对组织的主要影响可以表现在组织虚拟化、组织敏捷化和组织能力弹性化三个方面。

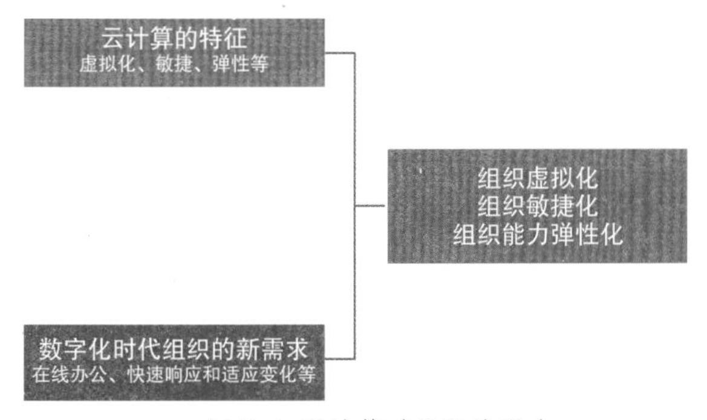

图 6-1 云计算对组织的影响

1. 组织虚拟化

云计算的第一个显著特征是虚拟化（Virtualization）。虚拟化是资源的一种逻辑表示，并不会受限于物理资源，它突破了时间、空间的界限。利用虚拟化技术，可以将一个物理资源在虚拟层上构建多个逻辑管理单元，屏蔽物理资源的差异化，使得逻辑资源可以相互独立运行互不影响，从而提高资源的利用率，以实现动态分配、灵活调度、跨域共享，服务于灵活多变的应用需求。

组织虚拟化可以从这样的角度来看：企业的组织结构不再是以产权关系为基础，而是以资产为联系纽带；不再是以权威为基本运作机制的、由各种岗位和部门组成的实实在在的企业实体，而是以数字化技术为基础和支撑，以分工合作关系为联系纽带，结合权威控制与市场等价交换原则的运作机制的动态企业联合体。

组织虚拟化包括以下两类。

（1）单个组织的虚拟化

单个组织的虚拟化是通过“云大物链智移”等数字化技术将组织各部门以及组织与客户直接连在一起，将现实业务在数字世界进行映射，使组织把尽可能多的实体转变成数字信息，减少实体空间，而更多地依赖数字空间，最终使组织高度虚拟化。

（2）组织间的虚拟化

这不是指某一个组织的虚拟化，而是指由几个有共同目标或合作的组织组成，成员之间可能是合作伙伴，也可能是竞争对手。这种生态化的组织虚拟化改变了过去公司之间完全你死我活的输赢关系，取而代之形成“共赢”的关系。

组织虚拟化对于组织内部而言有两点至关重要：第一点是组织虚拟化使得组织的整个业务运营都可以在数字世界实现，因此构建匹配数字世界的组织结构和运行机制是组织必须考虑的问题；第二点是组织虚拟化使得员工办公地点不再受到物理地点和空间的限制，可以随时随地实现在线办公，这也是组织适应变化的实现基础。

2. 组织敏捷化

云计算的另一个显著特征是敏捷（Agile）。敏捷本身是指一种通过创造变化和响应变化在不确定和混乱的环境中取得成功的能力。在云计算中，敏捷主要是指快速的需求响应、能力构建、资源部署、服务交付、问题解决和快速适应变化的能力。

20 世纪 80 年代，为了将信息化领域中的领先优势与制造业传统优势相结合，提升制造业在全世界的竞争力，并在 21 世纪保持长期的竞争优势，美国国防部委托里海大学（Lehigh University）艾科卡（Iacocca）研究所等机构联合编写了《21 世纪制造企业战略》报告。报告认为必须将制造企业改造成具有敏捷性的企业，并首次提出了“敏捷制造”（Agile Manufacturing）的概念。这一概念认为企业的敏捷性是有效管理与应用知识的能力，而知识管理与响应能力是敏捷性的关键。通俗来说，敏捷是指反应迅速快捷。在企业中，敏捷是指企业对于外界的变化灵活且快速地做出反应。所谓敏捷的组织就是指针对市场环境的变化（如技术变革、需求变化等）能够迅速整合资源做出反应的企业组织。

参照麦肯锡敏捷部落（McKinsey Agile Tribe）相关理念，组织敏捷化主要对组织结构影响较大。组织敏捷化会使组织从机器型组织转变为生物型组织。所谓机器型组织就是传统的科层式结构的组织，所谓生物型组织就是具有生态化特征的生态化组织。

组织敏捷化呈现以下两大特征。

第一，组织要构建共同的目标和愿景，指明组织的前进方向。然后组织内各部门快速感知并抓住机遇，整个组织的人员主动关注客户偏好和外部环境的变化并对其采取行动，主动收集客户需求，从而帮助企业快速塑造、试点、启动，并重复新的计划和商业模式。

第二，组织要对各个团队高度赋能或授权，包括构建清晰扁平的团队结构，确保权责清晰，角色分工明确，团队成员具备较高专业素养，并形成透明度高和协作能力强的团队氛围等。在这一点上，组织还必须在内部形成稳定的生态系统，以确保这些团队能够有效运作。

3. 组织能力弹性化

云计算的第三个典型特征是弹性（Flexible），是指对客户大幅波动的需求变化能够灵活应对的能力，也表现为强大的可扩展性。

对组织而言，所谓弹性是指组织与环境的变化保持一致，是一种不断自我更新的过程；所谓能力则是指在组织管理中保证组织能动地适应外界快速变化的能力，属于组织整合和配置内外部的组织技能、资源、职能并最快和最好地完成任务的能力。为了应对高度不确定的环境，业务型组织应当成为组织弹性化能力集中体现的组织形式。

也就是说，业务型组织在不确定的环境中更需要一种不断寻求并创造机会以适应不断变化的环境的弹性化能力，它可以让资源使用和组织能力随着环境的变化而改变。一般“扁平”的组织结构强调团队协作、组织学习和管理创新，注重组织的公共关系建设和公众形象塑造，有助于组织能力弹性化。

组织能力弹性化包括以下三种能力。

组织能力弹性化的第一种能力是对外部环境的鉴别能力。组织所面临的环境是不断变化、不确定和不可预测的，组织活动必然是对环境变化的积极应答，是根据环境的变化而进行的策略选择和行为选择。因而，业务型组织需要密切关注环境，并随时对环境变化做出鉴别。

组织能力弹性化的第二种能力是对环境的不断快速反应能力。组织的快速反应就是在外部环境发生改变时，组织自身快速地做出反应并调整自身以适应变化的行为表现，这是组织适应不确定环境的一种能力。现代社会的变化速率不断地加快，就组织环境而言，已经进入了一个不确定的状态。

组织能力弹性化的第三种能力是在变化中合理配置或整合资源的能力。数字化时代，环境高度影响业务发展，甚至决定着业务的不同走向。因此，在业务发展的过程中，应当始终把环境的变动作为资源配置和整合的向量来考虑。在响应变化的同时合理配置或整合资源。

二、云组织的定义与范畴

伴随着数字化技术特别是云计算技术的使用，云组织作为组织形态的新发展，逐渐呈现动态发展趋势。这种动态发展适应时代的不断变化，因此对于云组织的定义也是不断变化的。在这里我们从技术应用和经济学的不同维度理解什么是云组织，同时理解云组织的范畴和主要特征。

1. 技术角度的云组织定义

云组织是数字化时代的一种组织形态，是在虚拟化、敏捷和弹性理念基础上产生的。

整个组织结构和运行机制都被上传到了能够被所有需求者访问的“云端”或“云平台”上，能够按需求被调用，利用效率最大化，而任何需求都能得到“云”的回应。企业转型为平台型组织后，通过“企业上云”，可以将自己变成一个“云组织”。云组织是一种适配数字化发展的组织结构，是基于云计算技术构建的，可在更低的成本和更高的效率下工作。

与传统的企业组织形态相比，云组织更加强调“开放、协作、共赢、整合”的理念。借助云组织这种形态，企业可以有效地降低风险和成本，获得更多可用资源，提升综合竞争力。几乎任何企业都可以将其组织形态融入云组织。云组织主要具备以下三个特征。

（1）云组织是基于云计算“按需分配，智能调度”的理念形成的。

（2）云组织的资源都集中在一个平台，平台上资源共享，由需求发起方组织和调用资源，组织边界越来越模糊。

（3）平台的任何一个参与方都可以是资源发起方，只要他们手中有“需求”，便可以打破传统的企业边界，随时“连接”系统的资源，实现资源价值最大化。

此外，根据腾讯董事会主席兼 CEO 马化腾在清华 - 腾讯联合实验室成立发布会上的讲话，我们也可以判断云组织和云创新时代正在向大家走来。利用数字化技术，各种社会资源可以在需要时快速聚集起来，完成一项任务后又立刻消散，再进行下一轮新的组合。每个用户、每个企业、每个员工都可以通过这个组织把自己的价值体现出来，并且能够从中获益。

2. 经济学角度的云组织定义

从经济学角度出发，云计算能够极大降低企业或个体之间的交易成本，实现无人工干预下资源的自动最优化配置。同时，根据科斯以及萨缪尔森的交易成本经济学理论，企业的出现是因为人们在市场交易的过程中追求经济效率。由于市场经济体系中产生了专业分工，但是企业如果想要使用市场的价格机制，交易成本相对偏高，所以为了提升交易效率，降低交易成本，就形成了企业机制。

萨缪尔森认为社会存在三种结构形式，包括企业、市场以及中间形式。人们之间的结构形式取决于现实中市场交易成本与企业内部协调管理成本的对比，当市场交易成本高于企业内部管理成本时，组织形式倾向于市场，反之则倾向于企业。如果两者相差不大，则有可能出现中间形式。这种思想的实质是认为组织结构形式取决于哪种形式更经济，成本更低。

> 交易成本（Transaction Costs），就是在一定的社会关系中，人们自愿交往、彼此合作，达成交易所支付的成本，即人与人之间的关系成本。它与一般的生产成本（人与自然关系的成本）是对应概念。从本质上说，有人类交往互换活动，就会有交易成本，它是人类社会生活中一个不可分割的组成部分。

随着云计算的出现以及经济的发展，企业的市场交易成本大幅降低，同时企业内部管理协同的成本也降低了。这使得企业的组织结构形式的基础发生了变化，企业倾向于采用市场形式，即采用外包来实现价值链上的环节。而承担外包工作的企业或实体与雇主的结合可能完全是由于云计算的资源自动最优化配置功能而实现的。因此，云计算使传统的组织结构焕发出新的生机。

云组织应该是利用了云计算技术，依照管理学和经济学的基本规律，在整合资源和相互协调的基础上形成的一种组织边界相对动态的全新组织形式。在这一定义下，云组织中，管理的计划、组织、指挥、协调和控制职能都得到数字化技术的支持，并且在云计算体系下逐步实现自动化和智能化。从经济学角度来看，这种组织形式使得组织内部的交易成本显著降低，也由此扩大了组织范围，提高了整个社会的运行效率，增加了社会福利。因此，云组织的这种新型结构形式不仅对组织内部有利，也有利于整个社会体系。

3. 云组织的界定及其服务对象

（1）云组织的范畴

基于上述两个角度的云组织定义，在本书中我们将云组织界定为一个企业（集团）中负责数字化转型与上云相关工作的职能组织或法人组织，这个职能组织或法人组织是不断变化、不断扩大的，当然，最终的发展必将是整个企业组织都发展为云组织。数字化时代，云计算的作用日益凸显，云计算的定位已经从业务支撑转化为引领创新，驱动着数字化战略转型和组织变革。数字化时代，企业致力探索如何跳出传统发展路径，以新理念、新要素、新范式、新生态、新体制，寻得新的发展模式和经营空间。各个企业通过对云组织的进一步发展，必将探索出基于技术驱动的新型发展模式。数字化时代，一切皆有可能，数字化大潮的力量推动着“大象起舞”。

（2）云组织的服务对象

①间接服务客户——本公司的业务部门。

多数企业成立云组织的最初目的是服务本企业的业务部门，从而间接服务客户。比如亚马逊、腾讯和阿里巴巴等一开始上云的目的并非赋能外部企业，而是赋能自身的业务部门。也就是说，大部分企业一开始的上云诉求都是更好地服务客户。

比如阿里巴巴的云组织建设就要从“双十一”这个全民购物节说起。在最初的时候，一旦发生大量消费者付款，淘宝的网页就会无法登录，或是直接崩盘，严重影响了消费者的购买热情，甚至造成其放弃购买。那这个问题的根源是什么呢？是因为“双十一”当天的交易量远超系统容量，使得系统无法承受而导致了崩盘。这个问题完全是淘宝技术部门的错吗？也不一定是，也有可能是那时的技术和网速还不够好。但是消费者会因为这些原因而等待淘宝系统恢复正常后再购买吗？不会的！消费者只会觉得“我进不去网页了，我没法付款了，那我不买了”。因此，淘宝只有解决系统容量不足这个根源问题才能避免“双十一”当日的交易量流失。

这就是阿里最初成立云组织的最主要目的：从技术上解决负载均衡问题。最初“双十一”网页崩盘的共性问题让淘宝发现传统技术构架已无法支撑“双十一”的交易量，从而倒逼淘宝搭建云计算技术架构。到了现在，大家“双十一”付款的时候网页不会崩盘了，收货地址可以当时修改了，甚至买完不想要的东西可以当时申请拦截发货，并且第二天就退款成功了。这些在过去不敢想象的，现在全部实现了。

②直接服务客户——需要上云的外部企业。

在价值共创日益成为趋势的今天，一个组织的云计算发展到一定水平，就会产生对外赋能云能力、获取更多收益的欲望，这时云组织就产生了直接服务客户的途径。当前提供云计算对外赋能的云组织主要有以下四类：第一类是具备互联网基因的云服务厂商，比如阿里云、腾讯云、百度智能云、京东云等；第二类是通信运营商发展的云组织，比如天翼云、移动云等；第三类则是由传统的 IT 软件服务公司转型而来的参与者，比如用友云、浪潮云、恒生云等；第四类是由不同行业企业成立的云组织，比如建行云、客如云、博云等。

传统组织形式对应的往往是以“我”为中心的企业，不同产品的营销服务通常自成体系。而云组织对应的是以客户为中心的企业，对同一目标客户，采用相同的渠道触点，通过统一平台进行数据分析并推荐最优产品，采用统一的服务体系。基于这样的理念，各个企业纷纷构建具备自身特色的云组织，从而有利于打通和洞察客户数据，统一客户体验，提高企业资源利用效率。

4. 云组织的主要特征

（1）从成本中心到利润中心

过去，组织决策层对技术部门的固有印象大概是不断增加的资金投入，不太明显的投资回报率，因此总觉得技术部门是只花钱不赚钱的成本中心。但是当技术部门成为企业对外赋能的主力军，可以直接服务需要上云的外部企业时，云组织就具备了创造利润的能力，逐渐成为利润中心。但我们要注意的是，云组织从成本中心转变为利润中心需要一个过程，需要前期的技术、营销、人员等成本的投入，如此一来，才能在后期逐步成为利润中心。

根据 36 氪提供的数据，阿里巴巴公布 2022 财年第二财季业绩。财报显示，阿里云季度营收为 200.07 亿元，同比增长 33%，超过市场预期的 190.86 亿元，调整税息折旧及摊销前利润（EBITA）为 3.96 亿元。这是阿里云首次季度营收超过 200 亿元，也是自 2021 年 Q3 扭亏为盈以来连续第四个季度盈利。从 2008 年王坚院士加入阿里巴巴首创“以数据为中心”的分布式云计算体系架构开始，到 2021 年阿里云扭亏为盈，这条路走了近 13 年。如今作为全球第三大公有云服务商，中国第一大公有云服务商，阿里云已经从成本中心变成名副其实的利润中心。

（2）智能取代人工

人类社会的进步是如何发展的呢？是在机器取代了人工的背景下发展的，这就是两次工业革命所呈现的最本质变化。到了数字化时代，人类社会的进步又是如何发展的呢？是在智能取代人工的背景下发展的。怎么理解呢？人工智能通过研究人类智能活动的规律，构造模拟人类智能行为的人工系统，从而使计算机能够完成人类智力所能胜任的工作。

云组织的发展必然会导致人工智能取代一部分简单繁重、重复性高的工作岗位。

以银行业为例，2020年，全球有50多家银行宣布计划裁员77 780人，这是自2015年裁员91 448人以来裁员人数最多的一年。据悉，德国最大的银行德意志银行在裁员计划中名列榜首，其正在使用机器人代替人工。机器人上岗后，已经节省了68万小时的手动工作时间。

再如国内手机、平板、智能穿戴、笔记本电脑等屏幕模组的龙头企业德普特早在2019年就将智能制造正式纳入公司的发展战略。德普特生产车间的自动化系统与企业其他信息系统高度结合，使车间大量有价值的数据服务于生产全流程，生产极大地降低了对人力的依赖。德普特工厂生产高峰时，员工接近13 000人。现在相近的工作量只需要员工8 375人，人工成本下降了25%~30%。

（3）组织内部门壁垒被打破

什么是组织内的部门壁垒呢？其实就是部门墙，是企业内部之间阻碍各部门、员工之间信息传递与工作交流的一种无形的“墙”。传统科层式组织作为适配工业化时代的组织形态有一个基本特征，就是每一个职能部门都有唯一的对外接口——部门经理，当一个工作任务跨越两个职能部门的时候，要从部门1传递到部门2，通常不会是部门1的员工直接去找部门2的员工，而首先要通过部门1的经理去找部门2的经理，他们要首先进行沟通，然后部门1的员工才能去找部门2的员工去交接工作。因此，我们虽然知道直线的效率最高，但流程上依旧需要很多步骤。

到了云组织就不是这样了，因为技术的进步，特别是促进组织虚拟化后，部门之间的沟通效率被大大提高，部门墙越来越弱化。一方面，云组织的建设关注企业的内、外部协同——通过技术与业务的深度融合，始终以客户为出发点，构建全方位协同体系。另一方面，人员具备跨部门协同工作的能力。以技术人员为例，云组织的技术人员具有理解业务的能力，可以从全局视角同时考虑技术决策的性价比和可持续发展性，并且具有项目管理思维，能够按照优先级为业务需求服务，并快速响应业务需求变化，从而推动部门壁垒的打破。

虽然我们深知打破部门壁垒是云组织的重要特征，但大部分云组织仅仅是刚刚开始打破部门壁垒，在这个最初的阶段应当如何做呢？其实构建一个内部社区是不错的选择，来看下面的例子。

例一：阿里巴巴的内网，一个阿里巴巴内部员工使用的企业运行与协作平台。它诞生于2013年，彼时只是一个门户和企业社交的入口，如今早已实现了平台化运营，是阿里巴巴打破部门壁垒的有效工具。2020年，阿里巴巴的一个合伙人发布了一条消息："在阿里巴巴内网，任何问题都可以讨论。这是阿里文化的底色，也是员工和管理者非常高效的沟通平台。"

例二：腾讯的乐享社区，一个由腾讯员工自发参与的交流平台。它能够协助企业提升内部沟通效率和信息透明度，通过公开、平等地沟通讨论，解决问题、共享知识，帮助员工获得个人荣誉感和影响力。个体成员可以通过积极参与，督促产品业务，优化组织管理，实现自我纠正、完善和发展，加深员工对公司文化的认同。

例三：华为的心声社区，一个华为人的沟通家园。只要符合《心声社区管理规定》，所有真实的经历和想法都是受欢迎和鼓励的。华为员工可以以实名或匿名的形式在社区发言。未经当事人许可，任何人不会泄露匿名发言者的身份。任正非曾多次谈及心声社区，说："我们在内部开放批判，就像罗马广场一样，大辩论、大批判，使得我们公司能够自我纠偏。"

三、云组织结构及其发展趋势

因为云组织是一个动态发展过程，是对应于组织数字化转型的不同时期的。如图6-2所示，将组织数字化转型范围分为四个时期：探索时期、建立时期、推进时期和再创新时期，云组织类型与之对应，分为小规模精英作战型、专门委员会作战型、业务团队作战型和生态化作战型。

（1）探索时期主要侧重于数字化转型的尝试和探索，多数情况下，企业主要是将信息系统进行云上迁移，形成统一的云上信息系统平台。组织结构通常为小规模精英作战型。

（2）建立时期的数字化转型由企业某一个或某几个部门运行，通过建设合理的数字化转型治理结构，确定适合企业的数字化转型之路。组织结构通常为专门委员会作战型。

（3）推进时期的数字化转型是通过成立分子公司或事业群从覆盖全局的角度构建数字化治理结构，并且逐步实现对外输出。组织结构通常为业务团队作战型。

（4）再创新时期主要侧重于探索产品、服务以及商业模式的数字化再创新，到达这个阶段，组织的生态化特征就比较明显了，内外部协同变得非常重要。组织结构通常为生态化作战型。

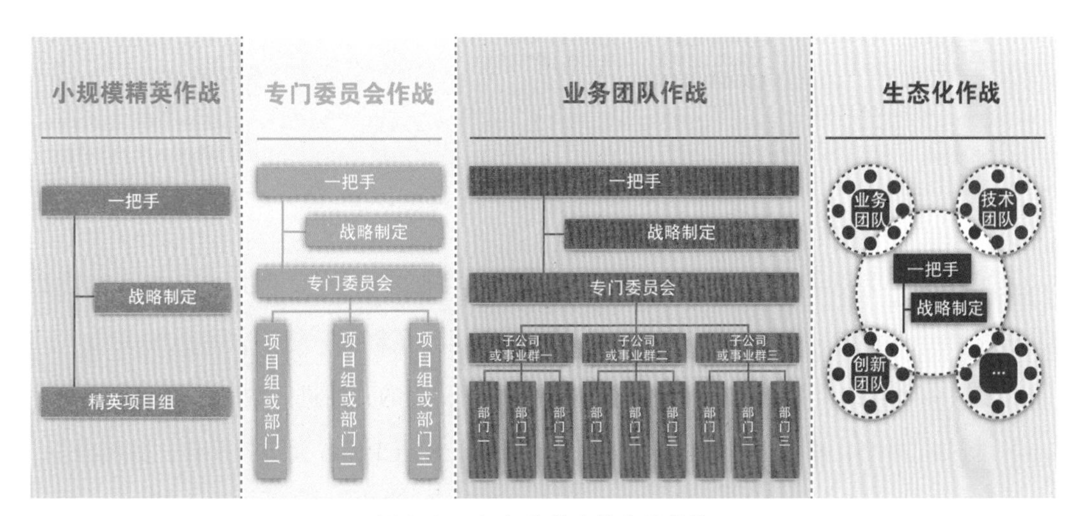

图 6-2 云组织结构及其发展趋势

1. 小规模精英作战型云组织结构

当企业开始产生数字化转型需求时，需要进行尝试和探索，先通过决策层制定战略，形成一个小规模精英作战团队进行数字化转型与上云工作。这样既不会影响企业原有业务的稳定运行，也给了数字化转型充足的发展空间和有效的授权团队。

以美的为例，美的集团从2012年开始，花费10年的时间，投入超过120亿元人民币，构建了5个阶段的数字化转型战略，如图6-3所示，经历了从数字化1.0（632）阶段、互联网+阶段、数字化2.0阶段、工业互联网阶段和数字美的、感知未来阶段，其中数字化1.0阶段的云组织结构正是小规模精英作战型。

图 6-3 美的数字化转型路径

2012 年，美的集团事业部级的大规模 IT 系统共有 100 余套，系统与系统之间数据无法连通，流程不一致，无法实现集团透明化管理。在集团一把手方洪波的关注下，秉持着“一个美的、一个体系、一个标准”的目标，美的开始进行数字化 1.0 变革，提出了“632”战略，即 PLM、APS、SRM、ERP、MES、CRM 6 大运营平台，数据分析、财务管理、人事管理 3 大管理平台以及 2 大门户和集成开发平台。最终构建了企业整体的 IT 架构，如图 6-4 所示。

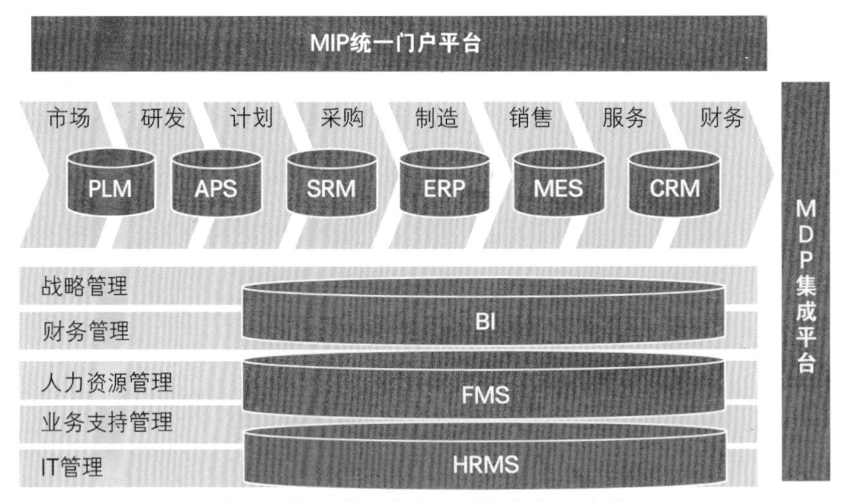

图 6-4 美的“632”战略下的整体 IT 架构

从图 6-5 中我们可以看出，美的通过高层挂帅，以总体统筹的方式在集团内构建了一个矩阵式的项目领导小组，在集团各事业部挑选业务骨干，在不影响集团业务正常运作的前提下，构建了流程规划、数据治理、系统重构、数据应用四个方面的完善的管控体系。

图 6-5 美的“632”战略时期的小规模精英作战型云组织结构

美的小规模精英作战型云组织结构值得借鉴和采纳的有以下三点。

（1）意识坚定的一把手工程

方洪波作为当时美的集团新一代的掌门人，接棒之际正值美的面临重新获得质量增长的危机之时，他认识到必须要转变增长方式，要由粗放型的资源增长转变为内生式的创新增长，为此制定了“632”战略。

但是美的长期以来处在以事业部为基础的集团管控下，各事业部高度自治，自治实现了“百花齐放”，但也带来了业务标准和规则、经营方法和策略的差异化，流程、数据、IT 系统各事业部各有一套，相互之间无连通。这既是“632”战略要解决的问题，也是“632”战略实施的阻力。为此，方洪波奔走在 10 个事业部之间，与各事业部高层一遍遍地交流，让每一位高层都能感受到他的决心和意志，使得美的数字化转型从困惑到压力再到动力，最终形成共识，从而有序开展。

（2）身先士卒的精英团队

整个项目组的每个成员都有“首仗用我，用我必胜”的信念。“632”战略实施期间，项目组成员每个人都承担两个角色，白天是项目成员，晚上回归本职岗位，以目标和结果为导向，完成了一项项艰巨的任务。变革已成为美的文化基因中的一部分，危机和忧患意识已融入美的人的骨髓里，“唯一不变的就是变”“在美的没有什么是不可以改变的”等话语常常会出现于美的内部各种会议中，历来是接受变革者成长，阻碍变革者离开，美的人对于变化的态度常常是唯恐不来而不安。

（3）先试点，后铺开

在具体实施过程中，美的先在空调和厨电两个事业部试点，完善后再推广到整个集团所有事业部。2015 年 1 月 1 日，“632”项目在空调事业部上线，当年 5 月 1 日在厨电事业部上线，年底完成了 10 个终端产品事业部的新旧系统切换，整个过程历时两年多。

在这期间，美的总投入将近 20 亿元，其 IT 人员团队从 100 人左右扩张到超过 1 000 人。在主要的 IT 系统上，除了 ERP 和 PLM 分别主要采购 Oracle 和 PTC 的软件产品外，其余软件都实现了自主化，这也为其之后对外赋能奠定了基础。

2. 专门委员会作战型云组织结构

当企业走过数字化转型探索期后，就需要扩大云组织的范畴，让云组织可以为整个企业赋能。这时多数大企业会选择成立专门委员会，向下管理几个项目组或部门。专门委员会及其下属部门构成的专门委员会作战型云组织可以结合自身需求服务整个企业并间接服务于客户。

以建行为例，2018 年建行提出了住房租赁、金融科技和普惠金融三大战略，其中金融科技战略称为“TOP+”战略。如图 6-6 所示，金融科技战略分为科技驱动（Technology）、能力开放（Open）、平台生态（Platform）和培育“鼓励创新、包容创新”的机制与企业文化，在经过几年发展沉淀后，目前已升级为“TOP+2.0”战略。“TOP+2.0”战略强调在核心技术方面把科技驱动深化为驱动与引领并重，坚持将技术和数据作为金融科技的双要素，致力将建行打造成“最懂金融的科技集团”和“最懂科技的金融集团”。与建行发展金融科技战略对应的云组织结构正是专门委员会作战型。

图 6-6 建行金融科技战略——“TOP+”战略

2018 年是建行全面推进三大战略，开启“第二发展曲线”的战略之年，也是建行云蓄力科技，启动“建行云”项目建设的开局之年。这一年建行着手调研云计算相关工作，日夜兼程部署设计云平台建设方案。建行以敏捷、安全为保障，以速度、质量为目标，落实建行云启动互联网技术栈建设项目，致力构建多元融合、服务丰富、生态开放的云平台，为机构客户、企业客户、合作伙伴及社会大众提供更多、更好的金融科技产品。

从图 6-7 中我们可以看出，建行通过构建金融科技创新委员会指导下的金融科技部、运营数据中心、建信金融科技公司（原行内研发中心）的云组织结构来推动金融科技

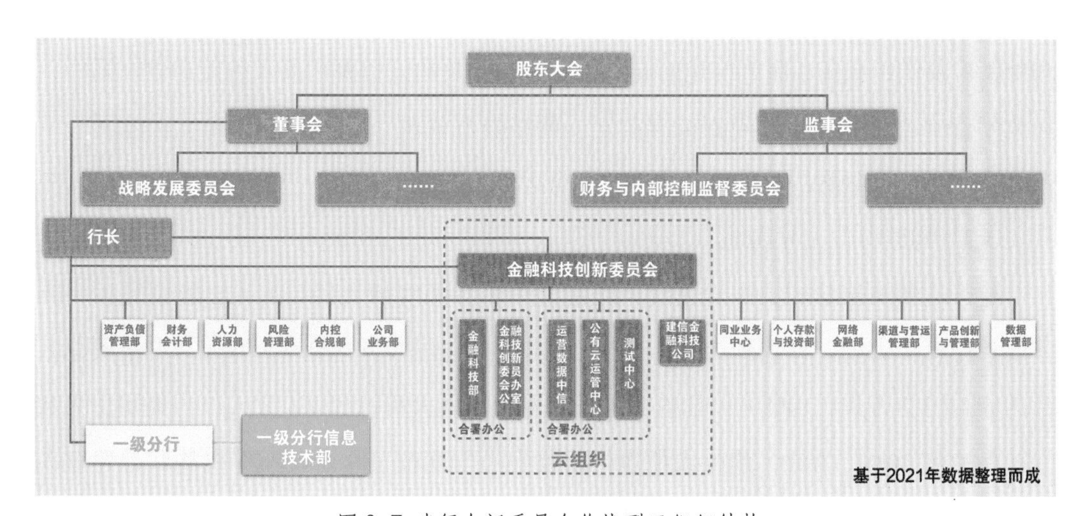

图 6-7 建行专门委员会作战型云组织结构

战略的发展，在集团一体化、实体经济、政务服务、住房服务等九大领域发挥作用，累计服务800余项。比如智慧政务，建行云已支持云南、安康、安阳和大兴等智慧政务平台的投产，同时为中共中央组织部、住房和城乡建设部、银保监会和国家乡村振兴局等国家部委和监管机构提供云服务，持续为合作企业、合作伙伴提供服务丰富的金融科技产品。

建行专门委员会作战型云组织结构值得借鉴和采纳的有以下两点。

（1）构建与战略升级相匹配的职能定位

从“TOP+”战略升级至“TOP+2.0”战略，建行明确“金融科技的领跑者、自主创新的国家队、新金融生态的开拓者”三个战略定位，进一步增强自身科技能力，以此推进金融科技战略纵深发展，践行“人民至上”的新金融行动，纾解社会痛点、难点，服务国家建设，服务实体经济，服务社会民生，为促进共同富裕提供有力支撑，助力开启全面建设社会主义现代化国家新征程。

建行“TOP+2.0”战略作为支撑专门委员会作战型云组织的战略依据，进一步优化建行云组织中各机构的职能定位。第一，进一步强化总行金融科技部统筹科技治理职责，充分协调财务、人力、数据等职能部门对集团科技创新发展的支持与指导。第二，公有云运管中心负责建行云标准制定、整体资源研发建设和管理、解决方案制定及对内供给服务，负责组织集团内部各级机构协同建立赋能型运营体系，侧重构建自主可控、安全可信、生态开放的公共基础能力。第三，建信金融科技公司负责建行云资源对外销售及供给服务，侧重构建面向客户、敏捷高效的云资源产品及智能运营。第四，强化网管中心在全行网络规划标准制定、网络资源管理、网络项目实施、智能网管平台建设等方面的职能，完善一体化网络安全运营体系。

（2）构建科技人才高地

建行近年来聚焦四大高地建设，鼓励全集团各条线加大科技人才，特别是顶尖人才的选用育留力度。计划到2025年实现集团科技岗位人员达到2.2万人，占集团总人数的6%（3.7万人，10%）；具备金融科技专业背景人员达到7.4万人，占集团总人数的比例达到20%。为此，建行依托建行研修中心与高校及科研院所等机构联合建立人才培养机制，通过产教联盟定制化培养一批金融科技储备人才。借鉴高校人才培养模式，在金融科技条线推进“导师制”人才培养，有针对性地培养专业能力。

同时建行着力优化科技人才激励机制。一是提高科技在全行的地位，推动金融科技条线作为一线部门，向前台服务延伸，充分发挥科技创新工作的引领支撑作用。二是扩大金融科技人才职级晋升覆盖面，“十四五”期间，金融科技人才在集团各级单位专业技术人才序列中的占比力争每年提升 5%。三是创新金融科技人才激励方式，支持以科技研发为主业的子公司探索核心员工持股计划，实现企业价值与员工价值统一发展。四是激发金融科技人才创新活力，对金融科技人才完成职务发明创造并产生专利权等知识产权的，明确给予发明者个人或团队奖励。

3. 业务团队作战型云组织结构

当数字化转型进入推进期后，企业云组织结构多以业务部门或事业群形式存在，可能会设置专门委员会对其进行管理，也可能直接向一把手汇报。这种构建业务部门或事业群的云组织服务对象不再局限于企业内部，还会对外输出，实现成本中心向利润中心的转化，开辟企业新的发展路径。

以腾讯集团（以下简称腾讯）为例，如图 6-8 所示，腾讯成立以来主要经历了四次战略升级，分别是 2005 年的 BU 变革、2012 年的 518 变革、2018 年的 930 变革和 2021 年的 419 变革（“518”“930”“419”分别指的是战略升级时的日期），其中 2018 年 930 变革的云组织结构正是业务团队作战型的典型代表。

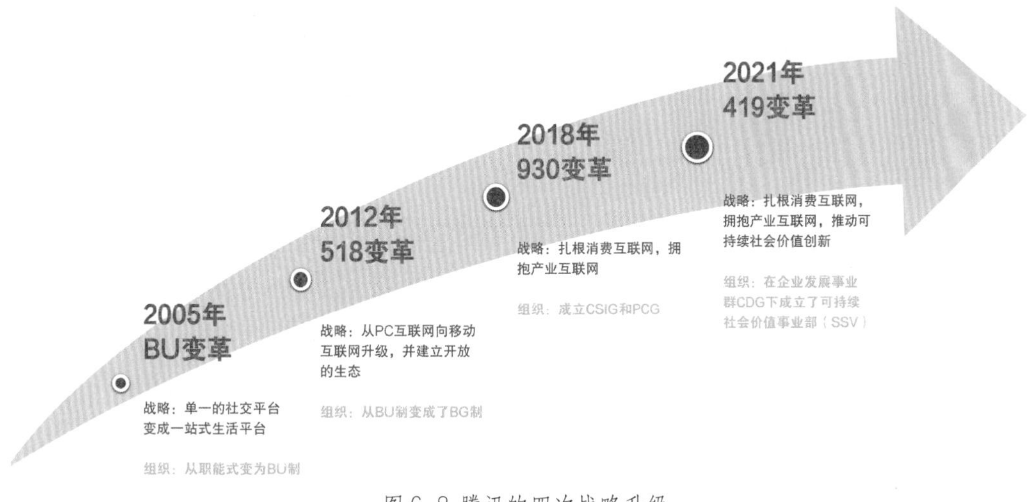

图 6-8 腾讯的四次战略升级

2018年9月30日，腾讯提出了第三次战略升级：向产业互联网升级，成立云与智慧产业事业群（CSIG）。CSIG除吸收原腾讯云业务职能外，还将安全、地图、优图、智慧零售、行业垂直方案等资源进行整合，聚合腾讯分散在不同部门的To B业务，一方面将垂直领域进行纵向的整合，同时将基础计算、安全、AI、大数据、LBS等基础能力横向打通，统一技术标准，将云与企业业务打通，进一步强化腾讯云对外输出的能力。

从图6-9中我们可以看出，腾讯通过CSIG下设腾讯云、腾讯安全、腾讯地图、腾讯优图、智慧零售、行业解决方案六个业务团队，把C端消费互联网资源链接到B端产业互联网，并通过B端产业互联网最终让服务触及广大C端用户，以事业群构建云组织的内部协同机制，促进"扎根消费互联网、拥抱产业互联网"战略的实现。

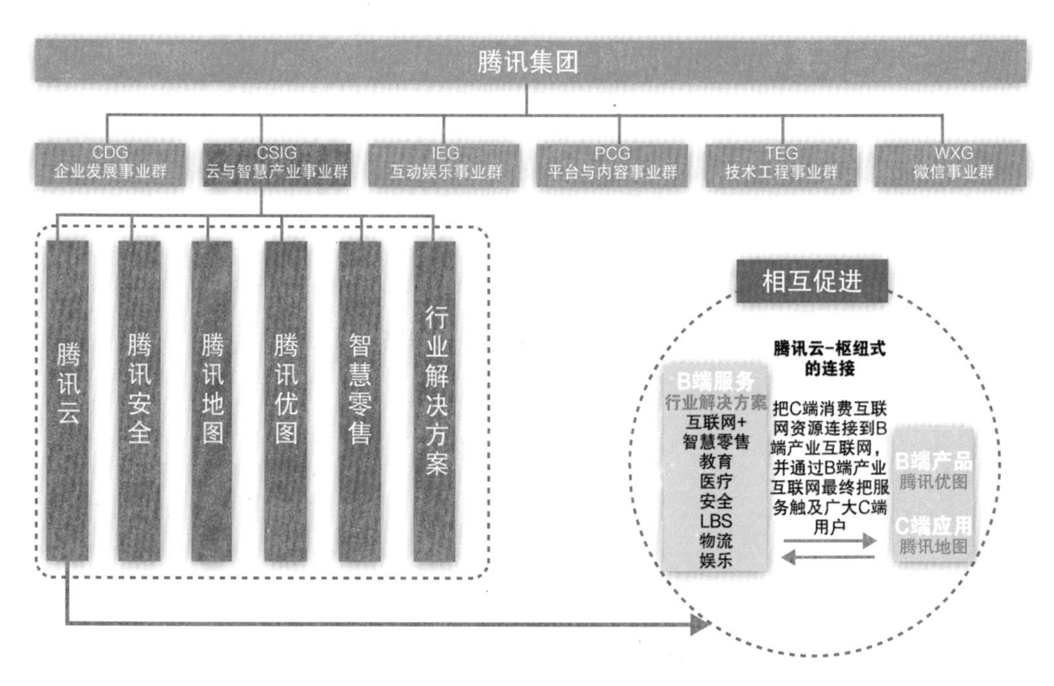

图6-9 腾讯业务团队作战型云组织结构

腾讯业务团队作战型云组织结构值得借鉴和采纳的有以下两点。

（1）以消费互联网优势撬动产业互联网

CSIG成立后，腾讯首先将内部产业互联网的各个团队进行聚合，打破传统以产品为核心的组织架构，将以产品为核心的团队和以客户为核心的团队聚合在一起。同时腾讯将负责零售业务的前台团队和后台团队合二为一，为客户提供融合前后端的全面解决方案。例如，腾讯教育将科技后端与教育产品前端整合，以个性化和智慧化为目标，向学校和学生提供智能连接、教学科研的智能服务，帮助建设智慧校园、智慧课堂。

（2）利用组织结构的变化提升业务协同能力

腾讯云的创建为腾讯提升内部协同能力、减少资源浪费提供了有力的支持。由于腾讯内部类似微信这类业务量庞大的应用众多，不同业务板块各有相应的研发团队，这就造成了人员的浪费和重复，同时不同团队开发的业务场景在通用性上存在不足。因此，腾讯云基于不同业务背后的相似需求，通过开源系统减少了资源的浪费，在服务微信、QQ 这类核心业务的同时，也能够对外适应产业界的要求。2021 年，CSIG 宣布进行新一轮架构升级，进一步扎根行业，深耕区域，提升效率，腾讯将持续增强整体平台运营和内部业务协同，同时加速全球化布局，成为全球领先的云服务商。

4. 生态化作战型云组织结构

生态化作战型云组织结构往往适用于数字化转型的再创新时期，企业通过试点、赋能和对外输出后基本探索出一条完整的“第二曲线”时，往往会继续探索第二条、第三条“第二曲线”。这时，企业云组织结构将以生态的形式存在，通过构建内外部协同，利用与合作伙伴的内外部协同不断扩大对外输出的范围，为更多外部客户服务。

以阿里巴巴集团（以下简称阿里）为例，如图 6-10 所示，阿里的组织结构经历了多次调整：聚焦淘宝、七大事业群、“小前台，大中台”，再到 2019 年提出“底层支撑 + 上层生态”。其中“底层支撑 + 上层生态”的云组织结构正是生态化作战型的典型代表。

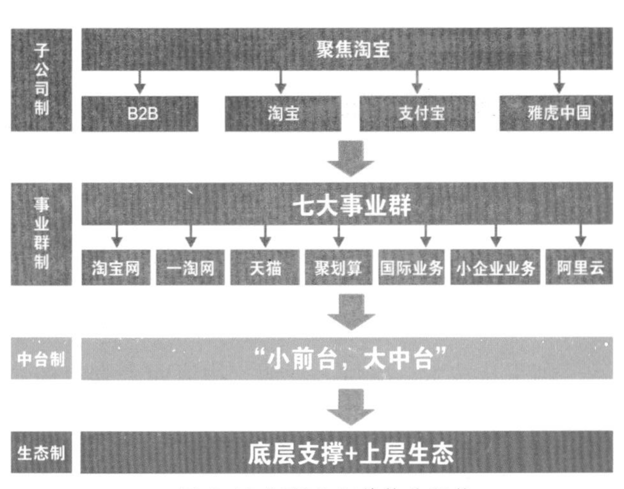

图 6-10 阿里组织结构的调整

从图 6-11 中我们可以看出，阿里生态化作战型云组织由四

大基础设施和四大业务生态组成。四大基础设施分别为支持数字化和智能化的技能基础设施阿里云、支付与金融服务基础设施蚂蚁集团（支付宝）、营销服务及数据管理平台阿里妈妈、核心商业及新零售业务相关物流基础设施菜鸟和蜂鸟即配。四大业务生态分别为电商生态、生活服务（O2O）生态、数字文旅生态和创新业务生态，而且四大基础设施本身也是以生态形式存在的，因此在这一生态化作战型云组织结构中，阿里巴巴三大战略——消费、云计算、全球化——得以持续发展。在 2021 财年，阿里消费战略稳步走向既定目标；全球化稳定推进，仅在东南亚市场，消费者群体就超过 3 亿；在云计算领域，阿里云在中国乃至亚洲排名第一，是领先的云计算服务商。

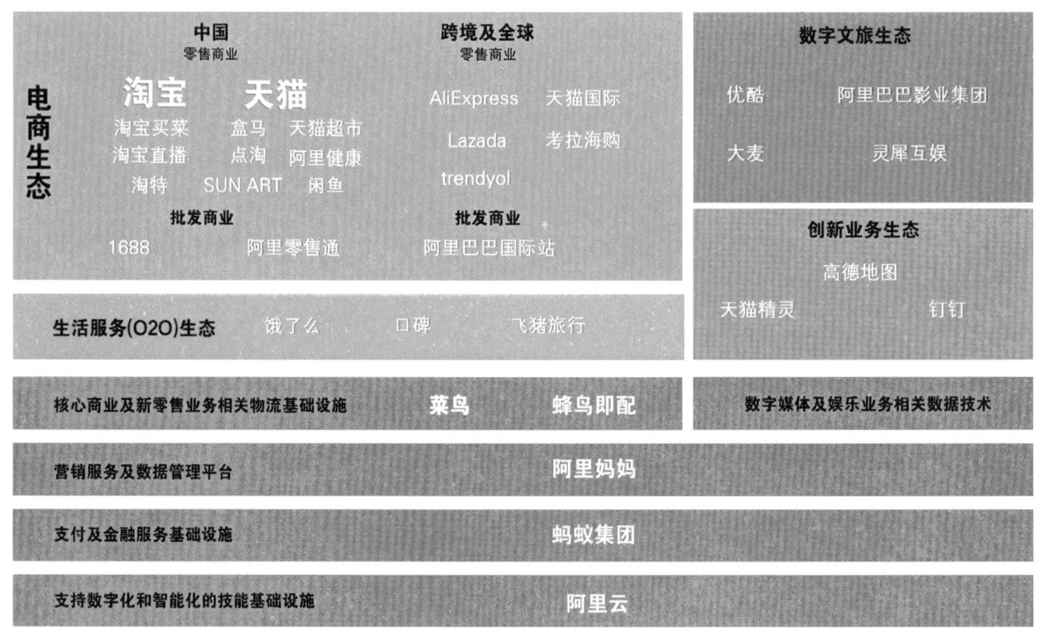

图 6-11 阿里生态化作战型云组织结构

阿里生态化作战型云组织结构值得借鉴和采纳的有以下两点。

（1）完善基础设施，以平台支撑生态发展

阿里从技术、支付、营销、物流四个方向构建的基础设施平台是生态化作战型云组织的基础，任何生态化作战型云组织必然不会是每个领域都推出一套自己的基础设施，而是通过平台构建一个可复用的基础设施，不管针对什么业务都可以。基础设施是企业创新发展、不断前进的基石，只有先打好基础设施这个地基，才能保证生态的有效运行。

（2）构建与生态伙伴共同发展的机制

为了促进生态伙伴之间的长期协作，阿里一直在生态伙伴共同发展的机制方面表现不俗。比如技术基础设施，阿里云打造的云生态通过协同多个部门联手打造“阿里云生态伙伴营销平台”，给予生态伙伴服务化、体系化、工具化的运营赋能。这是一套完整的线上化全链路营销工具，包含个性化阿里云产品展示页及可视化管理后台，助力生态伙伴高效开展阿里云分销业务。

第二节　云组织的运行机制

未来企业的成功之道是聚集一群聪明的创意精英，营造合适的氛围和支持环境，充分发挥他们的创造力，快速感知客户的需求，愉快地提供相应的产品和服务。这意味着组织的逻辑必须发生变化。

一、文化建设

1. 文化建设对云组织的重要性

（1）如何理解文化建设

一方面，组织认为文化建设是组织管理中必须面对和思考的问题；另一方面，文化建设又很容易被大家误解和忽略，认为大谈文化建设过于务虚。如何正确理解文化建设呢？我们可以借鉴心理学上一门研究人的大脑如何工作的学问——神经语言程序学（Neuro-Linguistic Programming，NLP）来深刻理解文化建设的重要性。

NLP 的研究者约翰•格林德（John Grinder）和理查德•班德勒（Richard Bandler）借鉴了一些催眠和心理学的理论，发展出 NLP 思维逻辑层次学说。如图 6-12 所示，NLP 思维逻辑层次分为两类：环境、行为、能力（选择）称为低三层，这是我们可以意识到的层次；信念、价值，身份，精神称为高三层。NLP思维逻辑层次的主要观点为：通常，低层次的问题高一个层次就能轻易找到方法，可若在同层次或其低层次来寻找方法，效果往往不尽如人意或者会消耗过多精力。

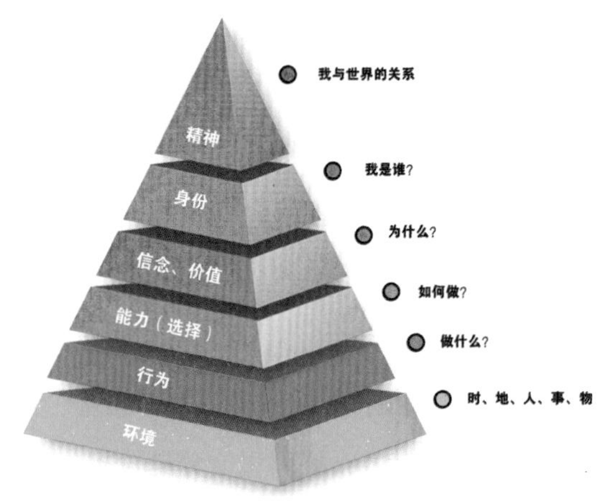

图6-12 NLP思维逻辑层次

那么，将NLP思维逻辑层次学说放到组织中，可以明显发现高三层代表的组织价值观和文化会影响低三层代表的员工能力和员工行为。因此，我们要清楚地认识到，组织文化作为组织的上层建筑与组织息息相关，是组织运作中必不可少的环节。

（2）云组织文化建设的重要性

云组织为什么要进行文化建设，可以从以下两个方面来回答：一个是文化建设的重要性何在，另一个是云组织文化建设的特殊性何在。

柯特•科夫曼（Curt Coffman）和凯西•索伦森（Kathie Sorenson）在2013年出版的《文化把战略当午餐吃掉》（*Culture Eats Strategy for Lunch*）一书中提出的核心观点“文化把战略当午餐吃掉”表达了企业文化可以战胜企业战略的意思，我们可以从中推断出文化对组织的重要性。

当下，大部分组织领导者也都意识到了组织文化的重要性。它塑造和维系员工的幸福感和生产效率，以及组织的业绩、客户声誉、投资者信心。与获取金融资本、上线新的技术系统、对客户许下承诺，甚至是制订战略计划相比，组织文化更难以被复制。正因如此，文化是组织的核心竞争力。文化确保了组织的可持续发展，从定义上看，这种可持续发展的生命力要长于任何一个个体的寿命。文化使组织的整体功效超过任何一个单独的组成部分，或者说它使生态组织比每个单一组织单元更具价值。

因为云组织具有敏捷、弹性、按需分配等云计算的特征，这就决定了云组织的进一步发展需要有别于企业传统的文化氛围。文化建设就是让组织文化深耕于组织土壤中，成为促使组织文化推动组织发展的原动力。

2. 云组织文化建设的注意事项

（1）要清晰定义文化标准并时刻捍卫

企业的云组织文化建设首先需要凝聚共识，如果企业内部员工认为企业文化过于务虚，那么企业文化建设就难以发挥作用。云组织文化建设要清晰定义文化标准并时刻捍卫它。对于成功的文化建设，清晰的定义和时刻捍卫的行动缺一不可。

比如亚马逊的企业文化中有一条叫作“痴迷客户”（Customer Obsession）。其主要内容是要求不要关注竞争对手。这一点非常特别，一般公司都会花不少的精力去研究竞争对手，对这些友商在市场上的一举一动，每一个产品的方向、功能都要摸得清清楚楚，而亚马逊的产品经理、部门负责人也会了解市场上的动态，参考其他产品的定位，但不会执迷于研究对方的产品及其功能。如果有新人花时间在这个问题上，他一定会被告知“搞偏了”。宝贵的时间应该用来了解客户的真正需求，越深、越细越好。

贝索斯就是如此坚定地捍卫亚马逊的企业文化的。有一则小故事说，在亚马逊的一次会议中，一位参会者提及沃尔玛最新采用了某些提升市场份额的具体措施。贝索斯听完，立刻重申亚马逊的企业信念是客户导向而非竞争对手导向。贝佐斯从来不会放过任何一个机会强化组织文化，这是亚马逊所有决策的根基。

（2）建设符合云组织发展的需求文化

从来没有最正确的企业文化，只有最适合的企业文化。对企业文化最真知灼见的理解就是：企业文化就是一台筛选机器，将志同道合的人聚集到一起，将想法不一致的人筛选出去。

比如，谷歌前任 CEO 埃里克 • 施密特（Eric • Schmidt）说：“推动谷歌运转的不是我，而是其企业文化。谷歌或许是网络组织的最佳样板。扁平化、非科层、形式多样的文化与想法——真知灼见可以来自任何地方。在谷歌这样的企业，首席执行官的部分职责是积极营造一个促使员工不断向你抛出真知灼见的良好氛围，而不是让他们怕你，惮于对你说出真实想法。”

谷歌之所以可以如此骄傲地评价自身的企业文化，正是因为其企业文化完美地适应其组织发展的需要。其中“拥挤的办公室”一直为人所津津乐道，谷歌办公室没有隔间，伸手就能轻松拍到同事的肩膀，同事之间的交流和创意的互动是畅通无阻的，大家在喧闹拥挤的办公室里畅所欲言、激情碰撞。当然在参加完团队活动后，员工可以到清静之地换换脑子。谷歌的办公室里设置了许多休闲设施，咖啡馆和小型厨房里有僻静的位子，另外还有私密的会议室、露天阳台和院落，甚至还有睡袋。休整完毕后，员工应当继续办公。这种看似不合理的办公室布局正是激发谷歌不断创新、不断发展的源动力之一。

3. 云组织文化建设的典型例子：亚马逊的实验文化

数字化时代给商业带来了前所未有的变局，特别是云计算技术的出现促进了很多新兴企业的发展，甚至颠覆了一个行业。如爱彼迎、优步这样的企业，十年前根本就不存在，而现在，这些后起之秀已在利用云资源重新定义各个行业。这些企业往往都很推崇实验文化，即探索那些无法预先确定是否有效的发展方向，使用短期测试和实验来改善他们业务的方方面面。接下来，我们以亚马逊实验文化的五个组成部分来感受一下吧。

（1）从顶部推下开关

从顶部开始使用它。改变，尤其是文化变革，如果没有自上而下的推动，就不会发生。但是，只有在尽可能小的单位上执行，它才会起作用。例如，在团队级别上应用 DevOps 使团队能够展示什么是可能的内容，什么是定位障碍，并在问题较小的时候将其处理掉。事实上，成功的转型通常是一个不断改进的旅程，而非“大爆炸”。

（2）重新想象信任

传统上，组织通过基于审计的控制框架来建立信心，旨在通过检查清单和活动审计来提高质量，保证安全性、遵从性，降低风险。而实验文化并不是这样的，它要求控制方相信，产品团队能够并且将成为全组织原则和要求的有效管理者。新人需要赢得信任但这通常发生在团队合作和计算力量之前通过小规模试点显示成功的时候。这种信任能够并且将会导致产品团队获得授权来执行对组织来说是正确和安全的变更。

（3）做好针对自由和授权的设计

实验文化使得技术团队拥有以前由其他职能部门承担的控制职责。授权将变更推入生产的技术团队，使得他们必须在过程中嵌入控制，以使组织确定测试、风险管理和升级协议的位置。动力也必须从一开始就被设计进过程中，自动化会有很大帮助，但它不仅仅是数字化当前的、常规的、耗时的任务。它是关于重新设想如何实现控制，以确保它们在流程中默认发生，而不受外部干扰。

（4）希望通过测试进行开发

改进的愿望——过程、质量、速度、每个人的影响——必须渗透到组织的每个角落。这就需要改变思维方式，从“让我们让它变得完美”到“足够好，让我们看看它是如何工作的，并继续重复下去”。支持这种文化变革需要嵌入灵活的系统和工作方式，以识别问题和可能性，迅速做出调整，并再次进行测试。

（5）让你的文化真实存在

组织要将该文化推向一个特定的方向。学习实验文化的工具、技能和文化，可以通过信任、快速沟通和共同开发的产品来建立一个值得信赖的、有能力的团队。你和你的员工每天都提供内部商业文化，如果你不是有意将该文化塑造成一个积极的文化，你就不能保证它备受关注！

二、人才发展

1. 数字化时代的人才发展趋势

数字化时代，变化最大的应该是人才。伴随着数字化浪潮来袭，人才日益呈现出鲜明的发展趋势。

第一，对于普通人最严峻的考验是这个时代人才的需求类型将发生巨变，部分人才将被自动化取代。世界经济论坛（World Economic Forum，WEF）预测，到 2030 年，全世界将有 2.1 亿人因为新一轮数字化、工业化、自动化、智能化和全球化变革而被迫更换工作。据麦肯锡预测，到 2030 年，美国和西欧国家中的体力劳动工时将分别减少 11% 和 16%，需要基础技能即可完成的工作时间将分别减少 14% 和 17%。自动化等新技术将会取代这类重复性的简单工作。更严峻的是，以前，几乎所有失业的低薪等级员工都可以转行从事其他低薪等级工作，但以后，有超过 50% 的低薪等级员工面临着失业的风险。

第二，数字化人才的需求将更加迫切，以往提到数字化人才，我们或许会认为这是科技公司所需要的，和其他行业无关。但是，随着数字化转型成为全社会各个行业的共同目标，企业对数字技能的需求已经深入业务的各个领域。基于此，各企业对于数字化人才的需求剧增。尤其是非科技类公司对于数字化人才的需求已经远远超过科技公司和传统 IT 公司，并且这一趋势还在加剧。据 Gartner 调查数据显示，非科技公司招聘智能化、机械自动化和具有数据分析技能的人员的数量远远高于科技公司和传统 IT 公司。尤其是数据分析类的岗位，非科技类公司的人才需求是科技公司和传统 IT 公司的两倍。

第三，云计算是人工智能与大数据等其他数字化技术发展的基础，但人才数量却迟迟没有跟上。2020 年人力资源和社会保障部中国就业培训技术指导中心的《新职业在线学习平台发展报告》指出，未来 5 年云计算产业人才缺口将高达 150 万。除了 IT、互联网企业以外，金融、医疗、教育等领域的传统企业也逐渐进入“云时代”。不少大型企业会构建云计算平台、大数据平台等，因而迫切需要大量开发者加入。《2021 人才市场洞察及薪酬指南》显示，云计算领域人才跳槽薪酬涨幅接近 40%。早在 2019 年，云计算领域人才月均薪酬在 1 万元以上的占比就高达 93.7%，在 3 万元以上的占比也高达 24.7%，相比之下，市场对云计算人才的刚需显而易见，但精英人才却“高薪难求”。

第四，企业在数字化转型的过程中，一方面要从外部引入人才，但仅从外部引入是远远不够的，企业要靠内部人才培养真正大规模地解决数字化转型时期的人才短缺问题。人力资源管理咨询机构美世咨询的研究报告显示，65% 的人力资源负责人表示，即使他们继续上调工资，也无法在公开市场上找到未来所需的人才。这也就意味着，数字化时代，存量的数字化人才并不充足。因此，对员工进行技能培训以填补技能鸿沟，对企业至关重要。

2. 数字化人才发展面临的挑战

（1）人员结构不匹配

从各企业的各类人才占比来看，IT 相关人才普遍占比较低，核心信息技术人才略有不足。以金融业举例，中国互联网金融协会在其发布的《中国商业银行数字化转型调查报告》中，对 51 家各类型的商业银行开展了数字化能力自评估问卷调查。调查结果显示，从 IT 员工人数占总员工人数的比例来看，在接受调研的 51 家商业银行中，仅有 6 家银行这一比例大于 30%，30 家银行这一比例小于 5%，9 家银行这一比例在 5% ~10%，5 家银行这一比例在 10% ~30%。

从这一调研结果中我们可以看出，在现阶段商业银行中 IT 人才比较匮乏，这也使得商业银行在大力发展构建云生态的过程中面临着很大挑战。从各大型商业银行 2019 年年度报告中可以看出，在各大型商业银行的人员职能结构中，金融科技或信息技术相关人员占比均未超过 8%；除了中国工商银行与建行外，金融科技或信息技术相关人员数量均未超过一万人。虽人员数量均有几千人之多，但其中并非所有从事金融科技或信息技术相关工作的员工均进行云计算领域相关工作。

与国内大型商业银行相比，国外大型银行中信息技术人员占比明显较高，摩根大通信息技术人员占总员工数的 20%，高盛银行信息技术人员占总员工数的比例已经接近 1/3，这还没有包括与技术人员一起工作的业务研发人员。同时，国内一般的主流云服务商都拥有数千人的专门从事云计算领域工作的团队，具备完善的人员组织架构体系。与之相比，大型商业银行在云计算领域的团队规模则小了许多。腾讯云经过组织架构调整，云计算技术人员由原来的 2 000 多人增加到 8 000 多人，另外，还有包含 6 000 多人的 TEG 技术工程事业群为腾讯云的云产品提供底层基础产品和技术支撑。

在这样的情况下，大型商业银行可以通过调整人员结构来加快团队人员之间的知识传递，充分挖掘现有团队成员的潜在能力，同时，可以充分利用分行及子公司的科技人员力量作为助力，制订切实有效的人才引入计划，形成适合自身云计算发展的人才队伍组织架构体系，以减少对外部公司的依赖。

（2）人才供需不平衡

从互联网、金融、制造等行业来看，对数字化人才储备的扩编需求越来越强烈，相关人才的争夺也越发激烈，供需也逐渐出现不平衡的现象。我国数字化产业进入快速增长阶段，对数字化领域的人才需求呈现出逐步增长的趋势，尤其是对优质人才的需求不断增加。但就云计算人才，据工信部统计预测，未来三年将是需求相对集中的时期，对于云计算人才的需求导致每年呈现数十万的产业人才缺口。

以银行业为例，银行业对科技从业者的积累较为欠缺，相关人才的需求更加紧俏。

从数据驱动角度来看，目前的人才需求已不仅仅局限于计算机相关专业，数据分析、法律、运营等相关专业的人员也是大型商业银行发展云计算、扩展云生态所需要的人才。因此，近几年大型商业银行在进行人才招聘时，除了对包括计算机软件、软件工程、大数据等在内的人工智能领域专业人才加大了招聘力度之外，对统计分析、法律法务、运营管理等领域的专业人才也加大了招聘力度。

如今各行业需要的是数字化复合人才，不仅要懂技术，还要懂业务，更要懂生态，这无疑大大增加了人力资源管理部门招聘的难度。另外，从产业链角度来看，还存在人才供需不平衡的情况，数字化产业发展所需的人才结构主要分布在产业链的中下游，但数字化人才的供给多集中在产业链的中上游，下游产业链的人才供给相对偏弱。

3. 云组织的数字化人才管理

云组织进行人才管理的前提条件是先进行人才盘点。人才盘点是指企业为确定所需人才种类，通过评估组织中不同类型人才的能力和素质而进行的一系列人才识别与挖掘活动。简单来讲，就是通过盘点确定哪些岗位人才有缺（缺口人才），哪些岗位人才能力需要提升（已有人才），哪些岗位需要通过能力培养进行人才储备（储备人才）。

对于管理者而言，人才盘点是人才管理的重要一步，只有先进行人才盘点，才能帮助管理者在人才吸引环节做好招聘管理，在人才培养环节做好胜任力管理和能力提升管理，在人才流动环节做好人才补充管理。目前从云组织的发展来看，人才管理的分类（如图 6-13 所示）和特征如下。

人才管理的分类

缺口人才	招聘管理	胜任力管理		人才补充管理
已有人才		胜任力管理	能力提升管理	
储备人才			能力提升管理	人才补充管理

图 6-13 人才管理的分类

第一，云组织的缺口人才主要集中在数字化技术和人才方面，已有人才数量与数字化转型需求的人才数量不匹配，存在一定的数字化人才缺口。

第二，云组织的已有人才普遍存在能力固化现象，存在人才能力与数字化转型需要的能力不匹配的现象，现有人才急需加大胜任力管理和能力提升管理。

第三，云组织的储备人才还需持续培养和补充，为配合云组织的动态发展，需完善数字化各类岗位人才的储备，确保人才能力可以随时匹配需求。

（1）数字化人才吸引——招聘管理

招聘管理主要围绕以下四个部分进行：第一，制定合理的岗位说明书，明确岗位招聘的目的、岗位工作的主要内容、岗位的能力要求等，便于快速招聘到所需人才；第二，确定适当的招聘数量，为了云组织的持续发展，人才数量上应适当弹性，既不能只满足当前需求，又不能过分扩编；第三，选择符合需求的招聘途径，由于云组织所需人才要具有相关的项目经验和工作经验，因此社会招聘是主要渠道，内部推荐和向猎头获取次之；第四，优化和完善招聘流程，应对简历筛选环节和面试环节的流程进一步明确，以保证筛选系统的有序进行，标准化地实现对候选人的筛选，并降低筛选成本，同时实现所需人才的快速匹配。

同时我们需要注意，保持云组织对人才的吸引力在数字化时代变得尤为重要，如图 6-14 所示，人才除了关注基本的薪酬回报，还关注与直属领导的契合程度、公司发展前景以及是否可以获得成长提升，并且公司是否兑现承诺将非常影响人才的满意度。

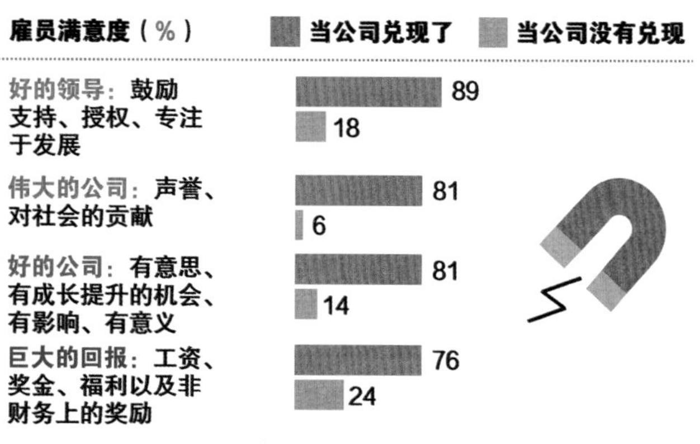

图 6-14 人才吸引及其满意度影响因素

（2）数字化人才培养——胜任力管理 + 能力提升管理

① 数字化人才的胜任力管理——现有人才通用能力 + 专业能力的培养。

胜任力培养主要围绕以下三个方面进行：第一，构建合理的人才培养体系，如图 6-15 所示，通过建标准、找差距、促发展三步实现人才胜任力管理，以保证云组织中的人才可以胜任云组织发展的岗位；第二，完善知识管理体系，构建知识收集、提炼、呈现、回顾、分享、改进和处置全生命周期的智能化的“知识中台”；第三，加大对复合型人才的培养，让技术人才具备“业务思维”，让业务人员具有“技术思维”。可参考图 6-16 所示的数字化“四懂”人才培养框架构建人才培养体系。

图 6-15 人才培养体系的建设

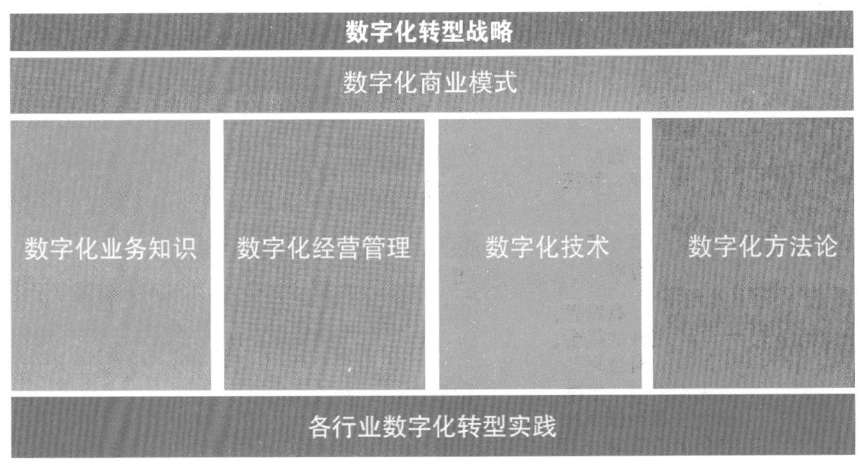

图 6-16 数字化“四懂”人才培养框架

②数字化人才能力提升管理——储备人才的新能力的孵化。

进行数字化人才能力提升管理首先要明确云组织未来发展所需人才，云组织建设与应用是一个持续演进的过程，在不断发展的过程中，除了云基础设施的建设，各新兴技术领域人才将成为各云组织必需的骨干人才。另外，拥有丰富的软件开发经验和团队管理能力、熟知项目开发规范、准确把握行业发展趋势、深刻理解业务规则和业务特征、具备强大市场开拓能力的管理人才和营销人才也将是云组织储备人才的重点。然后云组织要在内部深度挖掘现有人才，云组织自身有一定的人员储备，只是还未人尽其用，要建立有效挖掘机制，挖掘出一批具备云组织发展所需素养的员工。最后云组织要制定现有人才向储备人才发展的能力提升培养方案，对挑选出的现有人才进行适当周期、适宜内容的内外部培训，保证内部储备人才的培养可以跟上云组织建设与应用的节奏。

（3）数字化人才流动——人才补充管理

所谓数字化人才流动就是构建灵活的人员流动制度，让企业内部、企业与合作伙伴之间的人才流动成为常态，为建设云组织服务。其建设内容主要包括以下几个方面。

①企业内部转岗机制的建设。

以腾讯员工转岗机制——活水计划为例，活水计划的目的在于建立畅通活跃的公司内部人才流动的市场机制，一方面帮助员工在公司内寻求自己更感兴趣也更适合的发展机会，另一方面增强了公司产品赛马机制的竞争气氛，有潜力的重点产品和业务自然更容易吸引尖端人才，成功的概率也会越大。

其实不仅仅是腾讯，国内许多其他知名公司也实施了内部人才流动机制。比如，万科实施集团内部招聘计划，为集团员工提供了包括战略研究岗、营销管理岗等在内的多个总部职位。华为也早在2013年就推出了《华为公司内部人才市场管理规定（暂行）》，内部转岗以任职资格为上岗条件，在岗位需求和员工意愿均匹配的情况下，员工可以顺利转岗。

② 企业与合作伙伴间专家库的建设。

第一，建立外部专家级常态化征集机制，提高外部专家资源的数量和质量，并优化外部专家管理，明确外部专家使用程序和要求，健全专家抽选、使用、监督相分离的工作机制，规范外部专家使用和管理。第二，建立非专家级人才的外部合作机制，对于招聘和培养暂时无法满足需求速度的非专家级人才，可以通过与供方建立合作，实现灵活用工，使用供方员工来保证云组织发展的有序进行。

三、协同合作

1. 云组织的协同合作

（1）大自然中的协同合作

有这样一个故事：在非洲草原上，如果见到羚羊在奔逃，那一定是狮子来了；如果见到狮子在躲避，那一定是象群发怒了；如果见到成百上千的狮子和大象集体逃命的壮观景象，那一定是蚂蚁军团来了。这个小故事向我们充分展现了蚂蚁族群的协同合作能力。因为具备极强的协同合作能力，蚂蚁成了万兽之王和庞然大物都会惧怕的生物。

蚂蚁是一种社会性极强的生物，蚁群中一般有四种成员，且分工明确：蚁后也叫蚁皇，是一族之主，专管产卵繁殖，一般一群只有一个，体型特大，行动不便，由工蚁侍候；雄蚁与蚁后交配，交配后即死亡，一个蚁群中通常有数十只或数百只雄蚁；工蚁是蚁群中的主要成员，专司觅食、饲养幼蚁、侍候蚁后、搬家清扫等勤杂工作；兵蚁个头较大，两颚发达，是蚁群中的保卫者，担负着本蚁群的安全职责，如有外蚁入侵，或争夺食物时，必誓死决斗。明确的分工和极强的协同合作能力赋予了蚁群持续繁衍的可能性。这种协同合作的能力和精神值得云组织借鉴和学习。

（2）云组织协同合作的重要性

组织的协同合作是在目标实施过程中，部门与部门之间、个人与个人之间的协调与配合。协同合作应该是多方面的、广泛的，一个部门或一个岗位要想实现目标，必须得到外界的支援和配合，从而进行如资源、技术、配合、信息方面的协同合作。不论是否存在社会分工，劳动者都必须通过协同合作把个人的力量联结成集体的力量，以实现生产活动的预期目的。协同合作有简单协同合作和复杂协同合作两种基本方式。

那么我们如何定义云组织的协同合作呢？云组织的协同合作事实上是以云计算等数字化技术为载体来实现的协同合作，这种协同合作可以分为两个层次：第一个层次是云组织与企业外部合作伙伴及企业内部其他部门之间的协同合作；第二个层次是云组织内部各团队之间的协同合作。也就是说，云组织的协同合作是强调内外部的协同合作。为何我们在探讨云组织协同合作问题时要同时考虑内外部的协同合作呢？这是由组织的双元性决定的。

组织的双元性是指组织与目前的业务需求管理保持一致和高效，同时能够适应环境中的变化的能力。简单来讲，组织双元性是指企业同时开展探索性活动和利用性活动的能力。其中，探索性活动是为了满足新兴市场和客户的需求进行新的设计、开发新的市场，或者用新的知识开辟新的分销渠道，提高组织的灵活性和多样性。探索性创新在短期内可能并不有效，其结果也不容易预测；而利用性活动旨在满足现有市场和客户的需求，增强组织的现有技能、流程和结构，主要影响组织的短期收益，使组织更具竞争力。

组织双元性要求组织既要灵活应对短期变化，又要在长期内保持高效，这就需要通过内外部协同来实现。基于云组织协同合作的内外一致性，这里将云组织实现协同合作的方式分为以下两类。

（1）在与合作伙伴以及企业其他部门的协同合作中，要通过构建共生关系的供方生态来保证外部协同合作的持续性和稳定性。

（2）在云组织内部的团队协同合作中，主要通过提升云化的技术手段来提升协同管理能力，从而实现内外连通。

2. 构建共生关系的内外部协同生态

作为数字化时代一切技术的基础和载体，云计算本身的发展以及各类在云基础之上发展的数字化技术不仅给企业云组织构建外部协同合作机制提出了新的挑战，也向云组织的供方管理提出了新的要求。在这样的历史背景下，云组织的供方管理早已从普通的合作关系发展为生态的协同合作关系，构建共生关系的供方生态成为组织外部协同合作的有效途径。

（1）共生关系对协同合作的作用

共生（Mutualism）是指两种不同生物之间所形成的紧密互利关系。在共生关系中，不同生物之间形成互利关系，一方为另一方提供有利于其生存的帮助，同时获得对方的帮助。共生关系对于云组织的内外部协同也是非常有利的。比如微软现任首席执行官萨提亚·纳德拉（Satya Nadella）在其撰写的《刷新：重新发现商业与未来》一书中讲了这样一个场景。

在其竞争对手 Salesforce 的年度销售会议上，纳德拉当着大家的面，从自己的外套口袋里拿出一部 iPhone，大家看到他的这个动作时都惊呆了，接着发出了阵阵笑声。在现场观众安静下来之后，他说："这是一部非常独特的 iPhone。"作为客户关系管理（CRM）软件服务提供商的 Salesforce，在在线服务方面既是微软的竞争对手，也是微软的合作伙伴。"我喜欢把它称为 iPhonePro，因为它安装了微软的所有软件和应用。"

在书中，他写道："苹果是我们最难对付和最持久的竞争对手之一。看我在由苹果设计和制造的 iPhone 上展示微软软件，人们感到出乎意料，甚至有一种耳目一新的感觉。微软和苹果一直鲜明对立，甚至持续对抗，以至人们忘记了我们从 1982 年以来就为 Mac 开发软件。今天，我的首要任务就是满足我们的数十亿客户的需求，而无论他们选择何种手机或平台。唯有如此，我们才能持续成长。为此，我们有时候会和长期对手握手言和，追求出人意料的伙伴关系，重振长期关系。这些年来，我们更专注于客户需求，因而也就学会了共存与竞争。"

在数字化大潮下，不少企业在组织内外部的协同合作过程中秉承着共生关系的核心思想，并将共生关系应用到企业的经营实践中。例如，国内领先的家电企业海尔在数字化转型的过程中也应用到了共生关系的理念。

数字经济新时代，海尔构建出独特的共生数字系统，海尔明白只有与不同的主体建立共生关系，共享先进的技术、知识等种种资源，才能更好地抓住数字经济的发展机会。在选取共生关系的合作伙伴时，海尔也明确要与合作伙伴形成互相依赖、互相补充的和谐关系，不同主体只有基于自身专门的资源和优势进行合作，才能够创造出共同的价值。图 6-17 所示为海尔共生关系模型。

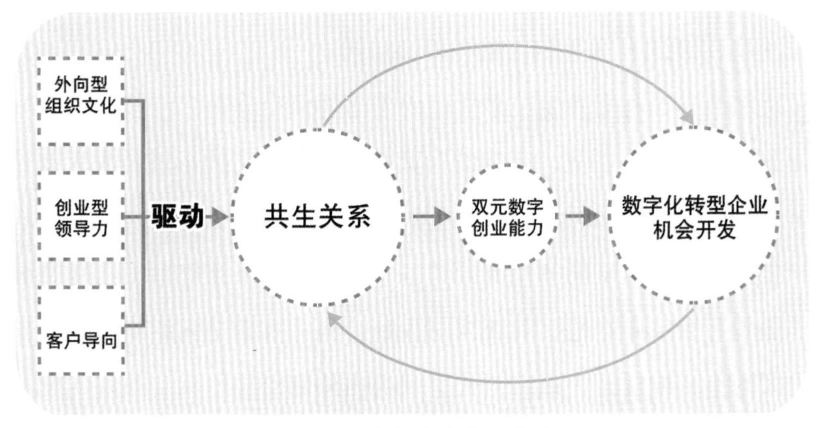

图 6-17 海尔共生关系模型

海尔的共生关系展现在海尔的开放式创新研发平台与智能制造平台上。在海尔的开放创新研发平台上，为了持续探索有益的市场机会和迅速变化的市场需求，组织需要发现自身的不足，找出用户的潜在需求，找到有发展前景的新市场，最终协调整合企业内部资源。通过与用户的互动沟通，基于用户反馈，海尔不断调整产品的设计和生产逻辑。在整个过程中，海尔的内部科研团队提供技术支持，而其他合作企业能够从资金、市场信息、实践经验等多个角度赋能海尔的制造团队，在保障项目顺利施行的同时，也促进了海尔的持续创新。在这个过程中，各个主体共同进化，维持了共生关系的稳定。

在海尔的智能制造平台上，合作企业、上游供应商、设计师、用户等主体形成共生关系，海尔通过协同用户、企业、资源三者，实现现有业务效益的最大化。在这个过程中，合作企业与海尔建立稳定合作，提供制造工厂，负责产品的生产、物流等环节。同时，用户和设计师都能够参与到产品的设计、生产、运输的全流程之中，设计师能够第一时间掌握用户的需求，并根据用户的反馈，挖掘用户需求，设计相应的产品。由于企业精准掌握了用户需求，因此能够实现研发部门和生产部门的数据共享，研发部门将全新的创意共享给生产部门，生产部门也会将制作中遇到的问题反馈给研发部门，让新产品在内部的互联互通中得以不断完善。

（2）云组织利用共生关系构建的内外部协同

对于云组织而言，利用共生关系构建内外部协同生态是一个多方共存、相互促进的过程。如图 6-18 所示。首先，云组织与其技术供应商之间形成技术生态，可以帮助云组织不断强化技术创新，还能促进 IT 降本增效。其次，云组织与其服务的内部部门与外部客户之间形成快速赋能和储能的关系，一方面是云组织助力自身企业业务部门通过技术的进步与升级更好地实现获客与盈利；另一方面是云组织赋能外部客户，帮助外部客户实现上云或用云。最后，云组织的内外部协同得到了最好的发挥，云组织成为内部业务部门与外部客户产生合作的桥梁，内部业务部门通过云组织和外部客户形成合作，共同进行业务创新，实现业务的降本增效，形成业务生态。实际上，云组织的内外部协同生态是由多个小生态构成的大生态系统，随着云组织的不断发展，这个生态系统还将不断扩大和发展。

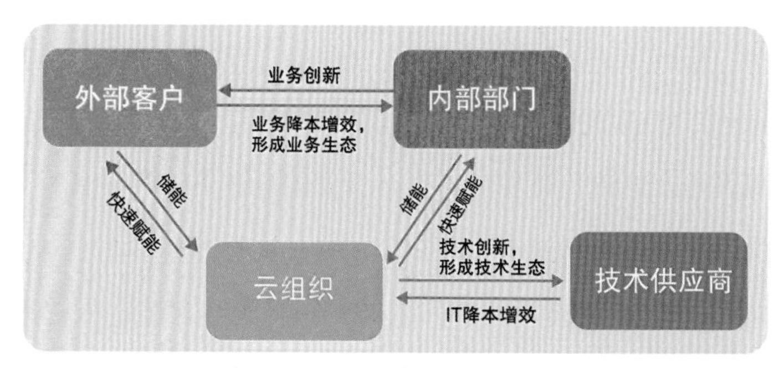

图 6-18 云组织内外部协同关系

四、有效激励

1. 云时代赋能员工激励机制创新

（1）云时代员工激励创新大势所趋

传统的企业管理注重制度和流程，但随着数字经济时代的到来，价值观越发多元，以“90后”“95后”乃至“00后”为代表的新一代员工逐渐占据了主要的劳动力市场，企业的年轻员工的需求也发生了变化。许多千禧一代都拥有较好的家庭环境，父母的积累为他们提供了更多的选择权和“退路”，也降低了他们跳槽和重新择业的成本。这意味着工作对于他们而言，不仅是保证生存的工具，更是实现个人价值最大化的手段。他们在工作上的追求已经慢慢地从物质回报转向自我实现，这使得企业需要重新定义激励。这一类型员工的出现，在改变企业传统商业价值链的同时，更是对传统的激励发起了挑战。传统的管理理念已经逐渐与时代脱轨，当前如何激发员工的动力成为企业有效人才管理的关键挑战。

人才是企业市场竞争的核心竞争资源，可以说，得人才者得天下。但面对新一代的年轻员工，很多公司管理者发现传统的激励制度已经失灵，以“90后”“95后”为代表的新一代员工有技术、有才能，但追求个性，坚持自己的观点。有不少企业管理者抱怨：“现在的新员工不踏实，公司根本留不住人。”这也反映出企业和员工对于激励和认可的“代沟”。企业要想留住人才，就需要创新员工激励认可方式，让员工能够在岗位上更加积极主动发挥才能，并获得认可。

（2）了解员工的需求

员工的满意度在于企业理解员工需要什么并且满足他，一旦需求无法满足，员工对企业的满意度就会下降。换言之，满足员工需求的公司能够吸引并留住人才，并且促使员工愿意为公司长期做出巨大的贡献。因此，企业要想有效激励员工，首先要做的就是了解员工的真正需求。

然而，在很多时候，管理者给予员工的激励内容与员工自己理解的并不一样。据美国一个专项调查显示，在对员工进行激励的要素排序中，管理者通常把薪酬、福利、工作安全感、晋升通道等要素视为关键激励要素，而员工自己关注的关键激励要素则是工作参与感、客观评价工作表现、灵活的纪律约束等。

特别是在数字化时代，个人的力量被充分释放出来，此时的员工已不再依赖于企业，而是依赖于自己的知识和能力。薪酬、福利等已经不再是员工选择或留在一家企业的首要标准。新一代员工对于自我发展、能力提升有着更加强烈的诉求，更看重企业能否给予他们有效的激励，并激发他们的内在潜能。

因此，在数字化时代，部分企业已经开始关注员工体验，注重了解和满足员工的需求，为其重塑整个职业生涯周期；构建正向激励的规则，并通过对员工行为、态度或绩效表现给予相应的认可、评价和反馈，以确保吸引和留住员工，应对数字化时代的人才竞争。

2. 云组织再造有效激励

（1）内在激励模式的创新

按照马斯洛的需求理论，员工的行为主要受自我实现需求的驱使。自我实现的需求能够激励个人为取得成就尽最大的努力。因此，面对新一代员工，企业的激励模式创新可以从以下两个方面入手。

第一，为员工实现自我价值提供职业发展平台。企业想要给予员工激励，首先需要了解员工内心对于个人发展事业的真正兴趣点。很多管理者总是一厢情愿地认为企业为员工提供的就是员工所需要的，但其实员工追求的职业发展道路和管理者所规划的发展路线有时并不完全一致。

员工的自我价值实现往往注重两个方面：意义感和选择感。意义感即员工感觉到自己所为之努力的目标是有意义的，感觉自己走在一条正确的道路上，感觉自己为之投入的一切时间和精力都是值得的；选择感就是员工可以选择自己认为有意义的活动，并按照自己的方式来完成工作。因此，企业可以通过为员工提供开放的职业发展平台，让员工感觉到自身工作的意义和价值，同时赋予员工自由选择岗位以及职业发展道路的权利，让员工能够与管理者更好地实现互动和沟通，帮助员工探索自我价值的发现和成就的道路。

例如，德国奥迪公司曾提出："如果员工要向前走，请帮他们把脚下的路铺平；如果员工要向上走，请给他们搭上台阶；如果员工要飞，请给他们一双翅膀。"秉持着这样的员工发展理念，该公司将员工的职业发展通道建成大"H"型，让管理和技术两条通道上的知识型员工可以根据人才评价中心的评价结果互换跑道，最大限度地为员工创造畅通而富有弹性的职业发展通道。

与德国奥迪相似，索尼的员工也可以根据自己的职业兴趣寻找自己在组织里想要扮演的角色，将组织潜在机会和自身发展规划相结合，自我设计适合自身的职业发展通道。HR会根据员工的选择为他们配套相应的培训内容和项目实践。另外，索尼为员工提供轮岗项目时也会以员工的倾向性选择优先。这样一来，员工的积极性和敬业度会更高，为之所付出的努力也更多。

第二，让员工感受到自己的组织价值被认可。心理学上有一个著名的理论：皮格马利翁效应，也称“期望效应”。皮格马利翁效应提出，要想使个人发展得更好，就应该给他传递积极的认可和期望。这个理论同样适用于职场。员工希望自己的工作成果受到肯定，同事和老板对自身工作的赞赏能够让员工感到自己被认可，从而获得心理上的愉悦。

然而，很多企业的管理者并不重视对员工工作成果的表彰，许多领导者只会在一年一度的员工业绩评估时展示出对员工的认可。对于企业内部部分“被鼓励型人格”较强的员工而言，他们容易因感觉自身的工作价值被忽略而选择离职。因此，企业应该把对员工的认可引入企业文化，在组织内部形成一种及时肯定和表扬他人的文化氛围，让员工感受到价值被认可，帮助员工获得能力感和进展感，通过这种无形的激励推动员工在各自的岗位上发挥出最大的主动性。所谓能力感是指员工感觉自己完全可以高水平地完成自己所选定的活动，它让员工感觉到自己正在做一项出色的、高质量的工作。进展感即员工感觉自己正在向着目标逼近，员工感觉自己手头上所做的事情确实有助于实现整个团队的既定目标。

例如，拜耳集团自2019年起，由中国本地人力资源团队设计并上线了员工认可平台——“闪耀时刻”，用数字化平台来助力员工认可及加强反馈文化。该平台设立“喝彩”“点赞”及“感谢”三种不同类型的带积分或无积分卡片，鼓励员工对伙伴表达感谢和点赞，并且分享和收藏在拜耳的每一个闪耀时刻。不仅如此，经理还会根据部门预算及员工表现及时给予员工积极反馈并授予员工积分、表达认可，通过更加快捷有效的激励方式，进一步加强内部信任和员工满意度。

事实上，面对不同年龄、不同学历、不同需求、不同个性的员工队伍，“一刀切”的激励模式并不可取。企业的激励模式没有最优，只有最合适。过度依赖技巧和技术来激励员工的时代已经过去。了解员工需求，并积极主动地为员工解决可能发生和已经存在的困难，定期用具体的、有意义的方式认可员工的贡献才是可取的全新激励方式。

（2）外在激励的进化

组织对员工的外在激励，主要是指企业员工的薪资和福利等，企业提升员工的外在激励主要通过以下四个部分进行。

第一，设计适配云组织的薪酬体系结构。企业通过对薪酬现状、云组织所需人才薪酬水平、不同岗位价值的分析，构建新的薪酬体系结构，及时调整薪酬体系，以适配对人才的激励。

第二，设计适配云组织的绩效激励机制，建立健全的绩效考核评价体系，提高绩效考核的效度和信度，从而适配云组织的需求。

第三，选取合适场景进行尝试。企业应在适当的场景中对新的薪酬绩效管理体系进行试点工作，在试点的过程中完善新的薪酬绩效管理体系。

第四，优化、推广新的薪酬绩效管理体系。企业应把试点后完善的新的薪酬绩效管理体系向整个云组织内的各部门推广。如无太大的问题，新的薪酬绩效管理体系将在云组织内有序运行，并达到激发人员工作积极性和提升工作效率的效果。

例如，华为的薪酬体系随着时代发展经历了三次调整。创业初期，华为缺乏充足的资金，但逐渐建立起全员股权激励制度，鼓励员工不论年龄和资历为公司做贡献。随后华为进入了高速发展阶段，人才成为企业在市场竞争中制胜的重要资源，为了保证足够多高质量的科技人才及时到岗和留用，华为的薪酬策略转变为高薪酬、高压力、补助加班费的模式，其薪酬高出同行业公司 20% 左右。

随着华为进入成熟的发展阶段，其业务遍布全球，华为对国际化人才的需求量开始增加，特别是一些高级法律顾问、销售总监等。此时，华为采取基于能力的职能工资分配制度，奖金分配和团队与个人的绩效直接挂钩，退休金发放也依据工作态度调整，医疗保险也会按照贡献程度进行区分，以基本工资、固定奖金、现金津贴、浮动收入、长期激励和福利待遇共同组成外部激励系统。每个财年开始，华为各部门高级管理人员都会制定新年度股票认购人员名单，通过股票认购的长期激励带动员工积极主动地发挥主动性。华为的外部激励制度为华为在初创期、高速发展期和成熟期招揽到不少的优秀人才，也对应着华为“高质量、高压力、高效率”的组织文化，调动了员工的积极性和主动性。

企业在实际制定人才激励政策的过程中，需要结合内在激励和外在激励，基于企业的自身发展目标和组织特性，制定符合自身需要的有效激励制度，帮助员工在组织内部获得认同感，让员工能够在岗位上发挥出最大的积极性。

第七章 云合规

导　读

数字化时代，云计算、大数据、物联网、区块链、人工智能等新兴技术成为金融机构的核心竞争力，肩负着金融创新与数字化转型升级的重要使命。银行、保险、证券等金融机构纷纷上云，通过云服务提升运算能力，改善系统体验，重组数据价值，为客户提供更高级别的金融服务。由于金融行业有着不同于其他行业的特殊性，其安全和合规性要求极高，在全面“云化”的进程中，安全、合规成为金融机构面对的首要命题。同样，对于其他行业的组织来说，安全和合规的监控也是一项关键实践，需要构建从设计、开发到持续运营的云安全、云合规体系，如果未能满足相关要求，可能会导致罚款、诉讼及声誉损害。

为了构建云合规体系，组织首先要了解影响业务的法律法规和标准，然后根据特定的合规性要求去监控各流程，并建立一套符合组织云战略发展的合规评估方法，进行持续改进。如果说法律法规、监管条例规定是强制性合规要求，标准则是行业的最佳实践。云合规即要求组织遵守法律法规、标准及相关合规要求的行为，以控制业务风险，构建覆盖全生命周期、各运行层面的立体安全运营体系，实现可管、可控、可信。

本章分别介绍合规性的概念、重要性和挑战，法律法规、认证标准、云合规体系建设、云合规评估，以及云合规的发展趋势，组织可以根据行业特点、业务属性选择适配的云合规标准，为客户、合作伙伴提供安全、合规的云服务产品与核心能力。

本章主要回答以下问题：

（1）云合规的定义、重要性及挑战如何？

（2）云合规有哪些分类？

（3）如何构建云合规体系？

（4）如何建立云合规评估方法？

第一节　云合规的重要性

组织向云平台迁移或部署其业务和数据时，需要将众多的合规标准融入云平台合规内控管理和产品设计中，在充分考虑法律及监管要求的情况下，通过第三方安全审查或认证，确保其满足云安全服务能力和合规能力的要求，从而推动整个安全保障体系升级。

首先，云服务提供商提出的“责任共担模型”并不意味着由于采用云导致的相关风险将由云服务提供商承担。相反，确保数据和应用程序安全是上云组织的责任和义务。其次，组织向云迁移时，合规的责任并不会随之迁移。迁移到云端，组织可以通过更高的效率、更大的灵活性和更低的业务成本从云服务中获益。但随着数据保护法规的日趋严格，组织需要确保转移到云环境中的数据和应用程序仍然遵循严格的数据和技术法规要求。GDPR（*General Data Protection Regulation*，《通用数据保护条例》）、PCI-DSS（*Payment Card Industry- Data Security Standard*，《支付卡行业数据安全标准》）和 CCPA（ *California Consumer Protection Act*，《加州消费者隐私保护法》）等隐私法规仍然适用于云计算。如果组织要处理大量的 PII（Personally identifiable information，个人身份数据），那么转移到云计算就可能会出现合规性漏洞。如果发生违规事件，组织要承担相应责任，而非云服务提供商。

合规性是一个非常严肃的话题，应该得到深入的理解，因为组织的云合规出现问题，可能导致监管罚款、诉讼、网络安全事件以及声誉损害。

2019 年 1 月，法国国家信息与自由委员会（The Commission nationale de l'informatique et des libertés，CNIL）对谷歌处以 5 000 万欧元的罚款 ，原因是谷歌违反了数据隐私保护相关规定，谷歌的个性化广告推送服务违反 GDPR 的透明性原则，而且没有在处理用户信息前获取有效同意。这也是依据欧盟新生效的 GDPR 开出的首张罚单。

根据江苏网警发布的“净网 2019”专项行动行政执法公示案例，在 2019 年 4 月，江苏某通信技术公司因安全责任意识淡薄，网络安全等级保护制度落实不到位，管理制度和技术防护措施严重缺失，导致该公司业务管理系统遭到攻击破坏。南京警方根据《中华人民共和国网络安全法》第 21 条、第 59 条的规定，对该公司罚款 1 万元，并责令其限期整改。网络安全保护日益成为互联网企业应当注意的合规问题。

第二节　云合规的分类

将业务从传统数据中心迁移至云计算数据中心的过程中，组织将面临新的安全挑战，其中最重要的挑战之一就是遵循法律法规和监管要求对其开发、交付、通信等方面的合规约束。组织和云服务提供商需要理解和掌握合规和审核标准、过程和实践的区别和意义。本节将对组织云合规要求和应对方法进行详细介绍。

如图 7-1 所示，我们列举出相关法律法规、标准等合规要求。

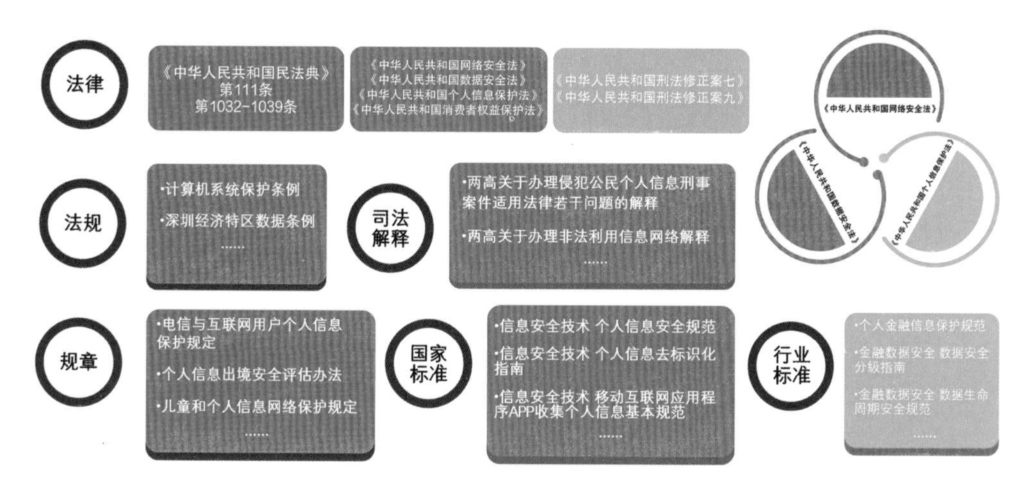

图 7-1 主要法律法规与安全标准

一、法律法规

随着信息技术越来越广泛地融入人类的生产活动中，信息数据对人们的日常生活和工作等各个方面都将带来深远的影响，数据安全已成为事关国家安全和经济社会发展的重大问题。

如图 7-2 所示，2017 年 6 月 1 日起《中华人民共和国网络安全法》正式实施，从宏观的层面来讲，这意味着网络安全同国土安全、经济安全等一样成为国家安全的一

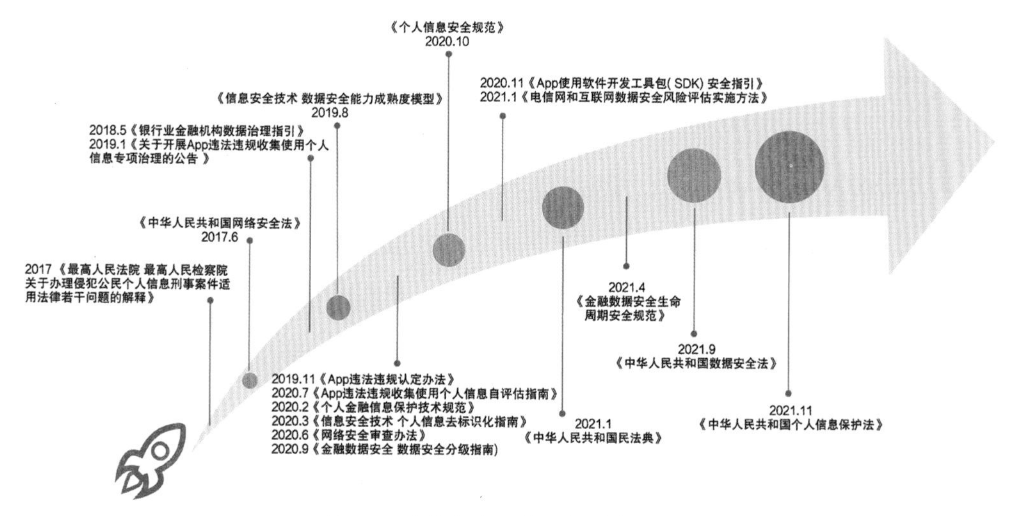

图 7-2 数据安全法律法规要求

个重要组成部分；从微观层面来讲，这意味着网络运营者（指网络的所有者、管理者和网络服务提供者）必须担负起履行网络安全的责任。

在数字化时代，数据成为重要生产要素，开始激发起市场活力。随着互联网企业的迅速兴起、发展，其在提升用户黏性、扩展业务生态方面的作用不断强化，巨量数据在互联网企业生成、汇聚、融合、释放数据价值的同时也带来了巨大的数据安全风险。当今世界，各国围绕数据博弈展开的谈判越发激烈，数据也越来越成为国际竞争与合作的重点内容。同时能够看到，数据安全不仅事关个人隐私，还与国家安全息息相关。

2018 年 3 月，Facebook 被罚款 50 亿美元，因为向英国政治咨询机构“剑桥分析”（Cambridge Analytica）泄露用户数据，剑桥分析将 8 700 万用户数据用于干预美国总统选举，这让我们看到数据安全与个人隐私安全、国家政治安全都有着极大关联。

从国家安全角度来说，有必要建立从数据安全的监测预警到应急处置的完整数据治理框架，把握数据的自主可控权，维护国家的“数据主权”。

2020 年 10 月 21 日，全国人大常委会法制工作委员会发布了《中华人民共和国个人信息保护法（草案）》征求意见稿，就个人信息保护有关的立法问题向社会公开征求意见，得到业内人士广泛响应，2020 年也成为个人信息保护元年。

2020 年 7 月，某快递公司员工与不法分子勾结，利用员工账号和第三方非法工具窃取运单信息，导致 40 万条用户个人信息外泄，其中有效信息约为 4.5 万条，这些有效信息被以每条 1 元的价格打包售卖至电信诈骗高发区。

当今，个人信息安全面临着巨大的风险。被外泄的信息可能包括个人的地址、姓名、电话、身份证号、家庭成员关系、习惯偏好等，这些信息一旦被非法利用，不仅会成为不法分子的牟利手段，还会给个人生活带来诸多困扰，甚至导致人身安全受到严重威胁。

云服务提供商必须积极贯彻相关政策，推动用户利用云计算技术加快数字化、网络化、智能化转型，按照相关法律法规要求，在组织内部建立云计算服务相关安全管理流程和制度，通过系统化的方式确保合规要求在组织内有效落地。

1. 个人隐私保护

云计算已成为全球热门的IT应用服务，多数组织在采购和使用云计算服务时都会重点关注信息安全问题，如信息是否会被泄露，业务是否能够持续稳定运行，云服务提供商的操作是否合规等。以往对数据信息的采集使用普通加密技术，算法较为简单，未能构建有效的安全防护体系，数据信息的存储也会出现较大的安全隐患。组织为防止用户隐私泄露，应提升数据安全隐私保护力度，对管理过程中存在的安全隐患强化控制，在增加隐私保护的同时，实现资源和成本的有效节约。

2021年11月1日《中华人民共和国个人信息保护法》的正式实施标志着给个人信息上了法律“安全锁”，这是我国首部个人信息保护法。随着国家法律法规的不断完善，国民的个人隐私保护意识不断加强，越来越多用户要求企业在采集、使用和保护其线上数据方面更加透明。

2019—2020年，万豪酒店发生两起重大安全事件，短短两年时间，先后有3.83亿、520万房客详细个人信息被泄露。被泄露的个人信息不但包括姓名、电子邮件、电话号码和生日，还可能包括入住记录、身份证号、护照号码、支付卡号等信息。受信息安全问题频发的影响，万豪股价大跌，第二次信息泄露事件被曝出次日，万豪国际股价跌幅超过7%，市值蒸发超过18亿美元。

2020年12月，“明星健康宝照片被泄露”事件引发关注，受害者包括多位歌手、演员、主持人等社会知名人士。不法分子大量售卖明星健康宝照片，由刚开始售价几元一张，到后来几百张照片打包仅售1元。此外，明星航班、住址信息、人脸数据等信息都被明码标价。隐私信息泄露不仅给名人带来困扰，许多平台的普通用户同样深受其害。

这些案例的背后，有人为因素（来自外部的恶意攻击、公司内部不法员工的操作），也有技术因素（服务器安全漏洞、管理流程的疏忽）。隐私信息的泄漏，对于个人来说将面临隐私曝光、骚扰及诈骗，对于公司来说是数据资产的丢失和品牌声誉的损害。

2. 司法解释

在制定相应的实体法律后一般会有对应的程序法律出台，但对于部分法律制定时难以详尽考虑的情况和因素，或者随着时代变化法律适用的现实情况早已发生改变，就需要进行司法解释。

例如，对网络安全法的司法解释，主要是针对该法律的适用作出的补充说明，规定了公民的哪些网络权益受保护、在权益受侵害后如何起诉等，同时规定了网络安全执法部门的职责和法院处理网络安全案件时的注意事项。作为网民，了解相关司法解释能帮助我们厘清网络行为的界限。

3. 规章

“规定”“办法”等都是规范性文件。

规定是为实施贯彻有关法律、法令和条例，根据其规定和授权对有关工作或事项作出局部的、具体的规定。规定是法律、政策、方针的具体化形式，是处理问题的法则，主要用于明确提出对国家或某一地区的政治经济和社会发展的某一方面或某些重大事故的管理或限制。规定重在强制约束性。

办法是对有关法令、条例、规章提出具体可行的实施措施，是对国家或某一地区政治、经济和社会发展的有关工作、有关事项的具体办理、实施提出切实可行的措施。办法重在可操作性。它的制发者是国务院各部委、各级人民政府及所属机构。

随着我国电信和互联网行业快速发展，新技术、新应用层出不穷，对促进经济社会发展起到了积极的作用，但用户个人信息的泄露风险和保护难度不断增大，加强用户个人信息保护立法成为社会广泛关注的问题。2013 年 9 月 1 日起正式实施的《电信和互联网用户个人信息保护规定》进一步完善了电信和互联网行业个人信息保护制度，是贯彻落实2012年12月全国人大常委会《关于加强网络信息保护的决定》的需要。

二、标准

1. 标准的分类

国务院印发的《深化标准化工作改革方案》（国发〔2015〕13号）改革措施中指出，政府主导制定的标准分为4类，分别是强制性国家标准、推荐性国家标准、推荐性行业标准、推荐性地方标准。市场自主制定的标准分为团体标准和企业标准。政府主导制定的标准侧重于保基本，市场自主制定的标准侧重于提高竞争力。

国际标准化组织（International Organization for Standardization，ISO）、国际电工委员会（International Electrotechnical Commission，IEC）和国际电信联盟（International Telecommunication Union，ITU）三个机构并称国际标准化组织。这三个组织可以单独或者联合制定对应领域的国际标准，部分国际标准已经进行了国家标准转换。

除了ISO、IEC和ITU之外，国外其他组织制定的标准只能称为国外标准，主要包括美国国家标准学会（American National Standards Institute，ANSI）制定的TIA-942《数据中心电信基础设施标准》、国际正常运行时间协会（the Uptime Institute）制定的Tier分级标准（Tier Classification System）和M&O标准（Management & Operation）。

UptimeTier分为Tier1—Tier4四个级别，Tier4为最高级别。Uptime认证主要包含四部分内容：设计认证、建造认证、运营认证和M&O认证。它们是数据中心基础设施可用性、可靠性及运维管理服务能力认证的重要标准依据，在行业内具有极高的影响力。企业获取最高级别的T4，就可以证明企业已具备第三方机房里最高级别的实力。T4级别的数据中心要求支撑系统有足够的容量和能力规避任何计划性动作导致的重要负荷停机风险，同时容错功能要求支撑系统有能力避免至少一次非计划性的故障或事件导致的重要负荷停机风险，这要求至少具备两个实时有效的配送路由。

对于组织而言，满足云合规相关标准不仅是遵守行业的规范，还是保障组织在特定情况下的合法合规。组织需要证明自己有足够的安全措施来保护储存在本地数据中心、云端的数据安全，在传输过程中的数据安全，以及组织处理的敏感个人、财务和健康数据安全。

云合规资质对云服务提供商和用户同样重要。云服务提供商提供合规资质能够获取用户信任，验证云服务提供商保障用户数据储存、运输、处理的安全性。云服务客户提供合规资质则能够获取所对接的 B 端或 C 端用户的信任，证明组织具备数据储存、运输和处理的安全保护措施，这一点体现在许多合规标准中，如支付卡行业数据安全需要满足支付卡产业数据安全标准（PCI DSS）、ISO/IEC 27001、健康信息信任联盟（HITRUST）创建的通用安全框架（Cybersecurity Security Framework，CSF）和 SOC2（SOC- System and Organization Controls）等标准。图 7-3 所示为云合规标准架构。

除了遵守各国相关法律法规外，组织的安全流程机制还需根据不同的业务范围获得相关权威机构的认可。组织需要把基于互联网安全威胁的经验融入云平台的安全防护中，将众多的合规标准融入云平台合规内控管理和产品设计中。

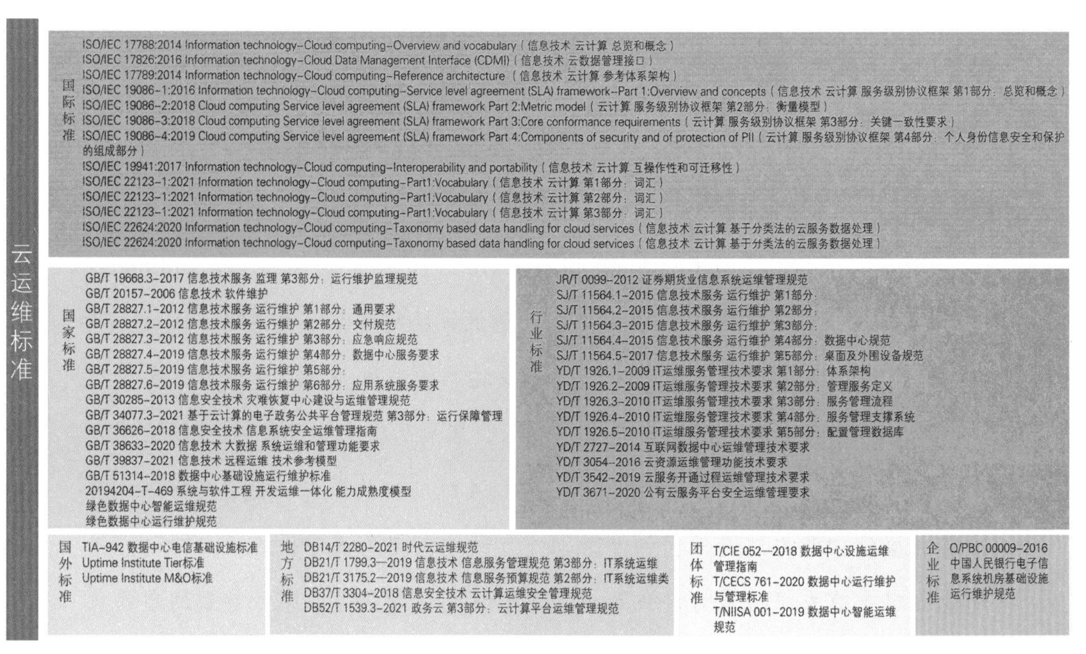

图 7-3 云合规标准架构

2. 选择适配的安全标准

依据云计算安全体系，云计算安全标准可划分为基础标准类、平台安全类、数据安全类、服务安全类和应用安全类，根据组织的安全体系选择适配的标准。

（1）基础标准类

基础标准类云计算安全标准为整个标准体系提供概念、角色、框架等基础标准，明确云计算生态中涉及的各类参与角色，定义各个角色的安全职责和主要活动，为其他类别标准的制定奠定基础。例如《云计算概览与词汇》和《云计算安全参考架构》，前者给出了云计算相关术语及定义，为云计算安全标准提供了术语基础；后者描述了云计算安全涉及的各类角色，提出了各类角色的安全职责、安全功能组件及相互之间的关系，为各类云计算参与者进行云计算系统安全规划、设计、评估提供指导。

（2）平台安全类

平台安全类云计算安全标准主要涉及云计算平台建设和交付相关的安全标准，针对云计算平台安全防护技术、安全运维、安全管理等方面展开，为云计算提供基础平台安全保障。例如，网络安全等级保护系列标准作为我国对重要信息系统进行安全评估的主要依据，针对不同等级的云计算平台规定了基本的安全要求、安全设计要求和测评要求，并给出了定级指南、实施指南和测评过程指南，适用于指导分等级的非涉密云计算平台的安全建设和监督管理。

（3）数据安全类

数据安全类云计算安全标准针对用户存储在云端的数据，如个人信息、重要业务数据等，围绕数据的全生命周期制定相关的安全技术与管理标准，包括分类分级、去标识化、密钥管理、风险评估、数据跨境等方面。例如，2019 年立项的《云计算服务数据安全指南》旨在指导云服务提供商如何保障用户数据控制权、安全性并对用户透明，为用户能够放心上云提供指导，是专门解决云计算数据安全问题的重要标准。

（4）服务安全类

服务安全类云计算安全标准主要涉及云服务相关的安全标准，针对云服务过程、云服务管理、云服务提供商的安全能力等提出指导和要求。一方面可以为云服务提供商提升云服务安全能力提供指导，另一方面可以为第三方机构对云服务安全测评提供依据。例如，《云计算服务安全能力要求》《云计算服务安全指南》《云计算服务安全能力评估方法》《云计算服务运行监管框架》等都是从整体层面为政府部门使用云计算服务提供安全方面的指导。

（5）应用安全类

应用安全类云计算安全标准主要是针对重要行业和领域的云计算应用，尤其是对涉及国家安全、国计民生、公共利益的云计算应用提出安全防护规范和要求，形成面向重要行业和领域的云计算安全指南，指导相关的云计算安全规划、建设和运营工作。例如，《云计算服务安全指南》首次定义了云计算基本概念、部署模式、服务模式、角色责任等，分析了云服务面临的主要安全问题和挑战，提出了政府部门采用云服务的安全管理基本要求、全生命周期及各阶段相关要求；《云计算服务安全能力要求》提出了云服务提供商在提供不同部署模式、不同服务模式的云服务时应具备的信息安全技术能力；《云计算服务安全能力评估方法》给出了依据《云计算服务安全能力要求》开展评估的原则、实施过程以及针对各项具体安全要求进行评估的方法；《云计算服务运行监管框架》阐述了云服务运行监管框架、过程以及方式，为云服务提供商和运行监管机构进行云服务运行监管提供指导，以保障云服务安全能力持续达到用户的安全要求。

3. 选择适配的合规标准

（1）国内合规认证

①可信云服务认证。

可信云服务认证充分借鉴了国外先进经验和国内云计算企业的实践经验，制定了《云服务协议参考框架》《可信云服务认证评估方法》《可信云服务认证评估操作办法》三个标准，对国内云服务运营商提出了更高的要求。可信云服务认证的具体评测内容包括三大类、16个指标和诸多款项，主要包括数据管理、业务质量和权益保障三大类，具体评测内容包括数据存储的持久性、数据可销毁性、数据可迁移性、数据保密性、数据知情权、数据可审查性、业务功能、业务可用性、业务弹性、故障恢复能力、网络接入性能、服务计量准确性、服务变更、终止条款、服务赔偿条款、用户约束条款和服务商免责条款。通过开展可信云服务认证，用户能够利用认证测评的具体结果判断云服务提供商的承诺是否真实可信，提高云服务提供商的服务级别。

2021年，华为云WeLink成为国内首批通过可信云——云安全评估的办公服务平台，这意味着华为云WeLink在数字化办公领域获得了行业认证。此外，华为云WeLink还通过了可信云——企业级SaaS服务评估，表明其在服务可用性、资源调配能力、故障恢复能力、网络接入性能等方面具有满足可信云要求的高标准服务能力。

②网络安全等级保护测评。

网络安全等级保护是我国实行的一项基本制度，是我国网络安全领域关注度最高、应用最广泛的标准体系。网络安全等级保护制度2.0在云计算方面提出了专门的等级保护要求，建设云计算平台的政府部门或提供云服务的企业均以网络安全等级保护基本要求为基准，设计自身的网络安全等级保护解决方案，旨在严格遵循国家在云计算信息系统安全建设方面的技术保障和安全管理要求，并争取通过网络安全等级保护的测评，从而证明自身的合规性和可信性。

2020年，阿里云IoT安全平台（Link Security）成功通过基于网络安全等级保护2.0（第三级）的物联网安全评估，成为国内首个通过该评估的物联网安全服务平台。阿里云IoT安全平台将安全保护贯穿于物联网设备的整个生命周期，为物联网内生安全提供核心产品和解决方案，确保物联网设备自身安全、接入安全和可信数据上云，可以为设备运行提供包括设备行为锁定、威胁感知与阻断、漏洞扫描与修复、安全运营托管服务等在内的安全管理能力。

③加拿大标准协会（Canadian Standards Association，CSA）的CS-CMMI 5认证。

CS-CMMI（Cloud Security-Capability Maturity Model Integration），即云安全能力成熟度模型集成，是由CSA大中华区、亚太区与全球共同开发和研制的，它将《CSA CSTR云计算安全技术标准要求》和《CSA CCM云安全控制矩阵》的技术能力成熟度模型集成到统一的治理框架中，形成了云安全能力成熟度评估模型，从低到高共分为

5个等级，从1级到5级的技术能力水平和项目经验逐渐递增。CS-CMMI是针对组织云安全能力进行评估的标准，代表着企业云安全能力的成熟度与技术水平，在云计算安全领域具有广泛影响力。

> 2018年，平安云获得CSA CS-CMMI 5认证。这是我国首批CS-CMMI第5级认证。此次获得CSA CS-CMMI 5认证，标志着平安云企业具有完备的云安全体系和丰富的安全实践经验，其云安全能力的成熟度、技术水平和云服务能力获得了认可。

④ 信息技术服务标准（Information Technology Service Standards，ITSS）云服务能力评估。

ITSS云服务能力评估由中国电子工业标准化技术协会信息技术服务分会组织第三方测试机构开展。ITSS云服务能力评估面向国内云服务企业或单位，包括云服务运营商、云服务提供商等，围绕云服务中人员、技术、流程、资源、性能等关键环节展开能力测评。开展ITSS云服务能力评估，能够进一步促进云服务提供商提供可信赖的IT服务。

> 2021年3月，百度智能云获ITSS云计算服务能力评估一级认证。凭借在AI方面的技术优势和“云智一体”的架构优势，百度智能云展现了高标准的云服务能力，这一认证的取得表明了百度智能云在国内云服务行业的领先地位。

另外，国内云计算相关的合规认证还包括赛宝认证中心推出的C-STAR云安全评估以及由中国电子技术标准化研究院开展的云服务能力测评等。开展云计算的合规认证，能够帮助云服务提供商将众多的合规控制点融入云计算平台内控管理和产品设计中，同时能够通过独立的第三方机构来验证和提高云服务提供商的标准符合能力。

（2）国际合规认证

① ISO/IEC 27000系列认证。

ISO/IEC 27001—2013 是国际上信息安全领域最权威、最严格，也是最被广泛接受及应用的体系认证标准。通过该认证，代表着企业已经建立了一套科学有效的信息安全管理体系，以统一企业发展战略与信息安全管理的步伐，确保相应的信息风险受到适当的控制与正确的应对。ISO/IEC 27017—2015 是和 ISO/IEC 27017—2015 是基于 ISO/IEC 27001 和 ISO/IEC 27002 的专门针对云服务的信息安全控制措施实用标准，规范了提供和使用云服务的信息安全控制规则。

2021 年 12 月，知乎获得由国际权威认证机构 DNV 颁发的 ISO/IEC 27001—2013 信息安全管理体系及 ISO/IEC 27701—2019 隐私信息管理体系两项国际标准认证。能够成为国内问答社区领域首家同时获得这两项认证的公司，表明知乎在信息安全管理中注重对用户数据安全和个人隐私的保护。

② CSA 的 STAR 认证。

它是对 ISO/IEC 27001 信息安全管理体系的拓展，以 CSA 的云安全控制矩阵为审核准则，以评分方式来展现云计算的安全程度，分为金牌、银牌、铜牌和不合格四个等级。根据 STAR 认证评分等级，可以判断云服务提供商在安全方面的设计完整程度，是用户选择云服务、判断自己是否具有相应程度风险管控能力的客观依据。

2021 年 11 月，华为云通过英国标准协会（BSI）审核，获得应用安全标准 ISO/IEC 27034 和云安全 CSA STAR V4 金牌认证，成为全球首家通过该两项标准认证的云服务提供商。此次认证范围覆盖了华为云全球所有可用区。这表明华为云具有高水平的云安全能力，云服务能力符合安全和合规的各项权威指标，能够为客户提供值得信赖的云服务。

③ C5 认证（Cloud Computing Compliance Criteria Catalogue，C5）。

C5 认证是由德国联邦信息安全局于 2016 年 2 月推出的云计算认证方案。该认证是业界公认的云服务领域最全面、要求最严格的数据保护认证，包括 114 项基础要求，覆盖物理安全、资产管理、运维管理、鉴权与访问控制、加密和密钥管理等17个方面；同时包括了52条附加项，对渗透测试周期、密码管理强度、用户安全管理灵活性等提出了更高的要求。C5认证旨在帮助组织证明其合规性与运营安全性，目前，C5认证已逐渐成为整个欧洲云服务提供体系认可的云计算认证。

2017年，阿里云成为全球首家满足德国C5所有云安全标准要求的云服务提供商。阿里云一直将德国作为欧洲市场的重点，2016年在德国设立欧洲数据中心，这一认证资格为后续拓展欧洲市场、实现全球化的云基础设施覆盖打下了基础。

④ FedRAMP认证（The Federal Risk and Authorization Management Program）。

联邦风险与授权管理项目于2012年6月正式运作，该项目提供了一整套基于风险评估的、标准化的方法来对云产品和云服务进行安全性评估、认证以及持续监控。FedRAMP引入了第三方独立评估机制，即首先由通过FedRAMP授权的第三方评估机构依据相关标准对云服务提供商进行风险评估，FedRAMP根据评估结果进行审查，并对通过审查的云服务提供商给予初始授权，通过初始授权的云服务提供商才有资格向美国政府提供服务。目前，向美国政府提供产品和服务的云服务提供商都必须通过FedRAMP认证。FedRAMP认证还能够帮助云服务提供商提高云计算信息系统和服务的安全性。

2017年6月，微软Azure政府云和亚马逊AWS GovCloud双双宣布获得FedRAMP最高认证，这意味着两家云产品和云服务通过了美国政府最严格的审查。自此，两家企业正式成为美国政府机构提供政府云服务的合作方。

第三节　云合规面临的挑战

在云计算业务发展过程中，云服务的安全性从一开始就是上云组织首要关心的问题。如何向云组织展示云平台的安全能力和水平？合规性是最直观并且最能被云组织理解的方式。从这个意义上来说，安全合规本质上是打造云服务平台与云用户之间的信任关系。

组织在选择导入的安全组织时，需要根据合规、法律要求、自身风险状况等因素进行整体考虑，不同行业所运营的主要业务的性质也会影响组织的选择。例如，在国内从事金融行业服务必须考虑等级保护和第三方支付合规以及行业监管机构的安全要求，如果业务拓展到海外还应考虑 PCI-DSS 以及当地的法律监管要求。同时，通用的 ISO/IEC 27001 也是组织内控的一个重要考虑因素。

云安全的合规发展也面临着不断变化的新挑战，可以归纳为以下三个关键问题。

第一，随着互联网和云计算技术应用的发展，世界范围内网络安全的法律法规，以及相关合规要求（标准和规范）层出不穷，包括国外欧盟的《通用数据保护条例》、美国的《加州消费者隐私保护法》，国内《网络安全法》《个人信息保护法》《数据安全法》等；ISO 组织 SC27 在 ISO/IEC 27000 家族中加快了更新和发布信息安全标准的节奏，并且推出 ISO/IEC 29000 系列隐私保护国际标准等；同时在国内，国家信息安全标准化委员会推出了以 GB/T 31168—2014 云计算服务安全能力要求、GB/T 35273—2017 个人信息安全规范、GB/T 22239—2019 信息安全技术网络安全等级保护基本要求等为代表的网络安全国家标准。这些合规要求和法规的出台意味着云组织需要不断加强自身安全合规能力建设，提升安全合规水平，遵守合规要求。

第二，安全合规审查日趋严格和频繁，组织需要通过各类安全合规测评或认证审核，验证企业是否满足安全合规要求。同时，上云用户也需要云平台提供各种安全合规证据和说明，建立对云平台的信任，打消对云服务安全性的顾虑。严格而频繁的安全合规审核对云服务商来说也是一个巨大的挑战。

第三，云平台的安全合规能力建设，仍需要充分考虑合规投入；在达成合规效果的基础上，平衡成本，实现合理合法、适度合规。安全合规的目的是建立云平台和云用户之间的信任关系，帮助上云用户安全合规，这也是云服务提供商需要解决的课题。

2021年12月，国内头部云服务平台阿里云被曝出阿帕奇（Apache）Log4j2组件存在重大安全漏洞。作为最常用的Java程序日志监控组件、Java全生态的基础组件之一，阿帕奇Log4j2存在的远程代码执行漏洞使得攻击者无需任何密码就可以访问网络服务器，而阿里内部的安全维护人员早在半个月前就已发现该致命漏洞，但是阿里云却未及时上报工信部，而是将其报告给了阿帕奇软件基金。

工信部网络安全威胁和漏洞信息共享平台（以下简称CSTIS平台）是一个汇集、通报漏洞信息的共享平台，与阿里云进行了深度合作。该漏洞可能导致设备远程受控，进而引发敏感信息窃取、设备服务中断等一系列严重危害。这类问题的延迟报告会导致我国在信息安全应急上的滞后，可能让其他国家利用已知漏洞先一步对我国发动网络攻击。此后，阿里云也因该事件被暂停CSTIS平台合作单位资格6个月。暂停期满后，再根据阿里云的整改情况，研究决定是否恢复其合作单位资格。

此前8月份，阿里云也因为内部员工管理不到位，导致用户信息被泄露给第三方而陷入负面舆论。作为国内领先的公有云平台，阿里云自身不断出现安全性问题。这一方面暴露了阿里云在系统安全性方面存在不足，另一方面让阿里云在个人信息安全防护与国家网络安全防护方面留下了隐患。

由于云服务安全性问题频发，行业监管同步趋严，市场逐步走向规范化，一些企业在云服务的选择上，由过去的激进逐渐走向了理性，这些变化也间接影响了阿里云的营收。事实上，作为云服务巨头，阿里云的发展已呈现疲态。依据阿里巴巴2022财年第一季度财报可知，阿里云一季度收入同比增长29%，增速首次跌破30%，为2015年至今最低。AWS、微软云的体量是阿里云的数倍，增速尚且超过阿里云。即便谷歌云的体量与阿里云差距不大，谷歌云的一季度的增速也远超阿里云。

第四节　云合规体系建设

组织在云合规体系建立之初，需要以标准化为依据建立云合规体系建设的总体思路，通过引入和实施相关合规标准，打造完整的云合规体系，建立符合组织自身特色的管理制度。

云合规体系的重点是如何把合规融入业务，这也是合规管理发挥价值的关键。这要求组织不仅要熟悉合规相关理论和操作，还要认识业务相关运转和特点，使云合规体系与业务相融合，具有可落地性，并建立相应的合规管理组织架构。同时，对于合规管理组织中的相关人员，如公司最高层管理者、合规、业务、技术团队等，组织在强调赋予他们相应的职权以外，更重要的是强调他们对合规管理负有相关责任。

同时，一套有效的云合规管理体系，应当具备前瞻性。仅仅被动应对现有的法律法规是不够的，外部环境的变化，特别是法律、法规的变化，以及人们商业道德价值观的变迁，都容易给企业行为带来不合规的风险。因此，组织云合规管理体系即要有一定的前瞻性，才不至于被动。

一套有效的云合规管理体系应当由以下四部分组成：首先，识别合规要求与风险。识别合规要求与风险是合规管理的基础和关键。识别的前提是从法律法规等官方条文、企业内部的规章制度、企业签订的协议承诺以及职业和道德规范中找到合规要求，进行差距评估。其次，采用适配的管理标准。根据组织的外部环境以及业务属性，针对区域、行业等选择适配的管理标准，有助于满足合规要求，减少外部环境的风险。再次，搭建云安全合规体系。设计安全合规管理体系的相关制度与流程，通过有效的运行机制支持体系的有效落地与执行。最后，落实云安全合规体系。将安全合规体系落实到组织云产品、云服务的规划、开发、设计、运维等全生命周期的安全管控中，以此为基础构建完整、统一的云安全合规体系，在实施过程中不断改进。

组织在实际的云合规体系建设的过程中主要涉及以下四个方面。

一、识别合规要求与风险

组织要积极地响应国内外法律法规、监管要求，并主动收集环境信息，对组织面临的内外部各种安全威胁进行识别。组织或云服务提供商需要确认云安全合规的管理目标，明确与云安全合规相关的内外部指标，并设定云安全合规的范围和有关的风险准则。组织在识别合规要求与风险的过程中，主要通过环境信息进行辨别，环境信息包括外部环境信息和内部环境信息。

1. 外部环境信息

外部环境信息是指组织外部影响其安全合规管理的信息，包括法律法规和监管要求、利益相关者的诉求，以及具体风险管理过程有关的其他方面信息等。组织充分了解外部环境信息，能够在确定风险准则时充分考虑到自身和用户的利益，以保证云安全合规管理的针对性和有效性。

2. 内部环境信息

内部环境信息是指组织内部影响其安全合规管理的信息，包括方针策略、组织结构、经营战略，以及与安全合规管理实施过程有关的环境信息等。由于风险可能会影响组织战略、日常工作经营等各个方面，并且风险管理需要在组织特定的目标和管理条件下运行，因此组织需要明确内部环境信息，让组织的安全合规管理体制适应组织文化、经营过程和结构。

二、采用适配的管理标准

为了应对外部合规要求与挑战，组织要识别并采用先进的国际和行业标准。例如，对于上云的企业来说，最关注的就是云服务上提供的基础设施是否安全。对于处理敏感的个人、财务和健康数据的企业来说，也必须保证组织有适当的控制措施来保护这些数据，无论这些数据是在数据中心、在云中，还是在传输过程中，遵守安全标准都是必要先决条件。

从云服务提供商的视角来看，不同的合规标准对应着不同业务场景和行业，如 PCI DSS、ISO/IEC 27001—2013、HITRUST CSF 和 SOC 2。其中，PCI DSS 用于保证信用卡信息的安全。PCI需要对持卡人数据的传输进行加密，并使用防火墙来保护它，任何有关信用卡数据的业务都必须符合PCI标准。ISO/IEC 27001—2013是一个更通用的数据安全国际标准。HITRUST CSF用于确保企业安全地处理医疗保健信息，使其符合HIPAA法规。SOC 2可应用于业务涉及在云中存储用户数据的所有企业，是最常见的云合规标准。

从用户的视角来看，用户期望其云服务提供商提供其年度SOC 2第2类审计报告以供审查。SOC 2第2类审计报告是对用户数据的安全性、可用性、保密性和隐私性的控制措施的运行有效性进行的综合评估。在对云服务提供商进行风险评估时，他们为用户提供了有价值的信息。SOC 2第2类审计报告可以向用户保证云基础设施供应商为业务关键应用提供了安全、标准兼容和安全的基础。

三、搭建云安全合规体系

随着云计算的普及，安全问题已成为制约其发展的关键要素之一。在安全方面，云计算暴露出一些新的问题，如数据泄露与丢失、接口和API不安全、内部人员恶意使用数据、技术漏洞共享与恶意攻击等。因此，传统的安全防护措施无法有效保证云计算的完整性、可用性和保密性，云计算的安全性受到挑战。

在组织搭建云安全合规体系的过程中，需要根据组织自身特点，整合国际和行业安全标准的要求，结合组织云业务的实际情况，建立起一套融合的云合规体系，并持续改进。

腾讯云作为行业领先的云安全服务商，从起步建立安全合规基础框架，到如今较完备并可以灵活调整以应对各项合规要求的安全合规体系，其安全合规体系经历了三次调整，不断扩展和完善腾讯云的安全合规能力。

第一次调整，腾讯云自2016年启动CSA STAR（云安全联盟云安全控制框架认证）体系认证项目，结合ISO/IEC 27001—2013安全体系针对腾讯云业务范围进行了全面的梳理，建立起基础牢固、适应变化、灵活应对和流程规范的四级腾讯云安全合规体系，取得了全面的通用标准实施和认证成效。

第二次调整，2016年年底，腾讯为确立符合国内监管要求的合规能力，决定引入等保测评。当时国内等保标准2.0还在征求意见稿阶段，但腾讯云决心走在前面，确立了公有云平台三级、金融云平台四级，以及相关配套系统的等保定级目标。在2017年6月1日《中华人民共和国网络安全法》正式实施后，腾讯云率先高分通过了云等保四级测评。

第三次调整，2017年到2018年，腾讯云通过了GDPR框架下的CISPE（Cloud Infrastructure Services Providers in Europe，欧洲的云基础设施服务提供商）合规认证，着力打造云平台个人信息保护的专项合规能力，全面推动基于ISO/IEC 27018—2014云服务个人可识别信息保护的合规项目。

随着腾讯云安全合规体系的持续调整，腾讯云得以适应不断发展和日益扩大的来自全球范围内的监管以及各行业云用户的安全合规要求，也帮助腾讯云获得了越来越多客户的肯定。

四、落实云安全合规体系

组织在实施云合规体系过程中，安全管控须贯穿云产品的规划、开发设计、运维保障及服务支撑等整个产品生命周期，以此为基础构建统一的云安全合规体系，以云安全管理制度为指引，从基础建设安全管理、互通性及可移植性、虚拟化平台管理、身份认证管理等方面制定相应的合规标准，并细化到安全、发现与弹性三大方面的具体安全合规控制要求，通过内控监视与测量程序进行纵向管理，确保整个云安全合规体系的有效高速运行。

组织云安全合规体系标准化建设的过程中，可充分考虑组织所在行业的自身特点，维持规范化和敏捷化之间的动态平衡；尊重不同产品以及团队的特点，以识别和处理安全风险为基础，以对合规风险的敏锐把握、促进快速落地实施为导向，建立起安全合规团队和产品、业务团队之间有效沟通和互动机制。另外，通过自动化、智能化的工具进一步推动安全合规要求的高效落地。

第五节　云合规评估

云合规评估是云安全合规管理中的一项重要内容，对组织云合规体系进行持续的评估能够帮助组织更好地掌握云合规建设的进度，快速响应内外部环境变化带来的风险。评估包括风险识别、风险分析与处置、风险评估记录、风险评审四个方面。

风险识别，主要是识别云计算风险各要素，如识别资产、威胁和脆弱性等并进行赋值。在对风险要素进行识别和赋值后，确保现有安全措施有效。

风险分析与处置，主要是对已识别和赋值的各要素进行评定，并进行相应的处置，处置的方法包括接受风险、降低风险、转移风险和规避风险等，最后对处置结果进行评估，从而判断对风险的处置是否适当。

风险评估记录，主要是对风险评估每个阶段的评估过程和评估结果进行记录，以保证风险评估的每个过程和结果均可追踪溯源。

风险评审，是风险管理的重要环节，包括定期或不定期检查，评审风险管理过程的所有方面，帮助组织进一步优化风险管理，降低风险。

通过风险的识别、分析与处理，同时对处理结果进行再评估，能够帮助组织规避云合规建设和发展中的风险。为了保障云合规评估的顺利施行，组织需要掌握相应的评估方式、评估原则、评估步骤和评估流程。

一、评估方式

按照风险评估主体，组织的云合规评估方式可分为组织自评估（内部）和第三方评估（外部）两种。

1. 组织自评估

组织自评估是指上云组织内部自行组织开展的评估，参与自评估的评估人员可由内部涉及云合规风险管理工作的相关人员组成。评估可以采用配置核查的方法，即评估人员检查云计算平台的安全机制部署和安全策略配置是否与标准规范的安全要求一致。此外，还可以采用日志评估，即评估人员通过对系统访问、数据操作、进程调用等行为的评估数据进行汇总分析，检查是否存在越权访问、操作失误、恶意攻击等异常行为。内部评估能够帮助云服务提供商检查、评估和改善内部云合规策略，提升云服务的安全管控能力，帮助上云组织明确其现阶段所面临的风险，及时采取适当的安全合规控制措施来降低风险，实现合规运营、安全运营的目的。

2. 第三方评估

第三方评估是指上云组织委托具有风险评估资质的第三方专业机构开展的评估。第三方评估的评估人员来自专业的风险测评机构，同样采用配置核查、日志评估等形式进行评估。第三方评估的评估结果主要面向用户证明合规性，通过外部合规评估报告，用户能够选择符合合规性要求的云服务提供商。它是用户了解上云组织所面临的风险以及风险管理能力成熟度的重要方式。

二、评估原则

组织或第三方评估机构在进行云计算安全合规评估时应遵循客观公正、可重复和可再现、灵活、最小影响及保密的原则。

1. 客观公正

在评估活动中，评估人员应充分收集证据，对安全控制措施的有效性和云计算平台的安全性做出客观公正的判断。

2. 可重复和可再现

在相同的环境下，不同的评估人员依照同样的要求，使用同样的方法，对每个评估实施过程的重复执行都应得到同样的评估结果。

3. 灵活

在云服务提供商进行安全控制措施裁剪、替换等的情况下，评估人员应根据具体情况制定评估用例并进行评估。

4. 最小影响

在评估时应尽量小地影响云服务提供商现有业务和系统的正常运行，最大限度地降低给云服务提供商带来的风险。

5. 保密

对涉及云服务提供商利益的商业信息及用户信息等严格保密。

三、评估步骤

在开展云计算安全合规评估工作时，内部评估和第三方评估采用的主要评估方法都包括访谈、检查和测试。

1. 访谈

访谈是指评估人员通过与云服务提供商的相关人员进行交谈和提问，对云服务的安全控制措施实施情况进行了解、分析和取证，对一些评估内容进行确认。访谈对象包括信息安全的第一负责人、人事管理相关人员、系统安全负责人、网络管理员、系统管理员、账号管理员、安全管理员、安全评估员、运维人员、系统开发人员、物理安全负责人和用户等。

2. 检查

检查是指评估人员通过简单比较或使用专业知识分析的方式来获得评估证据的方法，包括评审、核查、审查、观察、研究和分析等方式。典型的检查包括评审云服务提供商的信息安全规划、安全建设方案、安全工程实施过程，分析云计算平台的系统设计文档和说明书，核查系统的备份操作，评审和分析事件处置的演练，核查事件响应的操作和过程，检查安全配置设置，分析技术手册和用户 / 管理手册，查看、研究或观察云计算平台的软硬件中信息技术机制的运行，查看、研究或观察云计算平台相关的物理安全控制措施等。

3. 测试

测试是指评估人员通过人工或自动化安全测试工具对云计算平台进行技术测试来获得相关信息，通过分析以获取证据的过程。测试的对象为机制和活动，典型的测试包括各种安全机制的功能测试、安全配置的功能测试、云计算平台及其关键组件的渗透测试、云计算平台备份操作的功能测试、事件处理能力和应急响应演练能力的测试等。

四、评估流程

上云组织在进行云计算安全合规评估时，应根据需要获取的云计算安全合规认证来选择合适的第三方评估机构。云计算安全合规评估流程如图 7-4 所示，通用的云计算安全合规评估流程包括评估准备、方案编制、现场实施、分析评估四个阶段。

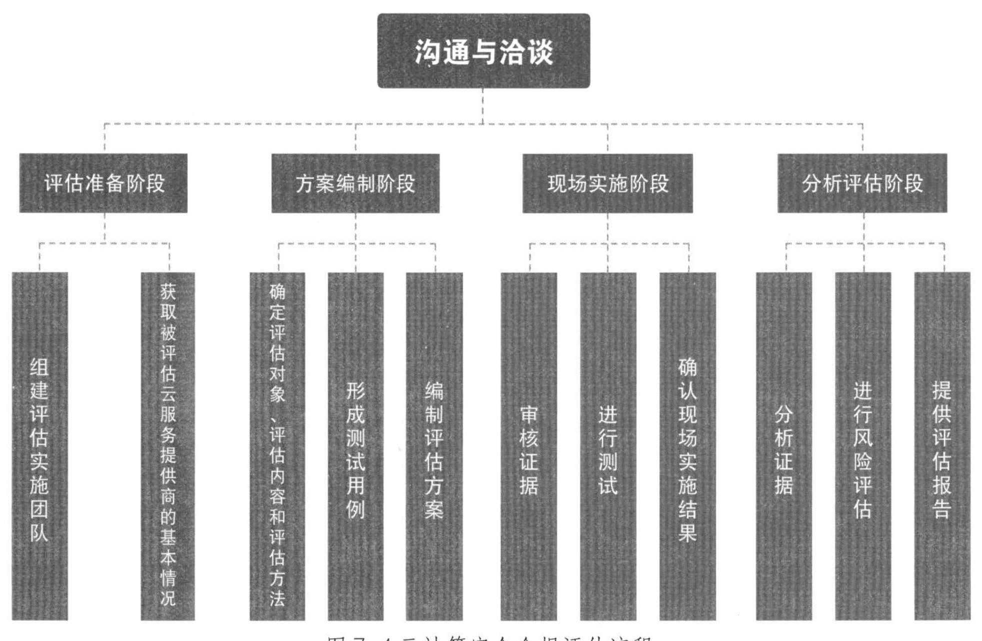

图 7-4 云计算安全合规评估流程

1. 评估准备阶段

在该阶段第三方评估机构组建评估实施团队，获取被评估云服务提供商的基本情况，从基本资料、人员、计划安排等方面为整个评估项目的实施做好充分准备。

2. 方案编制阶段

在该阶段第三方评估机构确定评估对象、评估内容和评估方法，形成测试用例，编制评估方案。此阶段根据具体情况，可能还需要进行现场调研，主要目的是确定评估边界和范围，了解云服务提供商的系统运行状况，如安全机构、制度、人员等现状，以便制定安全评估方案。

3. 现场实施阶段

在该阶段，第三方评估机构主要依据评估内容对云计算信息系统的安全控制措施实施情况进行评估，一般包括云计算信息系统开发与供应链保护、系统与通信保护、访问控制、配置管理、维护、应急响应与灾备、审计、风险评估与持续监控、安全组织与人员、物理与环境安全等方面。该阶段主要由云服务提供商提供安全控制措施实施的证据，第三方评估机构审核证据并根据需要进行测试。必要时，应要求云服务提供商补充相关证据，双方对现场实施结果进行确认。

4. 分析评估阶段

在该阶段，第三方评估机构对现场实施阶段所形成的证据进行分析，首先给出对所依据标准的每项安全要求的判定结果。第三方评估机构在判定是否满足适用的安全要求时，若有测试和检查，原则上测试结果和检查结果满足安全要求的视为满足，否则视为不满足或部分满足；若无测试、有检查，原则上检查结果满足安全要求的视为满足，否则视为不满足或部分满足；若无测试、无检查，访谈结果满足安全要求的视为满足，否则视为不满足或部分满足。然后根据对每项安全要求的判定结果，参照相关国家标准进行风险评估。最后综合各项评估结果，提供评估报告，给出是否达到相应标准要求的评估结论。

通过开展云计算安全合规评估活动，能够避免云服务提供商面临合规性问题，同时云服务提供商能够向用户提供合规性评估报告，帮助用户选择合适的云服务提供商。

第六节　云合规的发展趋势

2020 年，我国云计算整体市场迎来爆发式增长，规模达 2 091 亿元，增速 56.6%。预计“十四五”末我国的云计算市场规模将突破 10 000 亿元。由于云计算在国内起步相对较晚，市场渗透率还不高，未来将拥有更高的增速。“上云”将成为各行各业加快数字化转型、鼓励技术创新和促进业务发展的首要选择。在上云趋势的带动下，企业要考虑选择哪家云服务商，如何上云，以及如何让云更好地服务企业的问题。

接下来，我们结合企业的需求和云服务提供商的发展方向，分析云合规的发展趋势。

一、数字安全合规成为大势所趋

当前各行各业都面临着数字化转型，随着国家新基建政策的提出，5G、人工智能、大数据等前沿技术成为未来基建的有力支撑。企业安全合规的政策及法规的出台，为企业数字化转型中进行合规管理提供了参照。在数字经济时代，数据、知识产权等已成为企业的重要资产，一旦缺乏有效的合规管理体系，企业很容易遭受重大的损失，企业建立系统化合规管理的必要性越发凸显。未来关于企业数据安全保护、个人信息保护的法规体系将进一步完善，企业对个人信息的利用逐步规范化，数字安全合规管理将成为企业的必备能力。这就要求企业在部署数字化转型的同时，推进安全前置，规避安全风险。

二、组织安全合规面临新挑战

一方面，各国家地区数据安全和个人信息保护法规持续完善，国内的《网络安全法》《密码法》《数据安全法》《个人信息保护法》及配套标准逐步落地，数据安全和个人信息保护面临新法规、新标准、新形势，带来新的问题和解决方案，这些都使得企业安全合规建设面临挑战。

另一方面，随着企业纷纷上云，以及开源组件的广泛应用、分布式异构计算的普遍存在，企业面临着软、硬件层面的供应链安全风险。此外，在国际和区域形势变化加剧、网络空间安全对抗激烈的形势下，底层基础组件的软硬件供应链安全风险问题被摆上桌面。此外，企业云合规建设的过程中也需要对云合规相关人员，包括前端销售人员、后端技术人员在内的所有能够接触到企业数据的人员加强安全合规培训，防止内部的信息泄露。

三、多云协同助力组织云合规

未来，组织云合规建设将会面临越来越频繁的黑客攻击，“持续性、大规模、实时性”的攻击将会成为日常。据统计，腾讯云在突发公共安全事件期间的第一个月防御的黑客攻击达到上百亿次，黑客攻击很有可能会造成企业面临极大的安全风险甚至遭受大规模的损失。但利用多云协同的云安全治理模式，即每一个组织云都把内部提取出的有威胁、有价值的攻击信息进行互通，通过共享情报的方式共同对抗安全风险，形成一种多云协同的联合自治，就能实现企业对大规模黑客攻击响应效率的提升，并能降低企业云合规技术维护成本。这种云内数据自治、云间情报共享多云协同的联邦治理模式将成为新的企业云合规建设趋势。

附件 1：云安全合规相关法律法规

序号	国家 / 地区	年份	法律法规名称
1	欧盟	2018	GDPR《通用数据保护条例》
2	美国	2018	CCPA《加州消费者隐私保护法》
3	美国	2019	SB 220《内华达州数据隐私法》
4	英国	2018	DPA 2018《数据保护法》
5	瑞士	2018	DPA《联邦资料保护法》
6	德国	1977	BDSG《联邦个人资料保护法》
7	中国	2016	《国家网络安全检查操作指南》
8	中国	2016	《国家网络空间安全战略》
9	中国	2016	《中华人民共和国电信条例（第二次修订）》
10	中国	2016	《中华人民共和国网络安全法》
11	中国	2017	《国家网络安全事件应急预案》
12	中国	2018	《网络安全等级保护条例（征求意见稿）》
13	中国	2018	《中华人民共和国电子商务法》
14	中国	2019	《国家政务信息化项目建设管理办法》
15	中国	2019	《中华人民共和国密码法》
16	中国	2019	《最高人民法院、最高人民检察院关于办理非法利用信息网络、帮助信息网络犯罪活动等刑事案件适用法律若干问题的解释》
17	中国	2020	《民事案件案由规定（2020 年最新修订）》
18	中国	2020	《商用密码管理条例（修订草案征求意见稿）》
19	中国	2020	《最高人民法院关于审理利用信息网络侵害人身权益民事纠纷案件适用法律若干问题的规定（2020 年修正）》

续表

序号	国家 / 地区	年份	法律法规名称
20	中国	2021	《关键信息基础设施安全保护条例》
21	中国	2021	《中华人民共和国个人信息保护法》
22	中国	2021	《中华人民共和国数据安全法》
23	中国	2021	《最高人民法院关于审理使用人脸识别技术处理个人信息相关民事案件适用法律若干问题的规定》
24	贵州	2020	《贵州省大数据标准化体系建设规划（2020—2022 年）》
25	浙江	2020	《浙江省数字经济促进条例》
26	广东	2021	《广东省数字经济促进条例（征求意见稿）》
27	深圳	2021	《深圳经济特区数据条例（征求意见稿）》
28	中国	2010	《商业银行数据中心监管指引》
29	中国	2015	《绿色数据中心建筑评价技术细则》
30	中国	2016	《互联网直播服务管理规定》
31	中国	2016	《网络出版服务管理规定》
32	中国	2016	《移动互联网应用程序信息服务管理规定》
33	中国	2017	《公共互联网网络安全突发事件应急预案》
34	中国	2017	《互联网域名管理办法》
35	中国	2019	《儿童个人信息网络保护规定》
36	中国	2019	《个人信息出境安全评估办法（征求意见稿）》
37	中国	2019	《互联网信息服务严重失信主体信用信息管理办法（征求意见稿）》
38	中国	2019	《数据安全管理办法（征求意见稿）》
39	中国	2019	《网络信息内容生态治理规定》
40	中国	2019	《网络音视频信息服务管理规定》
41	中国	2019	《云计算服务安全评估办法》
42	中国	2019	《App 违法违规收集使用个人信息行为认定方法》
43	中国	2019	《关于加强绿色数据中心建设的指导意见》
44	中国	2020	《关于组织开展国家绿色数据中心（2020 年）推荐工作的通知》
45	中国	2020	《商业秘密保护规定（征求意见稿）》
46	中国	2020	《网络安全审查办法（修订草案征求意见稿）》
47	中国	2021	《常见类型移动互联网应用程序必要个人信息范围规定》
48	中国	2021	《互联网信息服务管理办法（修订草案征求意见稿）》
49	中国	2021	《互联网信息服务算法推荐管理规定（征求意见稿）》

续表

序号	国家 / 地区	年份	法律法规名称
50	中国	2021	《互联网用户公众账号信息服务管理规定（修订草案征求意见稿）》
51	中国	2021	《网络产品安全漏洞管理规定》
52	中国	2021	《网络交易监督管理办法》
53	中国	2021	《移动互联网应用程序个人信息保护管理暂行规定（征求意见稿）》
54	中国	2016	《非银行支付机构信息科技风险管理指引》
55	中国	2016	《关于办理电信网络诈骗等刑事案件适用法律若干问题的意见》
56	中国	2017	《公安信息网安全管理规定（试行）》
57	中国	2019	《水利网络安全管理办法》
58	中国	2020	《电信和互联网企业数据安全合规性评估要点（征求意见稿）（2020 年版）》
59	中国	2020	《互联网保险业务监管办法》
60	中国	2020	《交通运输科学数据管理办法（征求意见稿）》
61	中国	2020	《信息通信行业信用记分实施方案（试行）（征求意见稿）》
62	中国	2021	《汽车数据安全管理若干规定（试行）》
63	中国	2021	《网络安全产业高质量发展三年行动计划（2021—2023 年）（征求意见稿）》
64	中国	2021	《征信业务管理办法（征求意见稿）》

附件 2：云安全合规相关标准

序号	标准名称	标准类型
1	ISO/IEC TR 27015—2012《信息技术 安全技术 金融服务信息安全管理指南》	国际标准
2	GB 50174—2017《数据中心设计规范》	国家标准
3	GB 50462—2015《数据中心基础设施施工及验收规范》	国家标准
4	GB/T 2887—2011《计算机场地通用规范》	国家标准
5	GB/T 18233.5—2018 《信息技术 用户建筑群通用布缆 第 5 部分：数据中心》	国家标准
6	GB/T 19668.6—2019 《信息技术服务 监理 第 6 部分：应用系统：数据中心工程监理规范》	国家标准
7	GB/T 22080—2008《信息技术 安全技术 信息安全管理体系要求》	国家标准
8	GB/T 22081—2008《信息技术 安全技术 信息安全管理实用规则》	国家标准
9	GB/T 24405.1—2009/ISO/IEC 20000—1：2005《信息技术 服务管理 第 1 部分：规范》	国家标准
10	GB/T 25069—2010《信息安全技术 术语》	国家标准
11	GB/T 28827.4—2019 《信息技术服务 运行维护 第 4 部分：数据中心服务要求》	国家标准
12	GB/T 31167—2014 《信息安全技术 云计算服务安全指南》	国家标准

序号	标准名称	标准类型
13	GB/T 31168—2014 《信息安全技术 云计算服务安全能力要求》	国家标准
14	GB/T 31496—2015《信息技术 安全技术 信息安全管理体系实施指南》	国家标准
15	GB/T 32399—2015 《信息技术 云计算 参考架构》	国家标准
16	GB/T 32400—2015 《信息技术 云计算 概览与词汇》	国家标准
17	GB/T 32910.1—2017 《数据中心 资源利用 第 1 部分：术语》	国家标准
18	GB/T 32910.2—2017《数据中心 资源利用 第 2 部分：关键性能指标设置要求》	国家标准
19	GB/T 32910.3—2016《数据中心 资源利用 第 3 部分：电能能效要求和测量方法》	国家标准
20	GB/T 32910.4—2021《 数据中心 资源利用 第 4 部分：可再生能源利用率》	国家标准
21	GB/T 33136—2016 《信息技术服务 数据中心服务能力成熟度模型》	国家标准
22	GB/T 33780.1—2017 《基于云计算的电子政务公共平台技术规范 第 1 部分：系统架构》	国家标准
23	GB/T 33780.2—2017 《基于云计算的电子政务公共平台技术规范 第 2 部分：功能和性能》	国家标准
24	GB/T 33780.3—2017《基于云计算的电子政务公共平台技术规范 第3部分:系统和数据接口》	国家标准
25	GB/T 33780.4—2017《基于云计算的电子政务公共平台技术规范 第4部分:系统和数据接口》	国家标准
26	GB/T 33780.5—2017《基于云计算的电子政务公共平台技术规范 第5部分:系统和数据接口》	国家标准
27	GB/T 33780.6—2017 《基于云计算的电子政务公共平台技术规范 第 6 部分：服务测试》	国家标准
28	GB/T 34077.1—2017 《基于云计算的电子政务公共平台管理规范 第 1 部分：服务质量评估》	国家标准
29	GB/T 34077.2—2017 《基于云计算的电子政务公共平台管理规范 第 2 部分：服务度量计价》	国家标准
30	GB/T 34077.3—2021 《基于云计算的电子政务公共平台管理规范 第 3 部分：运行保障管理》	国家标准
31	GB/T 34077.4—2021 《基于云计算的电子政务公共平台管理规范 第 4 部分：平台管理导则》	国家标准
32	GB/T 34077.5—2020 《基于云计算的电子政务公共平台管理规范 第 5 部分：技术服务体系》	国家标准
33	GB/T 34078.1—2017 《基于云计算的电子政务公共平台总体规范 第 1 部分：术语和定义》	国家标准
34	GB/T 34078.2—2021 《基于云计算的电子政务公共平台总体规范 第 2 部分：顶层设计导则》	国家标准
35	GB/T 34078.3—2021 《基于云计算的电子政务公共平台总体规范 第 3 部分：服务管理》	国家标准
36	GB/T 34078.4—2021 《基于云计算的电子政务公共平台总体规范 第 4 部分：服务实施》	国家标准
37	GB/T 34079.1—2021《基于云计算的电子政务公共平台服务规范 第1部分:服务分类与编码》	国家标准
38	GB/T 34079.2—2021 《基于云计算的电子政务公共平台服务规范 第 2 部分：应用部署和数据迁移》	国家标准
39	GB/T 34079.3—2021 《基于云计算的电子政务公共平台服务规范 第 3 部分：数据管理》	国家标准
40	GB/T 34079.4—2021 《基于云计算的电子政务公共平台服务规范 第 4 部分：应用服务》	国家标准
41	GB/T 34079.5—2021 《基于云计算的电子政务公共平台服务规范 第 5 部分：移动服务》	国家标准
42	GB/T 34080.1—2017 《基于云计算的电子政务公共平台安全规范 第 1 部分：总体要求》	国家标准

续表

序号	标准名称	标准类型
43	GB/T 34080.2—2017 《基于云计算的电子政务公共平台安全规范 第2部分：信息资源安全》	国家标准
44	GB/T 34080.3—2021 《基于云计算的电子政务公共平台安全规范 第3部分：服务安全》	国家标准
45	GB/T 34080.4—2021 《基于云计算的电子政务公共平台安全规范 第4部分：应用安全》	国家标准
46	GB/T 34942—2017 《信息安全技术 云计算服务安全能力评估方法》	国家标准
47	GB/T 34982—2017 《云计算数据中心基本要求》	国家标准
48	GB/T 35279—2017 《信息安全技术 云计算安全参考架构》	国家标准
49	GB/T 35293—2017 《信息技术 云计算 虚拟机管理通用要求》	国家标准
50	GB/T 35301—2017 《信息技术 云计算 平台即服务（PaaS）参考架构》	国家标准
51	GB/T 36325—2018 《信息技术 云计算 云服务级别协议基本要求》	国家标准
52	GB/T 36326—2018 《信息技术 云计算 云服务运营通用要求》	国家标准
53	GB/T 36327—2018 《信息技术 云计算 平台即服务（PaaS）应用程序管理要求》	国家标准
54	GB/T 36623—2018 《信息技术 云计算 文件服务应用接口》	国家标准
55	GB/T 36448—2018 《集装箱式数据中心机房通用规范》	国家标准
56	GB/T 37726—2019 《信息技术 数据中心精益六西格玛应用评价准则》	国家标准
57	GB/T 37732—2019 《信息技术 云计算 云存储系统服务接口功能》	国家标准
58	GB/T 37734—2019 《信息技术 云计算 云服务采购指南》	国家标准
59	GB/T 37735—2019 《信息技术 云计算 云服务计量指标》	国家标准
60	GB/T 37736—2019 《信息技术 云计算 云资源监控通用要求》	国家标准
61	GB/T 37737—2019 《信息技术 云计算 分布式块存储系统总体技术要求》	国家标准
62	GB/T 37738—2019 《信息技术 云计算 云服务质量评价指标》	国家标准
63	GB/T 37739—2019 《信息技术 云计算 平台即服务部署要求》	国家标准
64	GB/T 37740—2019 《信息技术 云计算 云平台间应用和数据迁移指南》	国家标准
65	GB/T 37741—2019 《信息技术 云计算 云服务交付要求》	国家标准
66	GB/T 37972—2019 《信息安全技术 云计算服务运行监管框架》	国家标准
67	GB/T 38249—2019 《信息安全技术 政府网站云计算服务安全指南》	国家标准
68	GB/T 51314—2018《数据中心基础设施运行维护标准》	国家标准
69	GA/T 1345—2017 《信息安全技术 云计算网络入侵防御系统安全技术要求》	行业标准
70	GA/T 1390.2—2017 《信息安全技术 网络安全等级保护基本要求 第2部分：云计算安全扩展要求》	行业标准
71	GA/T 1527—2018 《信息安全技术 云计算安全综合防御产品安全技术要求》	行业标准
72	HS/T 36—2011 《海关信息系统机房建设》	行业标准
73	JR/T 0011—2004 《银行集中式数据中心规范》	行业标准

续表

序号	标准名称	标准类型
74	JR/T 0071—2012《金融行业信息系统信息安全等级保护实施指引》	行业标准
75	JR/T 0072—2012《金融行业信息系统信息安全等级保护测评指南》	行业标准
76	JR/T 0073—2012《金融行业信息安全等级保护测评服务安全指引》	行业标准
77	JR/T 0131—2015 《金融业信息系统机房动力系统规范》	行业标准
78	JR/T 0132—2015 《金融业信息系统机房动力系统测评规范》	行业标准
79	JR/T 0166—2020 《云计算技术金融应用规范 技术架构》	行业标准
80	JR/T 0167—2020 《云计算技术金融应用规范 安全技术要求》	行业标准
81	JR/T 0168—2020 《云计算技术金融应用规范 容灾》	行业标准
82	RB/T 206—2014 《数据中心服务能力成熟度评价要求》	行业标准
83	SL 604—2012 《水利数据中心管理规程》	行业标准
84	YC/T 581—2019 《烟草行业数据中心数据建模规范》	行业标准
85	YD/T 2806—2015 《云计算基础设施即服务（IaaS）功能要求与架构》	行业标准
86	YD/T 3218—2017 《智能型通信网络 云计算数据中心网络服务质量（QoS）管理要求》	行业标准
87	YD/T 3148—2016 《云计算安全框架》	行业标准
88	YD/T 3219—2017 《智能型通信网络 支持云计算的广域网互联技术要求》	行业标准
89	YD/T 3748—2020《公有云服务安全运行可视化管理规范》	行业标准
90	YD/T 3764.5—2020 《云计算服务用户信任体系能力要求 第 5 部分：块存储服务》	行业标准
91	YD/T 3764.6—2020 《云计算服务用户信任体系能力要求 第 6 部分：本地负载均衡服务》	行业标准
92	YD/T 3764.11—2020 《云计算服务用户信任体系能力要求 第 11 部分：应用托管容器服务》	行业标准
93	YD/T 3764.12—2020 《云计算服务用户信任体系能力要求 第 12 部分：云缓存服务》	行业标准
94	YD/T 3764.13—2020 《云计算服务用户信任体系能力要求 第 13 部分：云分发服务》	行业标准
95	YD/T 3796—2020 《基于云计算的业务安全风险解决方案技术要求》	行业标准
96	YD/T 5227—2015 《云计算资源池系统设备安装工程设计规范》	行业标准
97	YD/T 5236—2018 《云计算资源池系统设备安装工程验收规范》	行业标准
98	YZ/T 0042—2001 《邮政综合计算机网信息中心机房场地要求》	行业标准
99	DB11/T 1139—2019 《数据中心能源效率限额》	地方标准
100	DB11/T 1282—2015 《数据中心节能设计规范》	地方标准
101	DB11/T 1638—2019 《数据中心能效监测与评价技术导则》	地方标准
102	DB15/T 1390—2018 《电子信息系统机房建设价格测算规范》	地方标准
103	DB23/T 1784—2016 《基于云计算智能手机出租车呼叫系统应用规范》	地方标准
104	DB23/T 1809—2016 《中小动漫企业云计算服务标准》	地方标准

续表

序号	标准名称	标准类型
105	DB31/ 651—2012 《数据中心机房单位能源消耗限额》	地方标准
106	DB31/ 652—2020 《数据中心能源消耗限额》	地方标准
107	DB31/T 8—2020 《数据中心能源消耗限额》	地方标准
108	DB31/T 1216—2020 《数据中心节能评价方法》	地方标准
109	DB31/T 1217—2020 《数据中心节能运行管理规范》	地方标准
110	DB33/T 2157—2018 《公共机构绿色数据中心建设与运行规范》	地方标准
111	DB34/T 3681—2020 《智慧城市 政务云机房迁入管理规范》	地方标准
112	DB35/T 1742—2018 《基于云计算的桌面应用终端通用规范》	地方标准
113	DB36/T 933—2016 《电子信息系统机房防雷检测技术规范》	地方标准
114	DB37/T 1497—2009 《电子信息系统机房节能管理实施指南》	地方标准
115	DB37/T 1498—2009 《数据中心服务器虚拟化节能技术规程》	地方标准
116	DB37/T 2480—2014 《数据中心能源管理效果评价导则》	地方标准
117	DB37/T 2635—2014 《数据中心能源利用测量和评估规范》	地方标准
118	DB37/T 3221—2018 《数据中心防雷技术规范》	地方标准
119	DB37/T 3304—2018 《信息安全技术 云计算运维安全管理规范》	地方标准
120	DB43/T 1590—2019 《数据中心单位能源消耗限额及计算方法》	地方标准
121	DB44/T 1342—2014 《云计算数据安全规范》	地方标准
122	DB44/T 1458—2014 《云计算基础设施系统安全规范》	地方标准
123	DB44/T 1560—2015 《云计算数据中心能效评估方法》	地方标准
124	DB44/T 1561—2015 《云计算服务质量评测方法》	地方标准
125	T/CIE 049—2018《绿色数据中心评估准则》	团体标准
126	T/CIE 051—2018《液 / 气双通道散热数据中心机房设计规范》	团体标准
127	T/CIE 052—2018《数据中心设施运维管理指南》	团体标准
128	T/CECS 488—2017 《数据中心等级评定标准》	团体标准
129	T/CECS 761—2020 《数据中心运行维护与管理标准》	团体标准
130	T/DZJN 10—2020《数据中心蒸发冷却空调技术规范》	团体标准
131	T/DZJN 16—2020《数据中心市电直供技术规范》	团体标准
132	T/DZJN 17—2020 《绿色微型数据中心技术规范》	团体标准
133	《保险行业的云计算场景和总体框架》	团体标准
134	《保险行业云服务提供方能力要求》	团体标准
135	《保险行业云计算软件产品技术规范 第 1 部分：虚拟化软件》	团体标准

续表

序号	标准名称	标准类型
136	《保险行业基于云计算平台支撑的研运能力成熟度模型》	团体标准
137	《云计算保险风险评估指引》	团体标准
138	《云计算服务客户信任体系能力要求 第8部分：政务云平台》	行业标准
139	《可信云电子合同信任服务评估标准》	行业标准
140	《智能云使能平台标准》	/
141	《智能云服务技术能力要求》	/
142	《面向云计算的安全解决方案 第一部分：态势感知平台》	/
143	《可信物联网云平台能力评估方法》	/
144	《可信云 云管理服务提供商能力要求》	团体标准
145	《云计算风险管理框架》	国际标准
146	《分布式云的全局管理框架》	国际标准
147	《基于网络演进的云网融合多连接网络要求》	国际标准
148	ITSS（信息技术服务标准）	团体标准

第八章 云计算服务能力评价指标体系

导　读

随着云计算技术的快速发展，越来越多的组织选择上云，云计算服务已逐渐成为组织不可或缺的关键资产。2020年，国家发展和改革委员会明确了新基建内容，其中，云计算被列为新技术基础设施，数据中心、智能技术中心被列入算力基础设施，但由于组织业务发展及使用需求不同，各组织对于云计算能力的要求和运用方式也不相同。如何评价和提升云计算服务能力，是摆在信息化决策者们面前的重大课题。

建行在多年云计算服务基础上，建立和完善了“云计算服务能力评价指标体系”，用于从云服务过程中的人员、资源、技术、性能和运营能力等多个维度开展云计算能力评价，该指标体系经过建行云、腾讯云等多家试点评价，能够协助组织识别当前云计算服务过程中的优势、短板、问题和空白点，对于组织了解自身及同业水平、明确提升目标、有针对性地实施改进具有较强的指导作用，同时为组织选择适合自身发展需求的云提供了很好的指南。

本章主要回答以下问题：

（1）云计算服务能力评价指标的设计原则和适用场景是什么？

（2）云计算服务能力评价的设计思路是什么？

（3）云计算服务能力评价的体系收益有哪些?

（4）云计算服务能力评价过程是什么?

第一节　设计原则与适用场景

基于云计算的六个基本特征和服务模式，制定云计算服务能力评价指标体系。

一、设计原则

云计算服务能力评价指标体系的设计原则如下。

1. 可量化

以客观事实数据为依据，提高指标量化结果的准确性与适用性。

2. 可对比

运用相同语义的指标描述、一致的计算方法，体现当前的云服务能力，实现组织内历史指标数据、同行业指标数据的纵向和横向对比。

3. 可定制

对于重要关注领域和发展方向，可设立高阶指标要求，指导资源投入。指标的评价可以根据实际情况分配不同权重，以体现对不同领域的关注程度。

4. 场景化

指标评价体系支持场景化应用，提供不同层级、不同视角的应用，为具体服务交付和管理活动提供多维度的管理手段。

二、适用场景

云计算服务能力评价指标体系适用场景如下。

云计算服务提供者评价自身的条件和能力，为向精细化科学管理转型提供依据。

云计算服务客户评价云计算服务提供者，为选择适合自己的云计算服务提供者提供依据。

第三方评价云计算服务提供者的能力，为客观地体现云计算服务提供者的服务能力提供依据。

第二节　设计思路

云计算服务是指通过云计算已定义的接口提供的一种或多种能力。为了能全面、科学、合理地评价这一能力，为云计算服务活动提供科学管理方法和手段，我们从资源、技术、管理三个能力域出发，形成了一级总体目标指标1个，二级关键成功因素指标3个，三级关键绩效指标 8 个，四级关键性能指标 32 个，五级关键事实数据指标 92 个的评价体系。该评价体系以指标为导向，对云计算服务管理活动进行分类分级、科学管理，通过对云计算服务能力评价指标的展示，跟踪服务运营情况，在目标达成前提下实现投入产出比最优化，实现控制风险、保证质量、促进创新、提升收益的管理目标。

在云计算评价指标的设定方面重点参考了 ISO/IEC 20000、COBIT IT 治理、GB/T 36326 和 GB/T 33136 等最佳实践和标准。

ISO/IEC 20000《信息技术服务管理体系要求》是针对 IT 服务管理流程系统化的标准，实施 ISO/IEC 20000 的组织重点在于识别管理流程，定义管理流程，并对管理流程有足够好的管理控制力。

COBIT IT 治理理论提供了一种全面的框架，以支持组织实现 IT 治理和管理的目标，协助组织通过保持实现收益、优化风险和资源利用之间的平衡，从而创造来自 IT 的最佳价值。

GB/T 36326《云服务运营通用要求》对云服务给出了总体内容描述，规定了云服务提供者在人员、流程、技术和资源方面应具备的条件和能力。

GB/T 33136《数据中心服务能力成熟度模型》以数据中心作为研究对象，以服务能力作为切入点，从识别数据中心 “实现收益、控制风险和优化资源”这三个基本诉求入手，明确数据中心的目标以及实现这些目标所应具备的服务能力，并通过一套科学合理的评估方法对服务能力及其对应的各项业务活动进行系统性的评价，从而形成极具客观性、参考性，并为后续发展指明方向的评估结果。

一、评价指标体系框架

基于安全、高效、创新、收益的云计算服务目标，我们将云计算服务能力划分为资源能力、技术能力和管理能力三个维度进行评价，其中资源能力包括支撑云计算产品和管理的基础资源、支撑环境和组织人员，技术能力包括云计算产品能力和创新能力，管理能力包括运营管理、运维管理和安全管理，从而建立云计算服务能力评价指标体系框架，如图 8-1 所示。

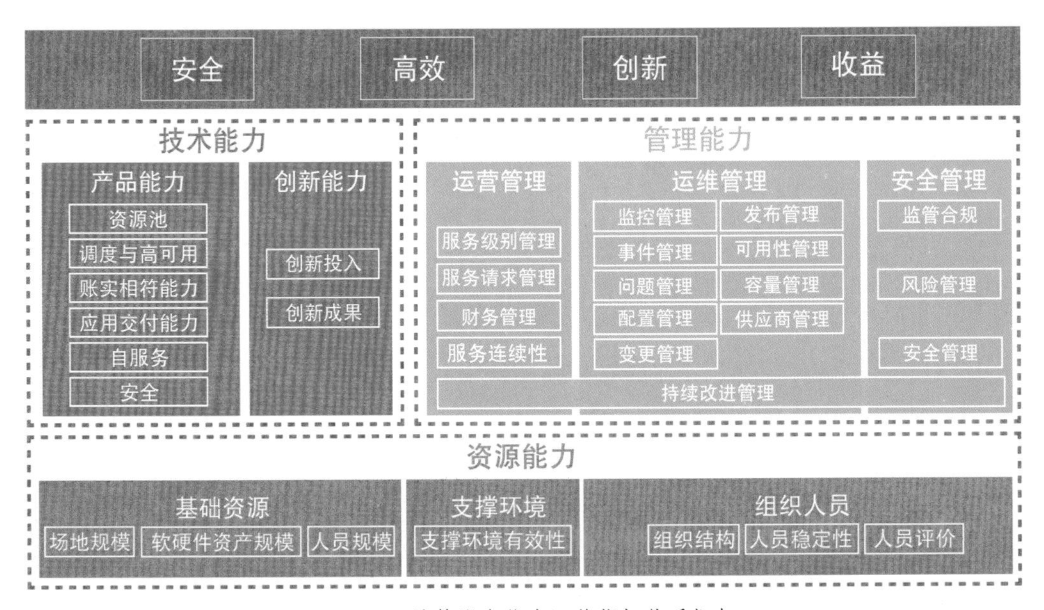

图 8-1 云计算服务能力评价指标体系框架

二、评价指标体系设计

基于以上三个维度的划分，我们开展对五级指标体系的设计，如图 8-2 所示。一级指标（关键目标指标，KGI）是实现云计算服务总体目标的关键，是组织最为关注的战略级指标；二级指标（关键成功因素指标，CSF）通过“资源＋技术能力＋管理能力”来体现云计算服务价值创造，反映产品本身和服务管理的整体水平和关键能力，是云计算产品和服务管理确定发展方向和制订工作计划的依据；三级指标（关键绩效指标，KPI）是组织关注的战术级指标，反映云计算产品和服务管理各项运营能力水平，是组织日常绩效的直接体现，可以作为组织工作有效开展的抓手；四级指标（关键性能指标，KPM）是组织的日常运营级指标，反映各项具体工作的成果和执行能力，是组织团队和个人绩效的直接体现，可以作为自我评价和自我提升的手段；五级指标（关键事实数据指标，KFD）是云计算服务的客观事实数据，多数是定量评价，也有少量是定量与定性评价的结合，是云计算服务各项具体活动的直接度量与评价，形成对上层指标的计量支撑。

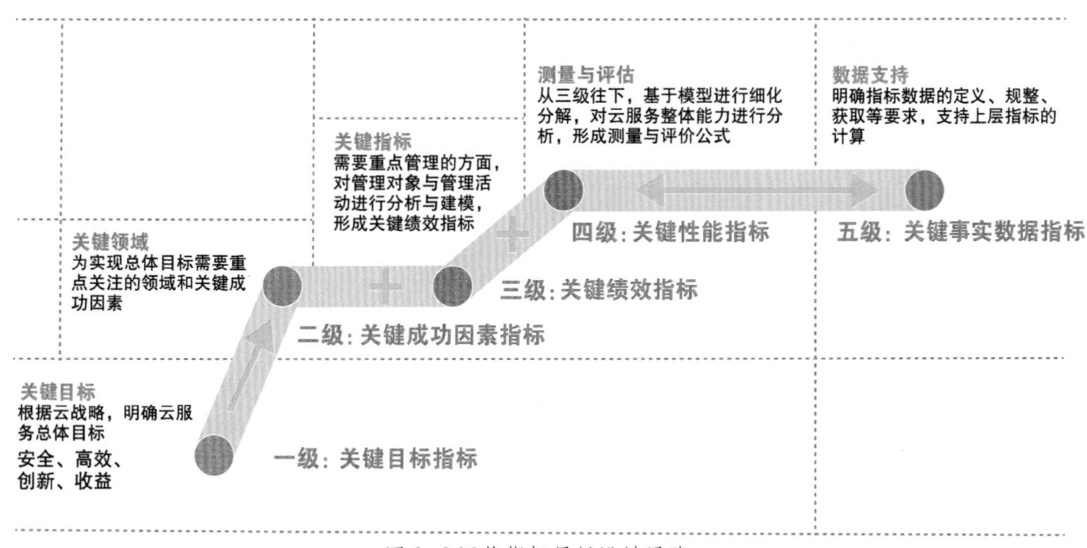

图 8-2 评价指标层级设计思路

基于五级指标体系的设计，我们将云计算服务运营的目标定位为安全、高效、创新、收益；基于此目标和价值创造理论，我们将总体目标分解成 3 个二级指标；参考 COBIT 和 GB/T 36326，我们将二级指标分解为 8 个三级指标；参考 ISO/IEC 20000、ISO/IEC 27001 和 GB/T 33136，我们将 8 个三级指标分解为 33 个四级指标；基于 SMART 原则，我们设计了 107 个五级指标，如图 8-3 所示。

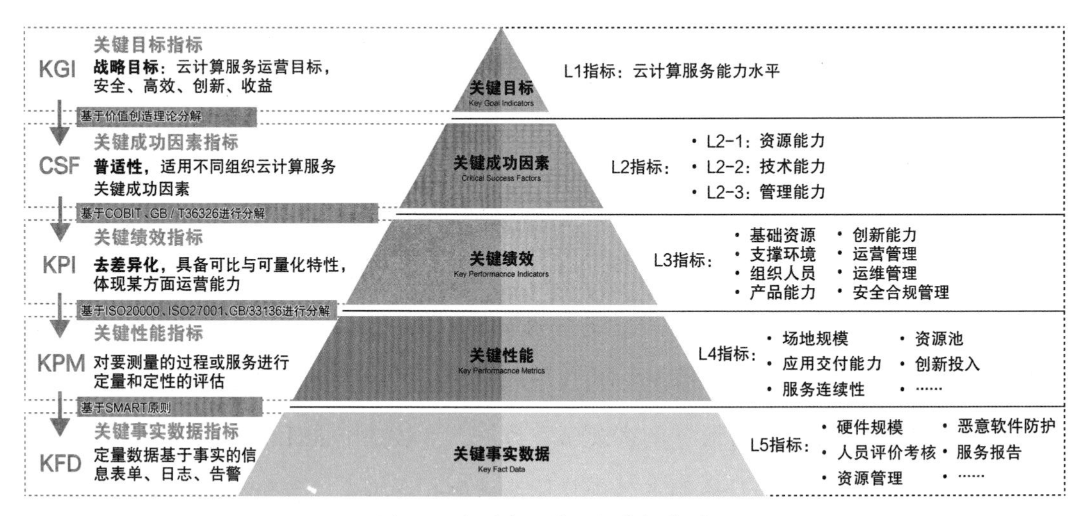

图 8-3 自顶向下的 5 级指标体系

三、评价指标权重设计

定义完五级指标体系框架后，我们通过卡诺模型（KANO）（如图 8-4 所示）、德尔菲法（Delphi Method）、层次分析法（Analytic Hierarchy Process，AHP）、熵权法（The Entropy Weight Method，EWM）、主成分分析法（Principal Component Analysis，PCA）及因子分析（Factor Analysis）等方法确定了每个级别指标的权重，以便更准确地体现云计算服务整体能力。

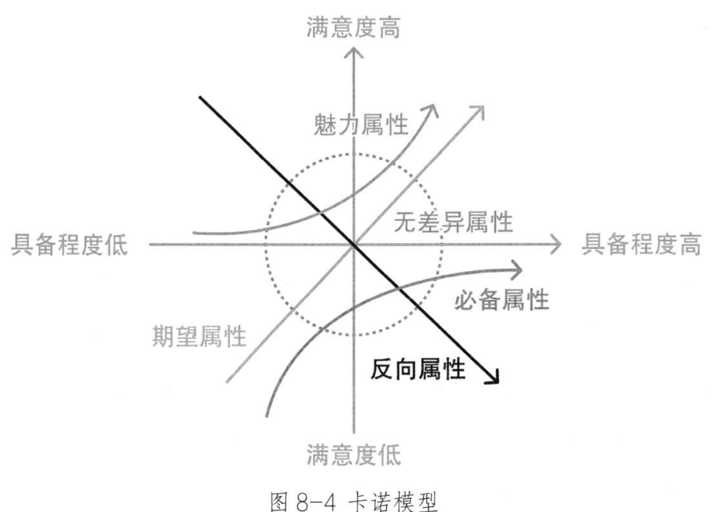

图 8-4 卡诺模型

下文以卡诺模型、德菲尔法为例，简要介绍不同方法对各级评价指标的设计。

1. 卡诺模型划分的属性及对应的需求

基于卡诺模型，从基本型需求、期望型需求和魅力型需求三个维度出发将各级指标进行初步归类，在此基础上参考德尔菲法、层次分析法、熵权法、主成分分析法及因子分析等方法设定各级评价指标的权重。

在卡诺模型中，将产品和服务分为五种属性：必备属性、 期望属性、魅力属性、无差异属性、反向属性。

这五类属性中必备属性关注的是产品或服务能不能用，期望属性关注的是产品或服务好不好用，魅力属性关注产品或服务是否超出了期望，无差异属性是用户不关注的，反向属性关注的是不能出现的。简单来说， KANO 模型的五种属性可以归类为对云计算服务的三个层次的需求，即基本型需求、期望型需求和魅力型需求。

基本型需求是客户认为产品或服务“必须有”的属性或功能。当其特性不充足时，客户会很不满意；当其特性充足时，客户充其量是满意。

期望型需求是提供的产品或服务比较优秀，但并不是必需的产品属性或服务活动，有些期望型需求连客户都不太清楚，却是他们希望得到的。期望型需求在产品或服务中实现得越多，顾客就越满意。

魅力型需求是提供给客户一些完全出乎意料的产品或服务属性，使客户产生惊喜，会对产品非常满意，从而提高客户的忠诚度。当其特性不充足时，不会影响客户满意度。

基于卡诺模型对指标的初步分类，采用德尔菲法具体设计各级指标在评价体系中所占的权重。

2. 德尔菲法设计步骤

德尔菲法设计可以按以下 6 步执行。

第一步，组成专家小组。组成专家小组，以明确目标，根据指标研究所需要的知识范围，确定专家、专业人员，专家人数，一般在 4~8 人。

第二步，提出征询问题。首先，向所有专家提出所要征询的问题及有关要求，并附上有关这个问题的所有背景材料。然后，由专家作书面答复。

第三步，专家提出意见。各个专家根据所收到的材料，结合自己的知识和经验提出自己的意见，并说明依据和理由。

第四步，意见归纳整理。将各位专家的第一次判断意见进行归纳整理，再分发给各位专家，让专家比较自己同他人的不同意见，修改自己的意见和判断。

第五步，专家修改意见。专家根据第一轮征询的结果及相关材料调整、修改自己的意见，并给出修改意见的依据及理由。

第六步，专家达成共识。收集意见和信息反馈一般要经过三四轮。在向专家进行反馈的时候，只给出各种意见，但并不说明发表意见的专家的姓名。这一过程重复进行，直到每个专家都不再改变自己的意见为止。

四、云服务能力评价指标表（表 8-1）

表 8-1　云服务能力评价指标表

序号	二级指标	二级指标权重	三级指标	三级指标权重	四级指标	四级指标权重	五级指标	五级指标权重	评价说明	评价内容	评价计算逻辑	评价得分
1	资源能力评价	20%	基础资源	30%	场地规模	30%	1. 云计算服务所占机房场地规模	100%	云计算服务所占机房面积与目标机房面积（根据业务目标制定的机房场地面积目标值）的比例。	a. 现有云计算服务支持机房场地面积 b. 目标云计算服务支持机房场地面积	a/b × 100	
2					软硬件资产规模	30%	1. 硬件规模	50%	云计算服务相关设备数量与目标设备数量（根据业务目标制定的服务支持设备数量目标值）的比例。可以按不同的设备类型开展评价并取平均值。设备类型包括服务器、存储、网络、安全等。	a. 现有云计算服务支持设备数量 b. 目标云计算服务支持设备数量	a/b × 100	
3							2. 软件规模	50%	云计算服务相关软件数量与目标软件数量（根据业务目标制定的服务支持软件数量目标值）的比例。可以按不同的软件类型开展评价并取平均值。软件类型包括操作系统、数据库、中间件等。	a. 现有服务支持软件数量 b. 目标服务支持软件数量	a/b × 100	

续表

序号	二级指标	二级指标权重	三级指标	三级指标权重	四级指标	四级指标权重	五级指标	五级指标权重	评价说明	评价内容	评价计算逻辑	评价得分
4	资源能力评价	20%	基础资源	30%	人员规模	40%	1. 人员规模	100%	云计算服务相关支持人员数量与目标支持人员数量（根据业务目标制定的服务支持人员数量目标值）的比例。可以按不同人员类型开展评价并取平均值。人员类型包括专职人员、兼职人员、驻外包人员等。	a. 现有云计算服务支持人员数量 b. 目标云计算服务支持人员数量	a/b × 100	
5			支撑环境	30%	支撑环境有效性	100%	1. 机房等级	50%	云计算服务机房等级。如有多个机房且机房等级不一样，可分开评价，最终得分按机房所占面积比例作为权重计算得分。	机房等级 A 类机房、B 类机房、C 类机房	A 类机房，100 B 类机房，80 C 类机房，60	
6							2. 机房 PUE 值	50%	云计算服务机房 PUE 值。 如有多个机房且机房 PUE 值不一样，可分开评价，最终得分按机房所占面积比例作为权重计算得分。	机房 PUE 值 a.PUE≤1.25，100 分 b.1.25<PUE≤1.4，60~100 分 c.PUE ＞ 1.4，0~60 分	a、b、c	

续表

序号	二级指标	二级指标权重	三级指标	三级指标权重	四级指标	四级指标权重	五级指标	五级指标权重	评价说明	评价内容	评价计算逻辑	评价得分
7	资源能力评价	20%	组织人员	40%	组织架构	30%	1. 云计算服务组织架构	50%	云计算服务组织架构定义。	评价组织架构职能设置的完整性、合理性和有效性 a. 完整性：覆盖了服务提供所需的所有职能定义，没有已知的遗漏，0~30 分 b. 合理性：满足职责分离，职责不重叠，0~30 分 c. 有效性：有效地支持服务提供和业务发展，0~40 分	a+b+c	
8							2. 岗位职责定义	50%	云计算服务组织岗位职责定义。	a. 有明确的岗位职责定义且执行到位，满足业务发展要求， 50~100 分 b. 岗位职责定义不清晰、不完整，不能满足业务发展要求， 0~50 分 c. 无岗位职责定义， 0 分	a、b、c	
9					人员稳定性	30%	1. 人员离职率	100%	云计算服务人员离职率。 可以按不同人员类型开展评价并取平均值。人员类型包括专职人员、兼职人员、驻外包人员等。	a. 统计周期内离职人员数量 b. 统计周期末人员数量 + 统计周期内离职人员数量	a/b≤5%，100 5%<a/b≤15%，80~100 a/b>15%，0~80	
10					人员能力	40%	1. 人员能力评价考核	100%	云计算服务人员考核合格率。 完善体系化的人员考核评价机制，并能够定期开展评价。	a. 评价考核合格人数 b. 评价考核总人数	a/b × 100	

续表

序号	二级指标	二级指标权重	三级指标	三级指标权重	四级指标	四级指标权重	五级指标	五级指标权重	评价说明	评价内容	评价计算逻辑	评价得分
11	技术能力评价	40%	产品功能	60%	资源池	30%	1. 计算资源池规模	25%	计算资源规模。	a. CPU 数量 b. 目标 CPU 数量	a/b × 100	
12							2. 存储资源池规模	25%	存储资源规模。	a. 存储容量 b. 目标存储容量	a/b × 100	
13							3. 互联网带宽	25%	互联网资源规模。	a. 互联网带宽 b. 目标互联网带宽	a/b × 100	
14							4. 互联网 IP 地址数	25%	IP 资源规模。	a. 互联网 IP 地址数 b. 目标互联网 IP 地址数	a/b × 100	
15					应用交付能力	30%	1. 应用中间件平台能力	25%	应用中间件平台能力。应用中间件服务类型包括 KAFKA、API 网关等。	a. 应用中间件服务类型 b. 目标应用中间件服务类型	a/b × 100	
16							2. 数据平台能力	25%	数据平台能力。数据库和大数据中间件服务类型包括 MYSQL、MARIADB 等。	a. 数据库与大数据中间件服务类型 b. 目标数据库与大数据中间件中间件服务类型	a/b × 100	

续表

序号	二级指标	二级指标权重	三级指标	三级指标权重	四级指标	四级指标权重	五级指标	五级指标权重	评价说明	评价内容	评价计算逻辑	评价得分
17	技术能力评价	40%	产品功能	60%	应用交付能力	30%	3. 应用交付与治理平台能力	25%	容器与微服务能力。	a. 容器平台支持以下能力，每种 10 分： a.1. 支持 2 种及以上容器运行时引擎 (CRI) a.2. 支持 2 种及以上容器网络插件 (CNI) a.3. 支持 2 种及以上容器存储插件 (CSI) a.4. 支持自动化拉起虚拟机作为容器节点，并自动为虚拟机安装操作系统，部署 kubelet b. 微服务平台支持以下能力，每种 10 分： b.1. 至少支持 Spring, Dubbo 等 Java 系应用微服务框架 b.2. 支持 Service Mesh，能实现非 Java 应用的微服务化 b.3. 支持链路追踪能力 b.4. 无论是 Java 系还是非 Java 系的微服务应用都可以支持容器与虚拟机的混合部署 b.5. 可以对微服务集群引入外部 API，实现在各微服务看来内外部 API 无差异	a.1+a.2+a.3+a.4+a.5+b.1+b.2+b.3+b.4+b.5	

续表

序号	二级指标	二级指标权重	三级指标	三级指标权重	四级指标	四级指标权重	五级指标	五级指标权重	评价说明	评价内容	评价计算逻辑	评价得分
18	技术能力评价	40%	产品功能	60%	应用交付能力	30%	4. 软件工程平台能力	25%	DevOps 平台能力。	以下能力每种 20 分： a. 从代码到制成品的持续集成 / 持续开发流水线能力 b. 从制成品到部署（包括蓝绿、滚动、金丝雀等方式）的持续部署能力 c. 从需求到制成品的软件工程流程能力，支持线上实现敏捷迭代流程 d. 软件工程中各阶段的度量能力 e. 提供基于度量数据及研发能力基线对研发管理持续改进的工具	a+b+c+d+e	
19					账实相符能力	10%	1. 云计算服务计量计费	100%	根据云计算服务类型的不同，可以设置对应的计量指标（如使用时长、资源使用数量等），根据不同的指标采用相应的计量计费方法。	a. 云计算服务计量计费方法数量 b. 云计算服务目标计量计费方法数量	a/b × 100	

续表

序号	二级指标	二级指标权重	三级指标	三级指标权重	四级指标	四级指标权重	五级指标	五级指标权重	评价说明	评价内容	评价计算逻辑	评价得分
20	技术能力评价	40%	产品功能	60%	调度与高可用	20%	1.IaaS 层负载调度能力	30%	IaaS 服务实例能够在服务集群内高效安全调度。	以下能力每种 20 分： a. 支持虚拟机等计算服务实例冷热迁移和故障迁移，能实现亲和性、反亲和性等调度策略 b. 支持用户申请和销毁裸金属服务器服务实例 c. 支持用户申请块存储服务实例，块存储服务实例能支持混闪和全 SSD 的不同类型，且支持混闪存储服务实例升级到 SSD d. 对象存储能对数据进行冷热数据识别，并进行数据沉降等调度操作 e. 网络支持 QoS，为不同的网络服务实例分配不同的外网连接带宽	a+b+c+d+e	

续表

序号	二级指标	二级指标权重	三级指标	三级指标权重	四级指标	四级指标权重	五级指标	五级指标权重	评价说明	评价内容	评价计算逻辑	评价得分
21	技术能力评价	40%	产品功能	60%	调度与高可用	20%	2.PaaS 层负载调度能力	30%	PaaS 服务实例能够在服务集群内高效安全调度。	以下能力每种 20 分： a. 支持专用集群提供关键业务 PaaS 服务（如关系型数据库等） b. 支持专用服务器集群及虚拟化 / 容器化集群提供其他 PaaS 服务（如消息队列、ES 搜索等） c. 对于 PaaS 服务可以自助申请服务实例，申请时可选择多个从节点，可提供从节点的调度 d. 集群内单节点故障时其他节点能够自动接管业务 e. 对于关系型数据库等关键 PaaS 服务能在异地 Region 提供异步从节点	a+b+c+d+e	
22							3. 跨可用区和跨地域高可用调度能力	40%	具备应用的跨可用区与跨地域的高可用能力，实现单 AZ 或单 Region 整体故障时，对应用的影响在目标范围内。	a. 能够实现应用 RTO 在目标值以内，30 分 b. 能够实现应用 RPO 在目标值以内，20 分 c. 能够实现应用关键数据 RPO 为 0，30 分 d. 能够实现跨 Region 的 RTO 和 RPO 在目标值以内，20 分	a+b+c+d	

续表

序号	二级指标	二级指标权重	三级指标	三级指标权重	四级指标	四级指标权重	五级指标	五级指标权重	评价说明	评价内容	评价计算逻辑	评价得分
23	技术能力评价	40%	产品功能	60%	自服务	10%	1. 用户管理	50%	用户管理。 具备用户注册、注销、信息管理、权限管理等功能。	a. 用户管理功能满足服务目标程度， 0~100 分	a	
24							2. 资源管理	50%	资源管理。 具备资源申请、使用、退订等功能。	a. 资源管理功能满足服务目标程度， 0~100 分	a	
25				20%	安全	100%	1. 恶意软件防护	20%	恶意软件防护。 具备病毒、木马、蠕虫、勒索软件、僵尸网络等防护能力。	a. 具备病毒、木马、蠕虫、勒索软件、僵尸网络等攻击防护能力，0~60 分 b. 漏报率，0~20 分 c. 误报率，0~20 分	a+b+c	
26							2.DDoS 攻击防护	20%	DDoS 攻击防护。 流量 Flood、CC 攻击、反射攻击等防护能力。	a. 具备流量 Flood、CC、反射等攻击防护能力，0~60 分 b. 漏报率，0~20 分 c. 误报率， 0~20 分	a+b+c	
27							3.Web 入侵防护	20%	Web 入侵防护。 SQL 注入、跨站攻击、Webshell 攻击等防护能力。	a. 具备 SQL 注入、跨站、Webshell 等攻击防护能力，0~60 分 b. 漏报率， 0~20 分 c. 误报率， 0~20 分	a+b+c	
28							4.APT 攻击防护	20%	APT 攻击防护。 黑页、暗链、漏洞攻击、鱼叉攻击等防护能力。	a. 具备黑页、暗链、漏洞、鱼叉等攻击防护能力，0~60 分 b. 漏报率， 0~20 分 c. 误报率 ， 0~20 分	a+b+c	

续表

序号	二级指标	二级指标权重	三级指标	三级指标权重	四级指标	四级指标权重	五级指标	五级指标权重	评价说明	评价内容	评价计算逻辑	评价得分
29	技术能力评价	40%	产品功能	20%	安全	100%	5. 暴力破解防护	20%	暴力破解防护。 SSH、RDP、HTTP等防护能力。	a. 具备 SSH、RDP、HTTP 等攻击防护能力，0~60 分 b. 漏报率，0~20 分 c. 误报率，0~20 分	a+b+c	
30			创新能力	20%	创新投入	30%	1. 研发人员比例	30%	研发人员比例。	a. 云计算服务研发人员数量 b. 云计算服务人员总数	a/b × 100	
31					创新成果	70%	1. 软著数量	35%	软著数量。 云计算服务自主研发能力。	a. 云计算服务软著数量 b. 云计算服务人员总数	a/b × 100	
32							2. 专利数量	35%	专利数量。 云计算服务创新能力。	a. 云计算服务专利数量 b. 云计算服务人员总数	a/b × 100	
33	管理能力评价	40%	运营管理	40%	服务级别管理	25%	1. 服务级别管理	30%	服务级别管理。 完善服务级别管理相关要求，包括云计算服务级别需求识别、服务级别协议制定和维护、服务级别回顾等活动的管理。云计算服务级别管理从完整性、有效性、适宜性三个维度开展评价。	a. 识别云计算服务级别需求和质量要求，与相关方签订云计算服务级别协议，0~30 分 b. 对云计算服务级别协议的变更进行管控，当内、外部环境发生重大变化时，回顾云计算服务级别协议，0~30 分 c. 监控云计算服务级别协议执行情况，发现问题及时处理解决，0~20 分 d. 每年至少一次对云计算服务级别达成情况进行回顾与确认并对识别的问题进行改进，0~20 分	a+b+c+d	

续表

序号	二级指标	二级指标权重	三级指标	三级指标权重	四级指标	四级指标权重	五级指标	五级指标权重	评价说明	评价内容	评价计算逻辑	评价得分
34	管理能力评价	40%	运营管理	40%	服务级别管理	25%	2. 服务目录管理	10%	服务目录管理。 识别和分析相关方云计算服务需求，形成并维护云计算服务目录。	a. 建立云计算服务目录，确保云计算服务内容满足业务需求， 0~60 分 b. 识别云计算服务所需内部技术支持服务和供应商支持服务，梳理服务关系，形成内部运营级别协议或外部支持合同，有效支持云计算服务， 0~40 分	a+b	
35							3. 服务级别指标达标率	20%	服务级别指标达标率。	a. 服务级别达标的服务数量 b. 签订服务级别的服务总数	a/b × 100	
36							4. 服务满意度	20%	服务满意度。 完善服务满意度管理机制，基于云计算服务内容，从质量、效率、收益等维度开展满意度调查，并基于调查结果实施改进，每年至少一次开展满意度调查。 如有多个客户，则计算所有客户满意度平均值。	a. 满意度调查结果	a	

续表

序号	二级指标	二级指标权重	三级指标	三级指标权重	四级指标	四级指标权重	五级指标	五级指标权重	评价说明	评价内容	评价计算逻辑	评价得分
37	管理能力评价	40%	运营管理	40%	服务级别管理	25%	5. 服务报告	20%	服务报告。	a. 按计划时间间隔，编制云计算服务周报，月报，季报和年报，0~50 分 b. 向相关方报告云计算服务报告，并根据报告内容实施改进，0~50 分	a+b	
38					服务请求管理	25%	1. 服务请求按时完成率	50%	服务请求按时完成率。完善服务请求管理制度。包括云计算服务请求的分类、分级、受理、履行、回顾等活动的管理。	a. 服务请求按时完成数量 b. 服务请求总数	a/b × 100	
39							2. 服务请求处理满意度	50%	服务请求处理满意度。	a. 对结果满意的服务请求数量 b. 服务请求总数	a/b × 100	
40					财务管理	25%	1. 预算执行准确率	100%	预算执行准确率。 完善财务管理相关要求，包括云计算服务预算、核算、回顾等管理活动。	a. 预算执行与预算匹配数量 b. 预算总个数	a/b × 100	
41					服务连续性	25%	1. 业务影响分析（BIA）	10%	业务影响分析。 完善连续性管理相关要求，包括云计算服务连续性需求分析、管理策略制定、连续性计划制定与执行、连续性回顾等活动的管理。	a. 业务影响分析次数 b. 计划业务影响分析次数	a/b × 100	

续表

序号	二级指标	二级指标权重	三级指标	三级指标权重	四级指标	四级指标权重	五级指标	五级指标权重	评价说明	评价内容	评价计算逻辑	评价得分
42	管理能力评价	40%	运营管理	40%	服务连续性	25%	2. 连续性风险评估	10%	连续性风险评估。 识别云计算服务环境中的威胁和薄弱性，明确需要应对的灾难场景。	a. 连续性风险评估次数 b. 计划连续性风险评估次数	a/b × 100	
43							3. 连续性计划	10%	连续性计划。 根据云计算服务连续性管理策略要求和识别的灾难场景，制定云计算服务连续性计划。从完整性、有效性、适宜性三个维度开展评价。	根据云计算服务连续性管理策略要求和识别的灾难场景，制定云计算服务连续性计划，并开展执行	0~100	
44							4. 应急演练场景覆盖率	10%	高风险应急场景应急预案覆盖率。	a. 已制定的基于风险评估识别出的高风险场景应急预案数量 b. 风险评估识别出的高风险场景数量	a/b × 100	
45							5. 应急场景命中率	10%	应急场景命中率。	a. 应急场景发生时使用的应急预案数量 b. 已发生的应急场景数量	a/b × 100	
46							6. 应急预案重检率	10%	应急预案重检率。	a. 按计划已重新检查的应急预案数量 b. 计划应检查的应急预案数量	a/b × 100	
47							7. 应急预案演练执行率	10%	应急预案演练执行率。	a. 按计划已演练的应急预案数量 b. 计划应演练的应急预案数量	a/b × 100	

续表

序号	二级指标	二级指标权重	三级指标	三级指标权重	四级指标	四级指标权重	五级指标	五级指标权重	评价说明	评价内容	评价计算逻辑	评价得分
48	管理能力评价	40%	运营管理	40%	服务连续性	25%	8. 应急预案演练成功率	10%	应急预案演练成功率。	a. 演练成功的应急预案数量 b. 已演练的应急预案数量	a/b × 100	
49							9. 业务连续性达成情况	20%	业务连续性达成情况。	云计算服务 RTO、RPO 满足监管和业务要求	满足，100； 不满足，0	
50			运维管理	40%	监控管理	10%	1. 设备监控纳管率	15%	设备监控纳管率。 可以按不同的设备类型开展评价并取平均值。设备类型包括服务器、存储、网络、安全等。 完善监控管理相关要求，制定云计算服务监控方案，包括明确监控范围，定义监控对象及属性、监控方式和方法、监控指标和阈值、控制活动的触发条件和操作步骤；定期对监控效果进行回顾，并开展必要改进；定期对监控日志、系统日志进行回顾，开展必要改进。	a. 已监控的设备类型总数 b. 需监控的设备类型总数	a/b × 100	

续表

序号	二级指标	二级指标权重	三级指标	三级指标权重	四级指标	四级指标权重	五级指标	五级指标权重	评价说明	评价内容	评价计算逻辑	评价得分
51	管理能力评价	40%	运维管理	40%	监控管理	10%	2. 软件监控纳管率	15%	软件监控纳管率。可以按不同的软件类型开展评价并取平均值。软件类型包括操作系统、数据库、中间件等。	a. 已监控的软件类型总数 b. 需监控的软件类型总数	a/b × 100	
52							3. 应用监控纳管率	10%	应用监控纳管率。	a. 已监控的应用类型总数 b. 需监控的应用类型总数	a/b × 100	
53							4. 故障发现及时率	15%	故障发现及时率。	a. 故障通知时间 b. 故障发生时间 c. 故障总数	（a-b<1 分钟的故障数量）/ 故障总数 × 100	
54							5. 监控告警准确率	15%	监控告警准确率。	a. 监控告警准确的故障数量 b. 监控告警故障总数量	a/b × 100	
55							6. 监控定位有效率	15%	监控定位有效率。	a. 准确定位异常组件的监控告警数量 b. 监控告警故障总数量	a/b × 100	
56							7. 自动化巡检率	15%	自动化巡检率。	a. 自动化巡检项数量 b. 巡检项总数量	a/b × 100	

续表

序号	二级指标	二级指标权重	三级指标	三级指标权重	四级指标	四级指标权重	五级指标	五级指标权重	评价说明	评价内容	评价计算逻辑	评价得分
57	管理能力评价	40%	运维管理	40%	事件管理	10%	1. 一线事件解决率	30%	一线事件解决率。 完善事件管理相关要求，包括云计算服务事件分类、分级、升级、解决恢复、回顾关闭等活动的管理	a. 一线解决事件数量 b. 事件总数量	a/b × 100	
58							2. 事件按时解决率	30%	事件按时解决率。	a. 按时解决事件数量 b. 解决事件总数量	a/b × 100	
59							3. 事件自动化解决率	40%	事件自动化解决率。	a. 自动化解决事件数量 b. 已解决事件总数量	a/b × 100	
60					问题管理	10%	1. 问题关闭率	100%	问题关闭率。 完善问题管理相关要求，包括对云计算服务问题识别、分类、分级、升级、分析解决、回顾关闭等活动的管理	a. 按计划关闭的问题总数 b. 已关闭的问题总数量	a/b × 100	
61					配置管理	10%	1. 配置项纳管率	50%	配置项纳管率。 完善配置管理相关要求，包括云计算服务配置管理的策划、配置项识别、配置项维护、配置项状态报告、配置项审计等活动的管理	a. 已纳入配置管理的配置项数量 b. 应纳入配置管理的配置项总数量	a/b × 100	

续表

序号	二级指标	二级指标权重	三级指标	三级指标权重	四级指标	四级指标权重	五级指标	五级指标权重	评价说明	评价内容	评价计算逻辑	评价得分
62		40%	运维管理	40%	配置管理	10%	2. 配置信息准确率	50%	配置信息准确率。	a. 信息准确的配置项数量 b. 配置项总数量	a/b × 100	
63					变更管理	10%	1. 标准变更比例	30%	标准变更比例。 完善变更管理相关要求，包括云计算服务变更策略制定、分类、分级、风险评估、方案、授权、执行、回顾关闭等活动的管理。	a. 标准变更数量 b. 变更总数量	a/b × 100	
64							2. 变更自动化率	40%	变更自动化率。	a. 自动化执行的变更数量 b. 变更总数量	a/b × 100	
65							3. 变更成功率	30%	变更成功率。	a. 成功执行的变更数量 b. 变更总数量	a/b × 100	
66					发布管理	10%	1. 发布成功率	40%	发布成功率。 完善发布管理相关要求，包括对云计算服务发布策略制定、计划、测试、部署、回顾关闭等活动的管理。	a. 成功执行的发布数量 b. 发布总数量	a/b × 100	
67							2. 发布自动化率	60%	发布自动化率。	a. 自动化执行的发布数量 b. 发布总数量	a/b × 100	

续表

序号	二级指标	二级指标权重	三级指标	三级指标权重	四级指标	四级指标权重	五级指标	五级指标权重	评价说明	评价内容	评价计算逻辑	评价得分
68	管理能力评价	40%	运维管理	40%	可用性管理	10%	1. 云计算服务可用率	100%	云计算服务可用率。 完善可用性管理相关要求，包括云计算服务可用性需求分析、可用性设计、可用性实施、可用性监控回顾等活动的管理。	a. 云计算服务非计划停止服务时间 b. 云计算服务计划服务时间	a/b × 100	
69					容量管理	10%	1. 资源容量利用率	20%	资源容量利用率。 建立容量管理相关要求，包括容量需求分析、规划、监控、回顾等活动的管理。	a. 服务实际容量需求 b. 服务最大容量	a/b × 100	
70							2. 资源容量管理	40%	资源容量管理。	通过资源容量管理视图对云计算服务资源用量建模，从设备资源角度描述容量水平，包括已投放容量、待投放容量、资源使用率等和安全容量区间、扩容阈值等基线阈值	0~100	
71							3. 资源容量预警及时率	20%	资源容量预警及时率。 应用分配的资源容量预警，不包括硬件资源容量预警。	a. 容量异常 10 分钟内发布预警数量 b. 容量异常总数量	a/b × 100	
72							4. 容量故障自愈力	20%	容量故障自愈力。	a. 自动扩容时间满足要求的扩容数量 b. 自动扩容总数量	a/b × 100	

续表

序号	二级指标	二级指标权重	三级指标	三级指标权重	四级指标	四级指标权重	五级指标	五级指标权重	评价说明	评价内容	评价计算逻辑	评价得分
73	管理能力评价	40%	运维管理	40%	持续改进管理	10%	1. 持续改进目标达成率	50%	持续改进目标达成率。完善持续改进管理相关要求，包括云计算服务持续改进策略制定、对象测量与分析、实施与控制、回顾等活动的管理	a. 持续改进项目标达成数量 b. 持续改进已执行总数量	a/b × 100	
74							2. 持续改进项按时完成率	50%	持续改进项按时完成率。	a. 按计划时间完成的持续改进数量 b. 已完成的持续改进数量	a/b × 100	
75					供应商管理	10%	1. 供应商导致事件数量	30%	供应商导致事件数量。完善供应商管理相关要求，包括云计算服务供应商管理策略制定、选择与采购、日常管理、评价等活动的管理	因供应商的原因导致的事件累计次数	≤1 次， 100	
76							2. 外包人员安全检查合格率	30%	外包人员安全检查合格率。 定期检查外包人员日常行为规范、权限、信息泄露、是否违法相关规章制度等内容。	a. 外包人员安全检查不合格人数 b. 接受检查的外包人员总数量	≥95%， 100	

续表

序号	二级指标	二级指标权重	三级指标	三级指标权重	四级指标	四级指标权重	五级指标	五级指标权重	评价说明	评价内容	评价计算逻辑	评价得分
77	管理能力评价	40%	运维管理	40%	供应商管理	10%	3. 供应商评价合格率	40%	供应商评价合格率。	a. 供应商评价合格数量 b. 评价的供应商总数量	a/b × 100	
78			安全合规管理	20%	监管合规	30%	1. 合规要求覆盖率	30%	合规要求覆盖率。 完善合规管理相关要求，包括云计算服务合规要求识别、评估与处置、自查与回顾等活动的管理。	a. 已转化为管理制度要求并落地执行的与云计算服务相关合规文件数量 b. 已收集的国家或监管正式发文与云计算服务相关的合规性文件总数量	a/b × 100	
79							2. 合规要求重检次数	30%	合规要求重检次数。	a. 每年针对国家或监管正式发文与云计算服务相关的合规要求重新检查现有制度覆盖完整、执行是否有效的次数 b. 计划次数	a/b × 100	
80							3. 违规事件数量	40%	违规事件数量。	违反国家或监管部门的规定，被监管部门风险提示、通报的违规事件数量	0 次，100 >0 次，0	
81					风险管理	30%	1. 风险评估执行率	30%	风险评估执行率。 完善风险管理相关要求，包括云计算服务风险管理范围、风险评估、风险处置、风险管理回顾等活动的管理。	a. 风险评估执行次数 b. 风险评估计划执行次数	a/b × 100	
82							2. 风险处置率	40%	风险处置率。	a. 根据风险评估结果开展处置的风险数 b. 风险评估结果需要处置的风险总数量	a/b × 100	

续表

序号	二级指标	二级指标权重	三级指标	三级指标权重	四级指标	四级指标权重	五级指标	五级指标权重	评价说明	评价内容	评价计算逻辑	评价得分
83	管理能力评价	40%	安全合规管理	20%	风险管理	30%	3. 风险自留比率	30%	风险自留比率。	a. 风险评估识别出的高、中风险被自留的数量 b. 风险评估识别出的高、中风险总数量	a/b≤5%，100 5%<a/b≤15%，80~100 ab>15%，0~80	
84					安全管理	40%	1. 安全策略回顾次数	10%	安全策略回顾次数。完善信息安全管理相关要求，包括云计算服务安全需求识别、管理策略制度、管理措施实施、信息安全管理回顾等活动的管理。	a. 云计算服务安全策略回顾次数 b. 云计算服务安全策略计划回顾次数	a/b × 100	
85							2. 信息安全意识培训执行率	10%	信息安全意识培训执行率。	a. 信息安全意识培训次数 b. 信息安全意识培训计划总次数	a/b × 100	
86							3. 人员保密协议率覆盖率	10%	人员保密协议率覆盖率。 包括全体员工和外包人员。	a. 已签署保密协议人员数量 b. 人员总数量	a/b × 100	

续表

序号	二级指标	二级指标权重	三级指标	三级指标权重	四级指标	四级指标权重	五级指标	五级指标权重	评价说明	评价内容	评价计算逻辑	评价得分
87	管理能力评价	40%	安全合规管理	20%	安全管理	40%	4. 人员访问权限回收率	10%	人员访问权限回收率。包括全体员工和外包人员，权限回收内容包括系统权限、物理环境权限等。	a. 服务人员离职、离场或岗位变动时权限进行及时调整数量 b. 服务人员离职、离场或岗位变动总数量	a/b × 100	
88							5. 重大信息安全事件数	10%	重大信息安全事件数。	发生重大信息安全事件的次数	0 次，100 ≥1 次， 0	
89							6. 系统安全基线符合率	10%	系统安全基线符合率。	a. 满足安全基线要求的设备数量 b. 设备总数量	a/b × 100	
90							7. 系统漏洞扫描首次发现的公开可利用高危漏洞比率	15%	系统漏洞扫描首次发现的公开可利用高危漏洞比率。	a. 系统漏洞扫描中，首次发现的公开可利用高危漏洞设备数量 b. 系统漏洞扫描设备总数量	（1-a/b）× 100	
91							8. 报废介质数据处置率	10%	报废介质数据处置率。	a. 有效安全处置数据的报废介质数量 b. 报废介质总数量	a/b × 100	
92							9. 数据清理率	15%	信息清理率。 抽查需要进行清理的数据，包括虚拟机使用的内存、存储空间、中间件和数据库服务实例中用户持久化存储的数据、云存储中的客户信息副本等。	a. 抽查验证已进行数据清理的数量 b. 抽查验证总数量	a/b × 100	

第三节　指标评价体系收益

云计算服务评价指标体系的运用能够给组织带来如下收益。

一、跟踪与持续改进

组织通过指标的展示，跟踪云服务运营工作情况，提升服务质量。

组织通过指标的计算与评估，及时发现战略目标的偏差，并采取行动加以改进。

评价指标体系是基于关键事实数据进行计算的，适合进行纵向同比、环比分析。通过使用相同的指标定义和计算公式，不同企业之间具备可比性，能够找到自己的差距和不足。

二、追求卓越和精益求精

组织以指标评价为抓手，践行科学管理思想，建立追求卓越的思维模式，支持组织数字化转型的目标。

组织通过对指标的聚焦，将服务过程中高价值的事情精细化，避免在无价值和低价值的事情上浪费时间、消耗资源。

组织通过建立语义一致的运营指标体系，为同业交流营造良好的环境。

三、打造核心竞争力和学习型企业

组织通过评价，发现自身服务能力优势；通过创新与突破，打造自身独特的核心竞争力。

组织通过行业对比，了解自身在行业中所处的位置，取长补短，积极借鉴其他组织的优势与长处，将其转化并运用到自身的工作实践中。

组织促进建立学习型组织，熟练地获取、传播及利用知识，扩大优势，弥补不足，快速提升管理水平。

第四节　云计算服务能力评价过程

组织开展云计算服务能力评价过程主要有如下四个步骤。

一、组建评价组

组织应组建评价组，确保评价人员有能力胜任评价工作，包括应熟悉组织相关制度文件，熟悉评价指标体系，能够熟练使用相关运维管理工具。评价组应具有独立性，以确保数据收集的真实性和准确性。按照评价领域不同，评价组内部开展工作分工。

二、确定评价范围

组织应明确评价目标，根据业务特点和需要适当调整指标定义、计算逻辑、数量和权重。

三、制订评价计划

组织应制订评价时间计划、策划评价证据收集方式，确保评价时参与的人、财、物、技术和信息资源充足有效。

四、开展评价

组织应按评价计划开展评价活动，通过人工或自动化手段获取评价所需的证据，分析证据，确定评价指标取值，按提前设置好的指标权重计算各级指标值，得出总体目标值。